中国人自己的心灵励志

洗心改命

——从负翁到富翁的秘密

无论你现在活得怎样
你的生命还可以更精彩

林 A ——— 著

中国社会科学出版社

图书在版编目（CIP）数据

洗心改命：从负翁到富翁的秘密／林 A 著.

北京：中国社会科学出版社，2009.5

ISBN 978 - 7 - 5004 - 7724 - 2

Ⅰ. 洗…　Ⅱ. 林…　Ⅲ. 成功心理学—通俗读物
Ⅳ. B848.4 - 49

中国版本图书馆 CIP 数据核字（2009）第 057603 号

选题策划　郎丰君（langfj8671@163.com）
责任编辑　郎丰君
特邀编辑　冶治平
责任校对　刘　俊
责任印制　戴　宽
封面设计　王国凤　李　敏

出版发行　中国社会科学出版社
社　　址　北京鼓楼西大街甲 158 号　　　邮　编　100720
电　　话　010 - 84029450（邮购）　　　传　真　010 - 84017153
网　　址　http://www.csspw.cn
经　　销　新华书店
印刷装订　北京圣彩虹制版印刷技术有限公司
版　　次　2009 年 5 月第 1 版　　　印　次　2009 年 5 月第 1 次印刷
开　　本　710×1000　1/16
印　　张　21.625
字　　数　260 千字
定　　价　33.00 元

凡购买中国社会科学出版社图书，如有质量问题请与发行部联系调换

赠给 _____ ：

祝愿您的人生从此更精彩！

您的 _____
日期　年　月　日

成功建议 ·····································

　　请您买上1本、10本、100本《洗心改命》，赠送给您自己、亲友、员工、同事或朋友，您会发现：帮助越多人成功自己就越成功，帮助越多人快乐自己就越快乐！让我们共同营造一个成功快乐的环境，携手打造"百万生命成长工程"！

·····································

京城著名书法家、画家刘一正先生

题赠香港德才国际素质训练集团董事长

林Ａ先生杜甫《望岳》名诗以为贺勉：

『岱宗夫如何，齐鲁青未了。造化钟神秀，

阴阳割昏晓。荡胸生层云，决眦入归鸟。

会当凌绝顶，一览众山小。』

▲
2006 年 1 月，德才公司被评为"中国企业管理培训十大影响力品牌"，图为林 A 在人民大会堂领取授牌

▲
2009 年 4 月 28 日应邀做客天涯社区《海南在线》接受专访

林Ａ先生与中央电视台著名
主持人水均益先生合影

与静心营印度导师在
一起

▲ 中国社会科学出版社孟昭宇社长(左一)对《洗心改命》一书给予高度评价，中为该书的选题策划和责任编辑郎丰君博士

◄ 与央视资深记者、著名节目主持人崔永元先生

▶ 与著名艺人黄圣依小姐

林A主讲的"突破逆境 超越成功"巡回激励讲座连开了50多场，场场爆满，反响热烈 ▶

上千学生、家长、教师与义工助教在体育馆聆听林A演讲，好评如潮 ▶

◄ 林A应邀在顺德学院对数千学生做心理健康讲座

◄ 林A应广东省社科联之邀做"改变思维,突破局限"公益演讲

◄ 林A在给总裁班数百位总裁做训练

▶ 广东潮鸿基公司邀请林Ａ训练公司的团队之场景

▶ 林Ａ给各大中学做大型公益课程演讲

▶ 2007年11月18日"中国赢吧"周年庆典动人场面

▶ 第 51 期"发掘自己"河南大
张专场毕业照

▶ 数十位亿元企业老板参加了林
A 组织的博鳌专场研讨会

▶ 广东伟雄集团等多家著名企业
的中高层领导参加了林 A 的
"发掘自己"课程

广东祥和集团团队参加训练

林Ａ应邀接受广东电视台采访

林Ａ带领的三阶段 TA6 学员
在大型公益活动后留影

▲ 林A成为《珠江商报》头版封
面人物

《成功》杂志报道林A——企业 ▲
家中的教练、教练中的企业家

原广州市市长黎子流先生题词 ◀

最有必要购买本书的十种人

（一）渴望成功的企业主：

我是一个有梦想的创业者，我希望我的团队更有凝聚力，责任感。自从我送团队人手一册《洗心改命》，大家有了相同信念、共同愿景、团结一心、携手共赢。

（二）望子成龙的好父母：

看了《洗心改命》，我懂得如何影响孩子的一生，送孩子一本，让我们更好地沟通，相互理解，孩子变得更健康、更快乐、更积极了。

（三）营销团队的小老鹰：

为实现目标，不断挑战自我，《洗心改命》让我们销售精英充满能量、超强行动、业绩倍增，赢得无数鲜花和掌声。

（四）大中企业的"白骨精"：

作为管理人员，压力实在不小，《洗心改命》使我调整心态，工作变得轻松愉快，很快得到上司的器重、下属的爱戴。

（五）踌躇满志的新人类：

面对不可预知的未来，《洗心改命》是我们踏入社会的指南针，让我们顺利迈向成功。

（六）幸福婚姻的憧憬者：

美满和谐的幸福家庭是人生快乐的基石。《洗心改命》让我觉察到自己在两性关系中的盲点，使彼此心心相印，常常感受温馨浪漫的蜜月时光。

（七）人类灵魂的工程师：

一直希望桃李丰硕，《洗心改命》的体验式教学方法让我耳目一新，给了学生新的养料，促进了素质教育的深化。

（八）成长课程的受益者：

上了那么多的课，《洗心改命》像一根穿珍珠的线，将我所学融会贯通、加深体验、运用自如。

（九）关爱亲友的有心人：

授人以鱼，不如授人以渔。送亲朋好友一本《洗心改命》，就等于送他们幸福快乐的成功手册，帮他们创造一个更精彩的人生。

（十）心理环保的渴求者：

心理学家统计，现今社会70%都属于心理亚健康者，读《洗心改命》会给心灵洗个澡，让我们活得轻轻松松，健健康康。

Contents

目录

　　每个人18岁以后，便开始出演自己的人生剧本。

　　人生就像一场戏，剧本大纲在6岁之前就写好了，如果剧本不改，剧情就会不断重演。

　　我放弃了在广州留校的机会，毅然回到了家乡海南。我睡在公园里找工作，我从社会底层开始，比别人努力几倍，很快升到国营企业总经理、法人代表。为达成我的目标，工作之余，我练小书摊，过塑相片，开租售店，从月收入上千到数千，实现了毕业时要成为"万元户"的初期愿望。海南创业开演了我的人生剧本，让我体验到"心想事成"的真理。

第二幕　彩排人生剧本——求学少年 ………………………………… 65

6岁以前，形成人生剧本的大纲，6—12岁是人生剧本的细节编订，12—18岁开始人生彩排。

我有一段与众不同的求学经历。从海南闭塞的乡村走出来，我见识了大城市的新奇和繁华。因为向往被人重视，我不断策划新闻引人注目，发动班校联欢，创办感叹号文学刊物；因为害怕落后贫穷，我多次尝试生意收获甜头，贩卖进口电视机，批发毕业纪念册；踩单车环"珠三角"做社会调查，我又见证了中国改革开放最前沿地区的经济建设。四年中专，我有幸在这片经济热土上习练人生综合商数。

第三幕　重演人生剧本——创业浮沉 ·········· 103

> 18岁以后开演人生剧本，假如剧本不改变，相同的模式就会不断重演。在扮演社会角色时，人生剧本直接影响着命运的方方面面。
>
> 开办海南第一家溜冰城，通过一系列创意，3个月赢利100万。与合作股东发生分歧，拆伙分家，易地扩建两家大型溜冰场，因政策调整、恶性竞争、地方刁难，两家溜冰城惨淡经营，不但亏本数十万，还把我送进了拘留所，我从创业高峰跌入人生低谷。这是一段炼狱般的人生经历，也是我人生中最宝贵的财富。

第四幕　人生剧本轮回——顺德历险 ·········· 157

> 除非改变人生剧本，否则命运总是在重复同样的模式，这就是轮回。
>
> 从海南到顺德，虽然我的人生翻开了新的一页，在外资教育集团一年内从普通员工升到总经理，最后却悻悻离开；两次合伙创办企业风风火火，后来也是虎头蛇尾。最后破釜沉舟，让妻子买断工龄投资自办公司，从三个人发展到近百人，然而，事业上有些起色，家庭却面临破裂……

第五幕 发现人生剧本——洗心改命 ⋯⋯⋯⋯⋯⋯⋯ 181

　　要跳出人生剧本的不断轮回，必须修改人生剧本；要修改人生剧本，必须先找到原来的剧本。

　　因为一个偶然的机会，我参加了系列生命成长课程，我清洗了心灵垃圾，改写了人生剧本。三个人起家的公司，接受多次生死存亡的考验后，逐渐发展到今天的2000人，成为行业内的翘楚，打破了虎头蛇尾的人生模式。

　　为此，我不只成为金钱的富翁，更立志要成为心灵的富翁。不只是改变自己的命运，还要帮助更多的人改变他们的命运⋯⋯

第六幕 创造人生剧本——心灵导师之路 ⋯⋯⋯⋯⋯⋯⋯ 227

　　人生剧本是后天形成的，也可以修改和创造。找到旧的人生剧本，就可以刻意创造新的人生剧本。

　　我创造的新人生剧本是：不只是金钱的富翁，更要成为心灵的富翁。不只是改变自己的命运，还要帮助更多的人改变命运。我立志成为心灵成长导师，我花巨额学费学习世界顶尖的心灵成长和励志课程，整合首创系列"发掘自己"课程。我们的目标是打造百万生命成长工程。

第七幕　实现新人生剧本——心灵富翁

　　发现和找到原来的人生剧本，通过心灵体验打破原来的固定模式，然后按照内心的愿景，用心勾画出新的愿景蓝图，再定下至少三个月的目标和计划，经过成长团队互相支持，养成新的习惯，这样，就可创造未来新的人生剧本。

谢幕　此蛋非彼蛋

附录　媒体采访报道

后记　心态决定人生，学习改变命运

前言
如何最大限度地利用本书

恭喜你！恭喜你选择了《洗心改命》，只要你用心去读这本书，无论你现在活得怎样，你的生命一定还可以更精彩。

因为，这本书将向你揭示一个从负翁到富翁的秘密……

这个秘密已被全世界数百万顶尖人士验证过，数以百万计的人因为运用这个秘密而获得空前成功……

这个秘密在过去只传授给有钱人，这些人必须交数万甚至数十万的巨额学费，才有机会参加传授这套秘密的封闭式学习，而且每个参加者在学习之前必须承诺保密，否则他将被取消学习资格。所以，目前全世界几十亿人，只有极少数人掌握这套秘密……

然而，不管花费多少钱，所有掌握并运用这个秘密的人，都觉得是绝对超值的！因为，他得到的是十倍、百倍甚至是无数倍的回报！的确，人生的改变是无法用金钱去衡量的……

当然，也有人花了钱而收获不大。为什么呢？请听我讲一个故事——

从前，有个孤岛上的人很怕水，他们从小就被教育水会把人淹死，所以那里没有人会游泳，也不相信人会游泳。因此，他们祖祖辈辈只能孤独地生活在这个孤岛上。

有一天，外地有个游泳好手，听说这个岛上的人都不会游泳，就来到岛上开游泳班，因为是独家生意，收费当然不低。所以，岛上绝大部分人都学不起，学得起的人，也大部分不相信，只有张三、李四、王五、赵六和林七五个人参加了培训班。其中，张三是好奇而来的，李四是给面子而来的，王五是被迫来的，赵六是想证明游泳班骗人而来的，林七是想让岛上的人都学会游泳而来的。

十天过去了，游泳班结束的时候，只有林七学会了游泳，因为他每天都下水并按老师的要求认真去体验、去练习；张三和李四只学会浮起来，因为前五天他们只是在岸上观看，直到发现林七浮起来了，他们才下水；王五刚开始不是迟到就是早退，后来虽然被迫下了水，但不愿按要求做动作，当然什么都没学会；赵六坐在岸上认真观察了十天，最后摇摇头说："我早就说了，绝大部分人还是学不会游泳的。"

后来，林七写了一本书，把自己学游泳的方法和感悟传授给岛上的朋友，很快，很多人都得到了这本书。然而，有些人只看了个大概就丢在一边，当然学不会游泳；有些人认真看完了，觉得很有趣或有道理，但从不下水练习，只是知道了一些游泳的理论；只有一些认真看书，并积极按照书上的要求，亲自下水体验的人，才最终学会了游泳。

但不管怎样，会游泳的人一传十、十传百，后来，岛上的人不再怕水……

听了这个故事，我相信有悟性的你一定已经明白了。你今天看到的这本书，就像那一本教游泳的书，书上所揭示的秘密，就像是在人生命运的大海里游泳一样：不相信的人永远也学不会，相信的人，也要亲自去体验才能学会……

这是一本要靠你一起去完成的书，请你看书的时候，最好拿着一支笔，当你读到对你有益的文字，请你随手画下来；当你突然想到自己的哪段类似经历或有什么感悟，请你立刻在旁边写下来；当你有疑虑或异议时，也不妨画一个感叹号或问号，或者改成你自己喜欢的词语或文字。毕竟这是由你一起去完成的书。

这是一本体验式的书，请你不妨按照每一章后面的"发掘自己"的提示，认真完成思考和互动，通过亲身体验，书中的秘密才可以变成你自己的感悟，就像学游泳一样，亲自下水体验才能掌握水性。如果你只是像读小说一样看看故事，或者像看娱乐节目一样当个局外人，那就像坐在岸上看游泳的人一样，他们虽然知道了游泳的招式或理论，但他们还是不会游泳。毕竟，知道并不等于做到。

这是一本自传体的书，我的故事只是抛砖引玉的分享，我比你成功或你比我成功并不重要，重要的是你想创造一个怎样成功或更成功的人生，如果你想拥有一个更精彩的人生，请你认真按照本书的提示，一步步去做，直到创造出你自己的人生愿景画和新的人生剧本。毕竟，没有人能代替你生活，更没有人能代替你成功。

这是一本实用性的书，你最好多看几遍，做完最后的体验练习隔三个月后，再看一遍，每看一遍都注意自己写在旁边的感悟有什么不同，你会发现不知不觉中你的人生改变了。但是，这本书对你到底有没有用，全看你自己。毕竟，任何人生道理，有用就有用，没用就没用，关键看行动。

大思想家詹姆斯说："我们这一代最伟大的发现，就是人类可以凭借改变心态而改变自己的命运。"然而，怎样有效改变自己的心态，这对绝大多数人来说，一直是一个秘密。

今天，这个秘密将被你亲自揭开……

恭喜你!

——邀请你一起合作完成这本书的原创作者：林 A

序一
欲收入五万　先付出十万

—— 著名亚洲心灵成长、潜能开发奠基人　许宜铭

　　林A在课堂上给我的感觉，是一个充满热忱、活力，而且很专注、很投入的学员。当他邀请我为《洗心改命》这本书写序时，我特意读完了著作全文。

　　这是一本以作者的人生经历写出来的励志书，读起来很轻松，就像是看一本小说。最可贵的是，作者对每一段人生经历都整理出他在这段经历中的重要心得，也列出了一些体验方法。我个人觉得，作者透过自己的分享而提供可操作的帮助，对所有追求梦想的年轻人来说，这的确是一本好书。

　　曾经有人说过，书是世界上最便宜的东西，因为作者把自己生命里的经验和智慧浓缩起来，只用几十块钱卖给你。假如读者可以从这本书里得到几个对人生有启发的重要概念，然后在自己的人生里形成自己的行动法则，我想，这对刚踏入社会、想要挑战自己人生无限可能的年轻人，应该会有很大的帮助。

　　我在高中即将毕业时，我的语文老师跟我们讲：你们刚踏入社会，看到报纸上月收入数万的招聘，这很诱人，但你们千万不要去尝试，因为你们如果不替老板赚十万块，老板凭什么分你五万块。语文老师的这句话深深烙在我的心里，成为我生命当中一条最简单的逻辑准则，它告诫我在追求任何梦想时，都要脚踏实地。

　　当年我在日本留学时，曾有一位日本老师说过 SA－SI－MI（中文翻译为：刺身）与日本语数字"343"谐音，"刺身"是日本人最喜爱的食物，日本老师说，所有的社会年轻人都可以用"343"来划分，其中有30%的人，他们会看到为什么别人工作那么少，却可以领和我一样多的钱，为什么他有假期，我却没有。这一类人，他们的人生肯定充满悲哀。其中40%的人，他

们一生庸庸碌碌，没有什么理想，随波逐流，这也是注定一生平庸的人。最后30%的人，他们总是会看到别人比自己优秀的地方，看到自己不足的部分，无论对上司，对同事，甚至对部属，他们总是在不停地发觉别人的优点、别人的优势，不断地学习，这类人只要人生有足够的机会，加上自己的努力，他们一定逐渐向上提升，人生注定会取得一定的成就。

我记得我大学打工时，在一家夜总会当BOY（大陆叫服务生），那时候我工作虽然很忙，但只要有时间，我都会帮领班的忙，然后学习，领班请假，很自然就会请我帮他代理工作，不久之后，这位领班跳槽到其他夜总会，公司看到我平常已熟悉领班的工作，就把我升为领班。当领班时，我同样去给副理帮忙，很巧的是，不到半年，副理也跳槽了，所以我以一个工读生的身份，在这间夜总会不到一年的时间就晋升到副理，这就是"SA－SI－MI"这句话在我人生里面所起的作用。

仅仅就这两个概念：一个是你不去替老板赚到十万元，你就没有办法从老板手里拿到五万元；另一个就是SA－SI－MI。这两个闯入我内心深处的信念，带给了我今天的成就。

而林A的《洗心改命》这本著作里，就有许许多多透过自己生命的实践，整理出来的简单而又很实用的经验，因此我推荐这本书，给正在向自己人生挑战的年轻朋友，期望读者们可以从这本书里分享到林A渴望分享的人生智慧，从而帮助你们达成自己的人生愿景。

祝福你们！

许宜铭简介：中国台湾真善美生命潜能研修中心创办人及负责人；台北完型心理学研究所创办人及负责人；中华潜能开发协会发起人及协会会长；美国父母效能训练（PET）中国台湾授权人；美国领导效能训练（LET）中国台湾授权人；生命潜能文化事业公司负责人；中国台湾推动生命潜能开发的先驱，经历最丰富的训练师。

序二
用心创造生命中的无限可能

——著名创富系统教育家、实践家，知识管理集团董事长，亚洲"钱爸爸"
林伟贤

我作为 Money & You 国际课程全球首位华人讲师，目前在华人社会拥有超过30万的精英学员，在众多学员中不乏佼佼者，而林 A 先生给我留下深刻印象，是他在我们的美国 BSE 商学院学习中的出色表现，作为一个培训过数万名精英学员的心灵导师，林 A 老师拥有很强的学习力，能够表里如一、放下自己、活在当下，课里课外、台上台下他身上都洋溢着生命的激情和活力。

我在课程里说过，人生的希望在于它的不确定性，无论今天的境遇让人多么失望，无论我们对自己多么不满意，我们都可以运用自己的能力而加以改变。所以生命没有绝望这回事，人永远都应该活在巨大的希望之中。林 A 先生在短短的几年时间，从一个负债累累的小个体户蜕变成为一位拥有几千员工的企业家，更成长为众多企业家的教练导师，他用生命演绎了心态决定命运的真理。

我们知道，我们或许无法改变自己生命的长度，但我们可以改变生命的宽度、广度、高度以及精彩的程度。关键是，如何真正做到改变？

林 A 先生用自己的生命经历写成《洗心改命》这本书，读后或许会让你恍然大悟。

近年来，写心态的励志书不少，却往往只是讲理论讲道理，而《洗心改命》却用讲真实故事的方式讲述人生哲理；近年来，做互动式培训的课程不少，却往往强调说"看书只是理论"，而林 A 先生的书却是一本互动学习的好书。

我有幸在出版前拜读了《洗心改命》的清样，从中感受到林 A 老师的真诚、付出、用心，就像他领导的德才国际素质训练机构所倡导的理念：用心铸就美好未来。在这本书中，作者将自己的人生感悟坦诚坦荡地奉献出来，这将帮助更多的读者、学员走向成功。

我在美国 BSE 商学院课堂中见证了林 A 先生设计的"中国赢吧"理念的诞生，我更希望在现实中看到林 A 先生倡导的"中国赢吧——携手打造百万生命成长工程"的宏伟蓝图变成现实！让更多心灵成长、让更多生命成功，这是件功德无量的好事。

用心去读《洗心改命》这本书，用心创造生命中的无限可能！

序三
诚能洗心，果能改命

——著名管理培训大师、精细化管理奠基人　汪中求

拙作《细节决定成败Ⅱ》的第二部分曾经提到："人的心在什么地方？我们人类可以说天天都在用心，但对于这个问题，可能很少有人能够回答出来。在大脑里吗？显然不是，因为那是人们进行思考的器官。在心脏吗？也不对。心脏只是人体供血的动力中枢。那么，人的心到底在哪里呢？我的回答是：心存在于人的每一个活体细胞中。"

我们日常每每提及的"热心、心意、心情、心愿、心心相印、心有灵犀一点通"往往指的是情感，而"决心、用心、专心、恒心、一心一意"等则常常指人的非智力因素。《现代汉语词典》解释"心"，"习惯上指思想的器官和思想、感情等"。注意，说的是思想的器官，或者思想的本身，而且特别加上"习惯上"。

"生命充实那松开的空隙，而自显其用，是为心。"这句话似乎说得更丰富一些，我没记住是林语堂还是谁说的，很有味道，也很空灵，只是并非所有人都懂得它的哲学意味。

关于人的心之所指都有可能是完全不同的，那么立足于不同定义的议论于是就成了"你敲你的锣，我打我的鼓"。在这里，我想把"心"定位在一个人的人生态度上来讨论。

有一个流传很广但未必出自历史记载的故事。苏东坡去寺庙学打坐，学出一点模样了，就问和尚师父"我的打坐怎么样啊？"师父说："挺好的，像朵莲花似的。"佛教中，像莲花是很高的评价呢。苏东坡自然很高兴。师父顺口问苏东坡："你看师父打坐怎么样呀？"苏东坡很不客气地说："实在不怎么样，像一堆牛屎似的。"师父并没不高兴，只是笑了笑。回家之后，苏东坡跟

妹妹苏小妹很有兴致地说起此事。妹妹把哥哥好好地数落了一顿："你还真的以为你打坐比师父好呢？只是因为师父的心里只有莲花，看你的打坐就像莲花；而你的心里尽是牛屎，你看东西就像牛屎啦！"

心境的不同，即使同样的事物，看法就很不一样。同样是一场不大的秋雨，心事重的人会因之而陡增忧伤，开朗的人会说"太好了，很快就不再热了，一场秋雨一场凉啊"。即使雨下得再大一些，开朗的人也会愉快地在满是雨水的道路上，挑选着偶尔突出的下脚处，欢快地跳跃前行。

即使真的是不好的事，也一样可以往好处想，一样能让心境得到调整。俄罗斯著名作家契诃夫就专门写过意思类似的文章，记得有这么一些说法：如果不小心划破手指，就跟自己说"还好，没有把手砍掉"；蚊帐烧着了，就跟自己说"还好，烧掉的不是整幢房子"。

我曾经把手提电脑落在出租车上了，又没有取出租车票，怎么也找不回来。我的爱人急得团团转，几天都心情忧郁。我知道这会给自己日后的写作和工作带来太多的不便，毕竟大量的资料一去不回了，但这又有什么呢？我想，从此写作和工作不再依赖过去的资料，也许还有助于我及时更新资料，与时俱进，不会落后。2008年四川地震，我们都很震惊，偶尔提及笔记本电脑，爱人就再也没有忧郁了，因为面对一大批因灾难失去生命、家园和一切的四川同胞，这电脑呀、资料呀，算啥事呢。

事随境迁，境由心生。

善于调整心境，身心自然受益。当你的心田让忧郁驻足，快乐就会在别处靠岸。所以，必须学会调整心境，以使自己快乐起来或者获得更多快乐，自己的生命之旅也将因之而改变。

我觉得一个胸中装着更宏大念头的人是不应该过于被琐事纠缠的，天下其实没有多少事情值得我们计较，绝大多数事情都是"不过如此"。在我的内心深处确实觉得很多让我们忧郁、烦恼、生气的事情，更大的可能是"没什么大不了的"，真的想放下是不困难的，除非你原本就不想改变自己处处不顺的命运。

人的心境分"天之惑"和"人之惑"。所谓"天之惑"是指不可掌控的自然因素，但这些都是无可更改的，不能改变就容忍，并且努力减少天灾同时的人祸足矣。如同我的一个残疾朋友所言,"不是不幸,只是不便"。心境调整到这样,便有足够的勇气去迎接任何色彩的人生,有足够的能力去改变任何逆境的命运。所谓"人之惑"是指与人相处的摩擦,更是可以努力去理解并接受的,即使遇上损人利己的,也可以理解为别人的一种生存方式,甚至遇到损人不利己的,这种人才特别值得同情,因为他们(她们)实在太蒙昧了。

因此,在一件事来临的时候,我会调动全部的内在的心力,去抵抗它、排解它,至少会把它隔开为另一个更小的心灵的小盒子里边。我将试图走如下思考程序:

1. 我有改变的余地吗?

2. 我改变它的消耗与能够换来的成比例吗?

3. 我放弃和容忍的损失具体是什么?

4. 如果损失的是可以折算成金钱的利益,我会那么需要和依赖这些钱财吗?如果损失的是增加得分的名声,我会那么需要和依赖这些名声吗,这些增加的名声最终解决了我的什么问题?

5. 如果损失的是减少得分的名声,有多少人关注这个事件,自己不计较是否天下本就没人在意呢?

6. 即使事关气节,若干年后公论不能回来吗?

7. 更多的时候,我们的情绪是否来自最亲近的人和最琐碎的事?我们除了跟最能接受自己的人发泄,我们还有什么能耐?

8. 我们除了这些最不值得关注的琐事,难道我们就没有更有意义的事情要关注、思考、努力吗?

9. 长城还在,秦始皇在哪里?苏格拉底死了,他大概在笑话我们活着的莫名其妙忧郁的人吧?

如果能够这样,学会走一个这样的程序,如此思考生活,我们的心境一定会转好,我们生命的轨迹也一定会因之得到改变。

"我们理想教育完全时候,应该完全用不着文凭,应该一看那学生的脸孔，便已明白他是某某大学毕业生。倘有一学生的脸孔及谈话之间看不出那人的大学教育，那个大学教育也就值不得给什么文凭了。"林语堂先生的这段话，在 21 年前就读到过，但当时实在无法理解。这些年读的书多了，特别接触一点佛学后，就很能理解这种说法。

佛学认为，人生中的遭遇是自己内心吸引来的，其人生低谷与高峰、幸福与不幸，也是由内心呼唤而至的。没有理解的人，往往简单地以"唯心主义"冠之（在此，暂且不讨论如何理解真正的唯心主义），并觉荒谬；其实更大的可能是自己一片荒芜，不能懂得却粗暴拒绝。不仅如此，甚至一个人的外表、外貌以及其他一切的外在，也都可以由你自己的一己之心决定，至少是深刻地影响。不管你信不信，我信！虽然，我不敢断定，有着一张眉头紧锁着的苦瓜脸，就一定是心事太重的人；但是，佛教高僧，内心始终如无风之水面似的，就一定会童颜鹤发。如此说来，一个人的人生态度，就是我们今天讨论的"心"，不仅完全支配我们未知的命运，甚至都可以决定我们的容颜。

林 A 先生作了一本《洗心改命》的书，并嘱我为之作书序一篇，正好自己对此有过一些思考，虽然远远算不得成熟，但当读书笔记组成文字还是可以的。只是不知这里说的"心"，是否是林先生要说的"心"。

且成此序。

戊子年八月朔日于北京豪柏公寓

序幕
我是一个倒霉蛋

我是一个倒霉蛋。

我曾雄心勃勃做过好多事情，却总是以失败告终。

15岁那年，我初中毕业，本可以免试直接保送县重点高中进入免费重点班，作为重点大学的培养对象，可我偏要不考白不考，考了也白考，心里的想法是既然有准考证，就考考玩玩，填志愿表时自作主张按学校名称长短排列，反正考不上无所谓，考得上也不去。结果这一考，考掉了我的大学梦，阴差阳错读了广州的一所中专。

19岁那年，我本可以服从国家分配，留在广州捧个铁饭碗，拥有一个城市户口和一份国家干部的工作，实现父母一辈子都难以实现的梦想，可我却不安于一份稳稳当当的工作，毅然回到家乡海南大特区，汇入数十万求职打工的人流，白天找工作看老板的脸色，晚上睡公园被保安赶得团团跑。

24岁那年，我从一名小职员被提升到总经理，月工资超过我那些拥有大学学历的初中同学的几倍，正当亲友、同学对我这个国企老总羡慕不已时，我却来不及办好停薪留职的手续，就火急火燎地下海另谋生路。我创办了海南省第一家溜冰城，三个月赚了一百多万，当时我以为自己很牛，另选两地再建两家超大型溜冰城，这让我又从百万富翁一"溜"而成为负债数十万的"负"翁。

我是一个倒霉蛋。

我经常有点成绩就沾沾自喜，自以为是，乃至得意忘形，可越是这种时候，我越遭遇当头棒喝，热脸贴上冷屁股，心往冰窖里掉，我骂自己真是一个倒霉蛋。

为了初恋女友，毕业前夕我与同学打架，学校给我记过，读完四年中专我拿不到毕业证书，然而，自以为是英雄的我却被女友狠心抛弃。我聘请海南师大两名女生当我的相片过塑"经理",过出一份日久生爱的恋情,正当朋友羡慕我艳福不浅时,两位经理逼我二选一,我狠心拈阄认命,结果那个很爱很爱我的女生退学离开了我,另一个选中的女生竟被她父母棒打鸳鸯,她莫名其妙炒了我的鱿鱼。我投资80万创办第三个溜冰城,给当地派出所每月奉献8000元"赞助费",可就是这个溜冰城还没有正式开业一天,最后那个派出所所长便把我请进了铁窗。

我是一个倒霉蛋。

我要与众不同,我力求标新立异。我知道万事开头很重要,重要的开头我干得与众不同地漂亮,漂亮的开头让我赢得了别人的表扬、称赞和羡慕。可我害怕挫折,害怕失败,每当困难来临,我就头痛,心慌,闭门谢客,虎头蛇尾,彻底放弃,等到那种莫名其妙的周期性偏头痛过去,再重新迸发新的激情往往为时已晚。

我从监狱出来,身背数十万债务,躲避着债主的追杀,这时初恋女友再次回到身边,在她生日那天,我用身上所有的钱,只够买来一根玉米棒送给她,却对她夸下海口:"我将来要让你开宝马车,住豪华别墅。"夕阳西下,面对茫茫大海,看着沙滩上留下的一串歪歪斜斜的脚印,其实我哪里知道路在何方。

我是一个倒霉蛋。

生活风风雨雨,创业起起落落,我的人生就像一幕幕诙谐剧,不管是事业还是爱情,相同的剧本总是在不同的时间、不同的地点上演着相同的剧情,开头很high,很精彩,而结果很惨,很悲凉。妈妈给我算命,算命先生说我的命是上午的公鸡,一开始叫得很大声,叫累了还得自己去找吃的,终生为自己奔忙,到头来一无所有。这命确实算得很准,但是命运到底由谁掌控?难道我的命就永远如此重复吗?

一个偶然的机会,我走进了中国香港红磡体育馆万人激励大会,我的心灵受到震撼,我终生不能忘记:

"假如我不能,我就一定要;假如我一定要,我就一定能。"

我开始走上一条学习改变命运之路。

后来,我参加了一系列体验式学习课程,使我的心灵得到了洗礼,我发誓要成为激励型的企业家，成为心灵富翁，通过帮助别人成功让自己成功，帮助别人快乐让自己更快乐。

原来，人是有改变自己的资源和能力的。一个人如果有能力制造问题，就有能力解决问题。

从此，我的心态改变了，我的人生蜕变了，我的命运改写了！

我不再犯偏头痛，我不再虎头蛇尾，在负债数十万的情况下，我从办三个人的服务部开始，现在已成为拥有三家企业、数千名员工的青年企业家；我终于实现人生最落魄时许下的承诺，把父母接到身边共享天伦之乐，还先后把豪华别墅和时尚宝马献给了亲爱的妻子；如今，我在全国各地巡回讲课，成千上万各行各业的企业家和追求成功的人士通过我的课程变得更加卓越，我不仅实现了自己成为"心灵企业家"的梦想，还在人民大会堂得到国家领导人的嘉奖，被媒体誉为"企业家中的教练、教练中的企业家"……

今天，我自我感觉拥有幸福的家庭、顺心的事业、很多心灵相通的好友，每天在开心快乐中品味人生，并与越来越多的学员一起通过课程体验迁善心态，从而刻意去创造生命的喜悦和精彩。

我不再是一个倒霉蛋！

人生就像一场戏，剧本大纲在6岁之前就写好了，如果剧本不改，剧情就会不断重演。可谁说剧本不可以修改？谁说命运就是命中注定？从金钱"负"翁到心灵富翁，我以我的生命故事，只想告诉你一个坚定的信念：

"命运是可以故意、有意、刻意创造出来的——心态决定人生，洗心可以改命！"

懂得运用"洗心改命"这个秘诀的人：

"贫穷的将变得富有，

失败的将变得成功，

消沉的将变得积极，

病痛的将变得健康，

烦恼的将变得快乐，

苦难的将变得幸福。"

你可以选择认同我这个观点并去实践它，这样，你的命运一样可以由你刻意创造；你也可以选择不认同，可是，你已经认同了，因为你所经验到的正是你的不认同！

无论你现在活得怎样，你的生命还可以更精彩！

其实，我写这些并不是要证明我有多特别，每个人都一样有自己的人生剧本，你也一样可以通过修改剧本，让生命精彩或更精彩。所以，这本书的作者是我和你，有缘跟你一起合作，我愿意用自己的人生经历，抛砖引玉跟你一起感悟人生，通过完成这本书，让我们一起提升心灵智慧，让我们的人生变得更精彩，你愿意吗？

如果愿意，请在本书作者"林 A "后面填上你的大名！

心灵感悟：心态决定行为，行为决定结果，结果决定命运。心者，道之主宰。心有多大，舞台就有多大。

发掘自己：

（1）你读这本书的目的是什么？好奇、无聊，还是想有所感悟，有所收获？

（2）如果你希望有更大收获，请你在读完每一章后，认真填写"发掘自己"，共同完成这本书，只要你相信，人生一定可以更精彩，因为，我能你也能。你愿意吗？

如果愿意，请在本书封面、扉页的作者："林 A ＿＿＿＿＿＿"的空白处填上你的大名，代表你承诺读完每场后认真练习，共同感悟成长。

第一幕
开演人生剧本——海南创业

每个人 18 岁以后，便开始出演自己的人生剧本。

人生就像一场戏，剧本大纲在 6 岁之前就写好了，如果剧本不改，剧情就会不断重演。

我放弃了在广州留校的机会，毅然回到了家乡海南。我睡在公园里找工作，我从社会底层开始，比别人努力几倍，很快升到国营企业总经理、法人代表。为达成我的目标，工作之余，我练小书摊，过塑相片，开租售店，从月收入上千到数千，实现了毕业时要成为"万元户"的初期愿望。海南创业开演了我的人生剧本，让我体验到"心想事成"的真理。

第1场　命名与命运——我为啥不能叫"林A"?

这本书早该出来了，就是因为我坚持要署名"林A"，结果原定的出版公司提出解除合作，后来几经周折。其实，我为啥要叫"林A"，一切得从头说起。

我的出生很奇怪，妈妈早晨还在干活，突然一阵肚子痛，我就自己来到了这个世界。

那是1969年一个秋天的上午，在当时还属于广东省的海南临高县文澜江公社一个农民家里，我出生了。

当民办教师的爸爸给我起名——"林A"，这是爸爸送给我最好的礼物！

20世纪60年代末，在我们海南西部乡村，很多人还不知道英文字母是什么东西，我的名字如同异类那样令人好奇。然而，在当小学教师的爸爸心里，

从小，我叫林A，妹妹叫林B，弟弟叫林C

这个"A"自然别有意味。A是26个英文字母排序中的第一个，爸爸用"A"为我起名，寄望我做人、做事要样样争做第一。级别的考核有A等，质量的评定有A级，正如爸爸的期待一样，这个名字伴我长大，一辈子给我一种潜意识：

我要做第一，我要优秀，我要与众不同。

上了小学，我的名字开始遇到麻烦。那时，乡下学校还不教英语，我手写出来的林A，竟然有很多人不认识，甚至包括我的老师，有的叫我林日，有的称我林月，我不得不一个一个为他们纠正：我不是林日，我不是林月，我是林A。有位老师自以为听明白了，他说：

"哦，我知道了，你叫林飞。"

原来，他根据海南话的谐音，又把"A"听成了"飞"。总之，那时别人一开始听到、看到我的名字，压根就不相信，或者根本就没有想到，一个英文字母怎么可能是一个中国乡下孩子的名字？

麻烦还不止这些。刚上初一，学校开始实行学籍制度，老师说，英文字母不能入学籍册，你还是找一个汉字吧。有规定说中国人的名字只能用汉字吗？有规定说中国人的名字不能用英文字母吗？我喜欢自己的这个名字，可我找不到充足的理由说服我的老师。

于是，爸爸根据A的发音，在《新华字典》里找了一个相对应的汉字"诶"。普通话里，诶是语气助词，有一、二、三、四4个声调的读音，分别表示招呼、诧异、不以为然和答应。一个汉字有4个读音，4个读音都只对应一个汉字，也就是说，没有第二个汉字的读音、声调与"诶"相同。我的名字念第一声，就是见面打招呼，回应对方时"ei"的发音。

英文字母排第一，汉字读音属唯一，这是不是都切合了爸爸对我与众不同的期望呢？

偏偏就是这个不易相信、难认难读的名字，引起了别人的兴趣、好奇，好多同学、朋友不但第一次就记住了我的名字，而且多年不见后再次相遇，即使有人不一定记得我姓什么，但一定记得叫我阿A。

与众不同的名字，给我带来了特别好的人缘。在广州读书竞选学生会、团委干部的时候，我一介绍我的名字，就引发许多同学的笑声，仅仅这个名字，就意外地帮我争得了更多的选票。名字伴我终生，在我的潜意识里，我总是要突发奇想、开拓创新、与众不同。

我出生时没有接生员，我的名字也没有谁教我写，是我自己学会写的，我认为，凡事都要自动自发才能不断超越自己。

三岁左右，我开始喜欢画画，爸爸当老师，有粉笔，我坐在家门口的晒谷场上，看着屋檐下挂着耕牛用的竹口罩，我照样先画一个弧形，然后在中间画一横。地坪上我画了很多牛口罩，后来被妈妈发现了，她问我怎么会写自己的名字，我说我在画牛口罩，妈妈双手将我搂在怀里，幸福地告诉我：

"那个牛口罩就是'Ａ'，'Ａ'就是你的名字。"

你相信名字与命运的关系吗？你相信名字可以影响命运吗？我的经历告诉我，一个我自己喜欢的、富有励志意义的名字，它给我一种力量无穷的潜意识能量，因为每当别人叫一次我的名字，他们就为我"加油"一次，每当我签一次自己的名字，我就为自己鼓劲一回。

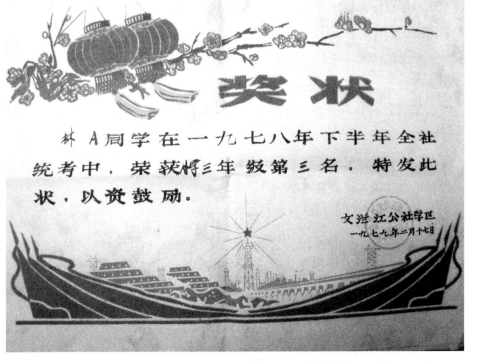

1978 年，我在读小学三年级获得奖状，名字也叫林 Ａ

潜意识的力量是无穷的。潜意识的本性是去做交代它做的事，或者是你内心深处最最想做的事。只要给它指令，它就可以照办。而你的名字对你的潜意识是最直接的指令，比如在一个嘈杂的地方，别人说什么你根本不在意，但只要有人叫你的名字，你马上就有反应。所以，一个有积极正向意义的名字，将对你的命运有积极的影响。

所以，我坚持叫林 A，因为我一直叫林 A，这样，读者朋友一定很容易记。

名字标新立异，人生与众不同，我从海南西部贫穷乡村走出来，也经历了一段与众不同的人生。

心灵感悟：无论个人还是企业，或者是产品品牌，一个好的名字应该是一个好的开头！

发掘自己：

（1）你喜欢自己的名字吗？你的名字给你的潜意识暗示是什么？

（2）有没有想过起一个更有激励性的名字，哪怕只让身边的人这样叫你？

第2场　消极心态和积极心态——富翁变负翁

那一个夏天，我刚从东方八所拘留所释放出来，妹妹林 B（林碧）从海口给我打来电话，她在那边大呼小叫：

"哥，不好啦，你房间里的东西全被人偷走啦。"

那是 1995 年，我 26 岁。

我的家乡海南，从 1988 年开始建设大特区，这里曾经是全国梦想创业人士的淘金乐土，可到了这一年，形势急转直下，中央实行银根紧缩政策，海南房地产市场烂尾楼林立，日本大财团熊谷组计划在海南省儋州市洋浦港建设"亚洲第二大自由港"的项目中途下马——洋浦港变得满目疮痍，而我在儋州那大和东方八所经营的当地最大的两家溜冰城也即将谢幕。

一下子，我掉到了人生的最低谷。

屋漏偏遭连夜雨，我赶紧从东方坐车回到海口，开门走进自己租下的住所，眼前一片狼藉，客厅里，电视、音箱不见了；厨房里，煤气炉、电饭煲不见了；卧室里，枕头、被子也不见了。这套房子，是我和我的助手王勇合住的地方。王勇在溜冰城搞策划宣传，是我最亲近、最信任和最得力的助手之一。我赶紧给他打呼机，他没有回机，一直到永远，他也没有给我回机。

我只好报警，民警赶过来勘察现场，他们说："你看，门没有撬烂锁，窗没有捅坏玻璃，这明显是自己在搬家嘛，不要报假案哦。"

民警没有听我解释，自然这起盗窃案也就不了了之。不过，我真的也没有什么必要解释……

当时我很气愤，甚至恨不得将那个忘恩负义的人千刀万剐，觉得自己是个受害者，受到了很大伤害。但是，后来通过学习，我意识到：凡事要归因于己，其实无论我生命中发生过什么，我永远是个责任者，王勇之所以那样做，一定是我对他不够好或者沟通不够造成的。这样一想，心情就变得舒畅了。

大约一年前，我在海口与人合伙开办海南第一家溜冰城，三个月赚回一

1995年国庆节，我在儋州开办的红桃A溜冰城，在当时可谓轰轰烈烈，可惜好景不长

百多万。那时，我是有房有车的大哥大，保安当保镖使，出入前呼后拥，花钱大手大脚，那时谁敢惹我？

但老麦敢惹我，老麦是我的老乡、同学，也是溜冰城的合作伙伴。我和老麦拍桌子吵架，好合没有好散，最后我们卖车卖房，拆伙分家，而我继续易地扩建两家溜冰城，只想单打独干，大显身手。

一年后，我的两家溜冰城惨淡经营，牢狱之灾后接着住所失窃，海口不再有我的立身之所。

遇到不如意，我就头晕，心慌，一种周期性的偏头痛就来了。

我在两边太阳穴贴上跌打膏药，从海口奔回儋州那大红桃 A 迪斯科溜冰城，这里已连续亏损几个月，我心灰意冷。我召集股东开会，原来很好的朋友开始互相埋怨，最后只好决定对外宣布内部整顿，暂停营业；对内计划寻找机会转让出手，并暗中遣散员工，只留下几个保安。

然后，我带着沉重的心情，又来到东方八所，还没下车就觉得头痛得越来越厉害。

这是一个让我心有余悸的地方，同样是红桃 A 迪斯科溜冰城，可我连进去看一眼都不想，我直接走进自己借住的房间。

海南的夏天，屋里很热，我拿一张草席，铺在客厅马赛克地板上，躺着看电视，头痛一阵接一阵，像有只魔爪一下一下地拧我的大脑。

电视里播报着房地产、股票等新闻，引不起我一点兴趣，我拿着遥控器，不停地换台，心烦意乱的我，最害怕看到的是"四台"或"四频道"，因为"4"在海南与"死"同音，是最忌讳的数字。

头痛，心更烦。我想："这下完了，一年前我是百万富翁，一年后，我从监狱出来，一无所有，两家溜冰城每天都在烧钱，更可怕的是，我还欠着别人数十万元，其中一部分还要支付很高的利息，这叫我怎么活？"

我自己的钱亏了不要紧，可害了我的亲戚、我的朋友，他们把钱借给我扩大经营，没想到我惨遭失败。最惨的是我女朋友莉莉，她借了家人的血汗钱，从广东顺德送过来，支持我创办溜冰城，现在就连她的这些血本也一"溜"无归。我一直努力挣钱想证明给她看我还行，好不容易才得到一点点认可，谁知道结果……这下子肯定惨了！

彻夜无眠，巨大压力，使我头痛加心痛，朦胧中我睁开眼睛，看到电视没有节目了，蓝幽幽的屏幕上只有一个绿色的"4"字，仿佛一只什么眼睛在幽幽地看着我，我心中一惊：好恐怖！我脑袋"嗡"一声要裂了，头皮发麻，手下意识拿起遥控器换台，只见电视一闪，紧接着是灵堂一样黑白飘荡的雪花和嘈杂的沙沙声，我懵了：第四频道！没有节目，一个飘飘忽忽的圆形图案清晰地显示着时间：4:44!

这一刻，我绝望了，我觉得这是天要我去死。

恍惚中，我把门窗关上，打开煤气开关……

此时，我感觉到外面雷电交加，风越刮越大，刮得窗口的缝隙呼呼作响，在我听来，那简直是鬼哭狼嚎。

我完全心灰意冷，强迫自己闭上眼睛，静静躺在客厅的草席上，等待老天的安排……

迷迷糊糊中，我梦见，溜冰城被风刮倒了，我的债主们一个个变成厉鬼来找我，他们拉我、推我、扯我……

推着扯着，把我扯醒了，我一身冷汗坐起来。原来是溜冰城的经理雷叔过来看我，给我送来吃的东西，他有钥匙，开门进来推醒了我。

或许是我命不该绝，或许是那天风太大，或许煤气太少，或许那只是一场噩梦，总之我没死得了。

这件事现在想起来都后怕，差点永远没机会写这本书。其实，一个人傻的时候不知道自己有多傻，戴着消极的有色眼镜，看到一切都是消极的，心态消极一切都变得恶性循环地消极，所以，我用生命的体验感悟到这道理：

"消极心态是人生最大的恶魔。"

雷叔是我的堂叔，我在东方的时候，他每天都过来给我奉献重振旗鼓的谋略，可我毫无斗志，满脑子消极放弃的声音。唉，都怪我不顾父母的阻止，不信亲友的忠告，才落到今天这个地步。

海南的夏天经常刮台风。

而那次据说是一场十年不遇的强热带风暴，雷叔告诉我，昨晚台风将溜冰城的铁皮屋顶掀起来，他刚开始还派保安上去加固屋顶，但风大雨大人还差点摔下来，后来没人敢上去了。

一半屋顶没有了，雨水冲进溜冰城，把木地板都泡得涨起来了。如果要继续营业，就要请人来维修，如果要维修，就要再拿一笔钱出来，雷叔来问我："怎么办，是修还是不修？"

听了雷叔的话，我心里响起一个声音："看来老天都不帮我了，算了吧，这个地方，我们不能待了，还是三十六计走为上计吧。"

我同雷叔说："这里不是我们好待的地方，我们走吧。"

雷叔说："如果真的要走，灯光、音响和溜冰鞋等那些值钱的东西可以一起拉走。"

我已经心灰意冷，说："你安排吧，我听你的。"

雷叔叫人先贴一个告示，称台风造成设施损坏，溜冰城暂停营业，而让部分员工放假，然后再找几个心腹保安，从临高找来一辆货车，半夜里，雷叔带领几名保安，把溜冰鞋和能拆的灯光、音响一起装上货车，他们拉上我，趁着夜色匆匆离开了东方八所。

那时候，我几乎一无所有，钱包里只有一个停了机的手机、身份证和几块钱。离开借住的房子，我心突突地跳，就像是自己在偷别人的东西，其实是自己偷自己的东西。

逃离八所后，第二天，我给房东打电话，说我没有钱交房租，房间里剩下的东西都是他的。

溜冰城的东西拉到海口，最后都当旧货卖了。付清车费，再给那几个保安兄弟分一笔遣散费，我已所剩无几。我又气又痛，再次回到旧货市场，要回了几双溜冰鞋，心想开了三个溜冰城，总得拿几双溜冰鞋做纪念吧。后来，我爸爸把其中一双溜冰鞋改成功夫鞋，多年之后，爸爸还夸奖我说："那双鞋真是好鞋，怎么练功都练不坏。"唉，一百多万只换回三双溜冰鞋，那当然是好功夫鞋啦。

26 岁，我进入人生的最低谷。

其实，我们所经历的生活状态是我们意识的创造物，我之所以进入人生的低谷，是因为我的心态完全进入消极的深渊。反之，要想获得成功、快乐和财富，首先要在心里完全相信自己就是如此！想消极就会变得消极，越担心的事情就越会发生；同样，想积极就会变得积极，只有胸怀卓越梦想时，我们才可能变得卓越!

创业、破产、欠债,在这个曾经是我创业的大特区,我走上一条逃避逼债和追杀的有家难归路,一幕幕往事伴随我在经常挨饿、四处借宿的流浪途中上演,我该怎么办呢?

我站在人生的十字路口,我该怎么办?我该怎么办?!我该怎么办?!!

心灵感悟:心态决定命运,不是因为命运不好心态消极,而是因为心态消极命运就不好。积极心态或许不一定成功,但消极心态一定失败。成功学创始人拿破仑·希尔说:"积极心态是成功的黄金定律。"

发掘自己:

(1)你是否对自己有过消极的想法?把它们一一写下来。

(2)站起来,转一个圈,再坐下来,从积极的角度重新去体察上面的想法:其实要让自己人生有效,可以怎样去看?

第3场 选择与命运——睡公园找工作

海口的大热天,没有毕业证,没有钱,我在拥挤的椰城找工作。

那是1989年7月,我在广州念完中专,怀着失恋的打击和打架被学校处分的愤恨,我放弃留校,也放弃分配进广州国营单位的机会,毅然回到当时全国最大的特区——海南。

1988年4月26日,海南省成立,中央决定把海南建成全国最大的特区,骤然间,海南成为20世纪80年代中后期知识分子和青年学生向往和憧憬的热土,百川归海十万人才下海南,过海船票一时难求,上岛还要办通行证!当年从全国各地毕业的大学生、研究生甚至博士生,以及各层次的民工云集在海口街头,那是一大人文景观。

毕业之前,爸爸找他中学最要好的一位同学帮我安排工作。那同学在海南一家省直属大公司做总经理,这是一家非常有实力的公司,他也与我爸爸非常要好。爸爸认定了这个目标，连续两年春节都带我去给他那同学拜年，每年都把家里最好的鸡送过去，当知道那位同学乡下家里养猪，爸爸就隔段时间买一手推车的番薯送过去，还说这些番薯都是我们家里自己种的。总经理同学满口答应我爸，只要等我毕业，就可以让我去他那里上班。

可当我毕业的时候，这位同学调整工作，答应我爸铁板钉钉的事情也泡汤了。后来我才知道，他是受震动全国的海南汽车事件的牵连。海南建特区初期，很多单位利用国家的免税政策在海南进口汽车，然后倒卖到岛外，赚了大钱，后来发展到大小单位都想方设法参与倒卖汽车。我爸这位总经理同学就是做那种生意，前几年发了大财，后来国家调整政策，他的总经理位置就没能保得住。

我从广州回到临高老家，不到一年的时间，我看到爸爸老了很多，瘦了很多。

爸爸说："那些鸡啊、番薯啊，白送了都不要紧，关键是爸爸已经没有办法帮你找工作，只能靠你自己了。"

妈妈说："海口找不到，就回临高吧，离家近一点回家吃饭都方便。"可我好不容易考出乡村，哪里还想回来。

爸爸给了我几十块钱，妈妈一层层打开她用手巾包着的一元一角零零散散的钱——那是她辛辛苦苦卖菜挣来的，用橡皮筋箍紧后给了我，加起来还不到一百块钱。

我含着泪水，告别父母，坐上开往海口的汽车，我在心里发誓："有一天我一定要赚大钱回来，给爸爸妈妈盖一栋大楼，并把他们接出这个贫困的乡村。"

当然，这个愿望现在已经实现了，我接父母到顺德住进高级别墅，还按父母的要求在老家盖起了楼房。许多心理学家都认为，只要努力地向自己的内心和所处的环境里注入所向往的美好想法、美好事物，同时不断地重复它相信它，那么渐渐地你的这个想法就会变成现实。就好像你重复告诉自己几点钟起床，到时闹钟还没响你就自动醒了；就好像你现在在看书，你的心脏自动将血液输送到身体各个需要的地方，你的肺自动在呼出废气吸入氧气……这都是你的潜意识自动自发在做的事，就算你的意识不明白怎样做，但潜意识知道怎样做。我的经验证明，潜意识会帮助我们实现梦想。

当时，大量求职者涌入海南，为海口的旅馆和餐馆带来滚滚客源，海口的湖光旅社、东湖旅社、省委组织部招待所、农垦三所、建国旅社等旅馆几乎天天爆满，不少没有找到工作的两三个人睡一张床。在人才大军中，大多都是刚刚走出校门的大学生，他们没有带太多的钱，几个人便结伴租住便宜的民居。

我来到海口，想方设法联系同学找免费的地方住，有次住到一个同学工作的仓库里，被同学的经理发现后赶了出来。我摸摸口袋里所剩不多的钱，看到街边的小旅馆，也不敢去问价格。

海口滨海路人民桥下面，有一个儿童公园，晚上不用买门票。当时，很多人白天上街头找工作，晚上就在公园露宿。我也学着他们那样睡在儿童公园里，在那里我认识了很多朋友。当年的闯海者遍及各行各业，如政府公务员、企业老总、作家、媒体工作者等。为了谋生，不少大学生无奈地卖起报纸，擦起皮鞋，摆起地摊，开起"大学生饭馆"和"人才小吃店"，甚至抱着吉他到街上卖唱。

闯天下谈何容易，民工、大学生找不到工作，连生存都成问题。有的开始失望，背起行囊走人，有的始终不甘心，他们去偷，去抢，哪怕被抓去关起来，他们也不愿回去。甚至有的女大学生则不得不去卖笑卖身。当时海口宾馆和望海楼中间的机场路一带，一到晚上便站满了形形色色浓妆艳抹的应召女郎，所以机场路戏称为"鸡场路"，那时有句流行语，说的是"不到东北不知道胆小，不到深圳不知道钱少……不到海南不知道身体不好"。

和他们一样，我作为刚刚毕业没有任何经验的中专生，更不容易找工作。晚上，我躺在公园的石米凳上，用塑料袋包着鞋子当枕头，看着像剪影的椰子树，数天上的星星，凉爽的晚风吹在脸上，回忆着过去，畅想着将来，经常思绪万千……

当时开放不久，海口人还是比较排外的，他们称说普通话的人为"大陆仔"。海南方言很多，特别是西线，每个县都有一种甚至几种完全不同的方言。我的母语是类似广西壮语的临高话，跟闽南语系的海南话完全不同，好在我在县城上过学会说一些海南话，不会受到歧视和伤害。

1989 年 7 月，海口的大热天，没有毕业证，没有钱，我晚上睡公园，白天找工作

一天晚上，有位同村老乡带我到海口某水产品加工厂找工作，我买了近十斤水果去厂长家。海南很多人家里有脱鞋子光脚进门的习惯，我在门口脱掉鞋子，穿着袜子跟老乡进去了，睡公园那几天换袜子只是左脚换右脚，所以，我暗地着急厂长会闻到我那勤劳双脚的味道。幸亏厂长一听说我刚刚毕业，没有一点社会工作经验，就连忙说"不要，不要"。于是，我丢下水果，像做小偷一样赶紧逃走了，在厂长家里停留的时间还比不上脱鞋子和穿鞋子的时间长。

跟我一起从广州回来的同学阿江先分在海口塑料厂，他说他们厂里还招人，于是约我去见他们的老总。老总向我提出很多问题，问我会不会，我想也没想，什么都说会。后来阿江告诉我，他们老总本来是想要我的，但听我说话就像吹牛，什么都说会，他认为我这样的人做事不踏实，不敢要。

就这样，我找了很多家单位，没有一家单位肯收我。找不到工作，我有时到同学处借宿，有时就睡在公园里，可恨的是，公园保安每遇到露宿的，就会来赶，有时做梦都怕被保安赶。当时我想，要是我有一家公园就好了，这样我爱怎样睡，就怎样睡。十多年之后，我开物业管理公司，最多的一年，我公司管理二十多家公园，我要求员工把垃圾筒都要擦得干干净净，可自己再也没有睡过一晚公园。

宇宙里有生命不是奇迹，生命里有宇宙才是奇迹。每个人心中都有一股宇宙能量，冥冥中，我们心里想的事情，我们这股能量会帮助我们实现。

虽然我口袋里的钱越来越少，前途茫茫，但我坚定一个信念：

"我一定要在大特区出人头地，为父母争光，也证明给那个抛弃我的初恋女友看看，阿 A 还是好样的。"

海南之大，竟然没有收留我的地方吗？我不相信……

心灵感悟：所谓女怕嫁错郎、男怕入错行。选择比努力更重要，虽然选择历尽艰苦，但比起不选择的选择，选择是正确的。

发掘自己：

（1）你想要的人生是怎样的？为达到你这个目标，你要选择怎样的工作或行业？

（2）努力前须选择，选择后须努力。目前你选择了做什么？既然选择了，你怎样负责任把目前这件事做到最好，以让你这段时间的生命有意义？

第 4 场　奴隶和努力——好领导从好员工做起

白天，是一连串的碰壁，晚上，我睡在儿童公园，心里想，只要有一家公司愿意收留我，不管他们给我怎样的工资待遇，我一定要好好干，做出优秀的成绩来，让那个瞧不起我的初恋女友对我刮目相看。

这个机会终于到来了。为了利用海南特区的优惠政策，国家轻工业部食品工业联合开发公司在海南开了一家分公司，这家海南公司刚开张，急需招人。我的同学老麦曾去那里跑业务，探听到这个消息，他如获至宝，赶紧向那家公司的秦总引荐了我。同样，秦总说了很多东西，问我会不会，我则不管他问什么，都说会。这家公司以进出口贸易为主，好在我在广州读书时，曾到中山大学读过"国际贸易班"，有这个专业的结业证书。

秦总问我："现在公司正好进口一批棕榈油，亟须做报关、报检手续，你可以做吗？"

我毫不犹豫地回答："我会，我一定不会令你失望。"

其实，我什么都不会，但如果我说不会，我就完了，如果我说会，那么我还有机会。不会，可以问，可以学，如果真的不行，我还可以走，这是我当时的想法。

老总答应先试用我一个月，随后交给我一份全英文进口单证资料，叫我回去翻译成中文。

我本来英文就不好，何况那是很专业的国际贸易文件，我哪里会翻译啊？但我相信：

"只要精神不滑坡，方法总比困难多。"

我马上去请人帮忙，老麦帮我找到一个大公司的师兄很快帮我翻译出这沓英文资料，而我自己也去请教海关、商检、卫检等所有的报关、报检手续，一直到码头提货放行，整个流程，我不懂就问、就学，半个月左右，我就顺利地办好了这批棕榈油的所有手续，秦总看到了我的成绩，虽然没有直接夸我能干，但我感受到他对我的态度变了。

经过努力，一个月试用期满，公司同意接收我，我赶紧拿着介绍信到省人事劳动厅，把档案、户口手续办好。这是我从事的第一份国营企业工作，也是我唯一的一份国家正式工作。

我非常珍惜我的第一份工作。

公司早上8点上班，我7点左右就到了办公室，先煲开水，再拖地板，还把厕所洗得干干净净，为每位同事泡好一杯热茶，做好上班的准备。公司里什么吃苦受累的事情，我都主动去做，我愿意比别人多做一倍甚至几倍。因为我知道，能进入这家公司的人，大多是有后台的，而我什么都没有。尽管我比别人努力好多倍，我的工资收入仍然是公司里最低的，不过，这有什么关系呢？

虽然当时大锅饭思想还占主导地位，不少人认为平等就是做的一样，还有人认为"我又不是奴隶为何做低贱的活"？而我认为，做得越多，得的越多，最起码学的越多。

其实，快乐不是因为得到的多，而是计较的少。

我不计较，所以我快乐。我想，要有所作为，不一定是找到一家怎样厉害的公司我就有所作为，关键是我能够在这个平台上让自己不断快速成长。

要想成长比别人快，就必须比别人努力多几倍。

后来，北京总公司派来一位霍副总，公司为他租了一个套间，套间刚好有个几平方米的偏房，可以放一张单人床和一张小桌子，就安排给我住，这对我来说，真是奢侈啊。于是，我每天主动搞卫生，洗衣服的时候把霍总的也拿来一起洗。

有天晚上，霍总在房间里拍拍打打，大喊大叫，我以为发生什么大事，原来是房间里有只壁虎，很像四脚蛇，霍总是北方人，天不怕地不怕，偏偏就害怕那些小虫虫，见到房间有壁虎整晚睡不着。我翻箱倒柜，花了近一个小时终于把那只壁虎消灭掉。

霍总在海口没有家人，业余时间喜欢看电影，我就为他买电影票，给他找座位，我忙前忙后，屁颠屁颠的。霍总喜欢抽烟，专抽那种三五牌的香烟，

要想成长比别人快，就必须比别人多努力几倍。1989年底，我陪客户出差到海南兴隆，第一次住进五星级酒店

而且香烟上一定要写有"中国烟草专卖局"字样，他说，没有写"中国烟草专卖局"字样的是走私烟，他不抽走私烟，所以，我总要去给他买"中国烟草专卖局"的三五牌香烟。霍总喜欢到海边游泳，我就陪他去游泳。霍总喜欢大块吃肉，我就为他找北方风味的餐馆。我像小弟一样投其所好，开始他觉得过意不去，后来也就习惯了。其实，我举手之劳为领导做点事情，可他却教给我许多做人和做事的道理。

要想成为好领袖，必须先做个好跟从，哪怕是别人可能认为低三下四的事情，也要做好。

我想，我现在所做的是别人不愿意做的，那么，我将来所拥有的也会是别人无法拥有的。

后来，我常常在课程中告诉年轻人："如果你想准时下班，就别想准时升迁。"其实，一个人在积极主动的状态下，你可以完成更多更出色的工作而不会感到丝毫疲惫。精神上的疲惫比身体上的疲劳更让人厌倦。所以，当我把工作变成一种享受，我会干得又多又好又开心快乐！

1989 年底，霍总到广州开会，他指定要我来广州出差，按照当时的级别，我没有资格坐飞机，但霍总说是急事，必须快速，特别批准我坐飞机。那时，要单位开证明或派出所证明才能排队买机票。那是我第一次坐飞机。

我坐在飞机上看蓝天，看大海，当我在天空上看到我曾经生活过四年、品尝过初恋甜蜜和失恋伤痛的地方，我在心里对自己大喊："广州，我回来了。"

我住进广州宾馆的套间，打开窗户，正好可以看到海珠广场，我赶紧约广州附近的同学晚上出来聚会，我们开心得在席梦思上翻跟头，我向同学们吹嘘，我的事业正朝着成功的方向迈进，那个狠心甩掉我的初恋女友也来了，我没有单独跟她讲什么，但心里想：

"总有一天我要证明给你看，你错了！"

那一年，我负责公司的进出口业务，赚了几百万元，公司先买小车，再买别墅，后来，我就搬到别墅里去住了。

就在这刚刚开放的椰城，我在业余时间还做了不少事情。

心灵感悟：要想成长比别人快，就必须比别人多努力几倍！有付出就会有回报，这个世界：没有没有付出的回报，也没有没有回报的付出！

发掘自己：

（1）你在工作中曾经吃过什么亏？

（2）这些吃亏的事后来让你得到什么或者学到什么？

第5场 业余与业途——电影院门口练书摊

我把初恋女友莉莉的照片镶在相架中，放在床边小桌上，虽然我故意没有给她回信，但每次默默看着照片，我心里说："我一定会做出成绩给你看……"

为了证明给初恋女友看，不仅公司里面工作我干得很顺手，而且业余时间我还想着如何创业。

为证明给初恋女友看，业余时间我还和朋友一起创业。这是 1992 年 3 月 8 日，我和朋友在海口合伙开办的新加新商行开业

还是睡公园找工作的那段时间，我结识了许多想创业的朋友，大家在一起，整天想的就是如何去赚钱。

子腾就是其中一位想赚大钱的朋友，他本是学时装设计的，来到海口却没有找到工作。子腾突发奇想，邀几个朋友去弄文学，他们在招待所租下一间房子，挂靠在某大作家名下，搞了一家中华文学社团联谊会，刻了一个公章。子腾向各大中院校寄出大量红头红印通知函，说只要交纳一定数额的经费就可以入会，个人作品还可以得到著名作家的亲自点评、辅导，经作家推荐，可以在社团主办的刊物上发表，等等。不久，全国各地果然有不少人真的邮寄会费过来，子腾一下子赚了上万元入会费，而社团联谊会却不了了之。

我参加工作以后，再去找子腾的时候，他已经开起了时装模特表演公司，原来，他从一些朋友的高谈阔论中发现，当时海口开起了很多夜总会，那里最流行的是时装模特表演。于是，子腾赶快到北方老家组织了一批美女，成立了一个时装模特表演队，日夜在各大夜总会和旅游饭馆走场，结果很快发了大财。

像子腾一样，我的很多朋友都在做着淘金梦，天天寻找商机，我也很受感染。我好多次陪霍副总看电影，感觉电影开始前的十几甚至几十分钟是最无聊的，很多人在电影院门口漫无目的地徘徊。于是我想，要是在电影院门口摆个小书摊，那里肯定有市场。

说干就干，我首先买了一辆三轮车，再买了一块胶合板，然后就去私营图书批发部进书，每种书先只进一两本。晚饭以后，我用三轮车把书和胶合板推到海口工人影剧院或和平影城附近，在路边随便找个地方，把胶合板放上去，摆上几十本书，主要是武侠小说、言情小说等当时最好卖的畅销书，古龙、金庸、琼瑶等作家的最多。图书进货价只有 6 至 7 折，而卖出去的时候，我可以加价 10%，对此，大多数顾客无所谓，个别顾客讨价还价，我也可以按原书定价卖给他们，这样卖书的利润差不多有 40%，平均一个晚上可以赚四五十块钱，一个月下来，我可以赚 1000 多块钱，而那时我的月工资才二百多块钱。

尝到甜头，于是我想到开"分店"，我叫表妹过来帮忙。

表妹在老家临高做小餐馆服务员，每月 80 块钱，我说来帮我卖书吧，每月给你150块，干不干？表妹不蠢，她来了。说是分店，其成本不过是多添一块胶合板，因为一次性进书比原来多，进书的折头更大，这样成本反而减小了。我把书拉到电影院门口，分开选两块地方，我先帮表妹摊开胶合板，摆上图书，表妹的书摊就开张了，然后我再去布置另一个摊位。那时，我白天工作，晚上带着表妹卖书，我每个月的外快收入就有两千多块。

这期间，发生过一件既可气又可笑的事情。有天晚上，表妹对我说，刚才有人来罚了她五块钱，原因是乱摆乱卖。"看清是什么人吗？穿什么制服？"我大声喝问表妹。

"没有穿制服，谁知道是什么人？"表妹怯怯地说。

"不知道是什么人，他要钱你就给钱啊？"

"那人说要么罚款，要么没收图书，"我想："交五块钱总比给他没收书好嘛。"

我接过表妹手中的那张罚款单一看，原来是一张白字条，上面只写着"乱摆乱卖，罚款五元"，盖着个模糊的印章，我一时血往上涌，就对表妹说："你在这里等着，看我怎样出这口气。"

当时，我正好看到对面有个挑担摆卖水果的，我走过去，就对那人严肃地说："乱摆乱卖，全部没收"。那人立即紧张起来，于是我伸过去一张白字条，换了口气说："不没收也可以，罚款五元"。那人见状，赶快拿钱走人。

于是，我得意洋洋地回来，把那5元钱扔给表妹，说：

"有老哥在，你以后绝对放心做生意，谁敢罚咱的钱，哼，老哥马上摆平他！"

每当我同朋友说起这件往事，他们都觉得好笑。现在回想起来，我当时虽然不是存心要诈别人的钱，但心胸确实很狭隘。

当时，作为改革开放的大特区，海南实行"小政府大社会"政策，政府对"市场经济"的管理还在初级阶段，很多管理较不规范，在海口租一间民房就可以开一家公司，有些民房门口挂满公司招牌，往往一家公司就一个人，整个公司的重要家当就是营业执照和公章，装在皮包中就可以带走，这就是所谓的"皮包公司"。

有人开玩笑说，海口一个椰子掉下来，就可以砸死三个经理。

后来有人形容当时的创业情景,说:撑死胆大的,饿死胆小的。所以,在电影院门口摆书摊还没人管。

那小小的书摊,对我还真是个好生意,因为那时书店很少,很多人还不知道批发图书有很大优惠的折头。这是我在海口做的第一份生意,这生意比我的正式工作的收入多十倍,而且用的全是业余时间,并不影响我的工作。

看一个人将来的事业前途怎么样,主要看他业余做了些什么。

如果你拿工作之余的时间去打麻将,十年后,你的手就可以当眼睛使,一摸就知道是什么牌;如果你拿工作之余的时间去看电视,十年后,你就会对名人佚事、明星绯闻了如指掌;如果你拿工作之余的时间去学习、去加班、去跟你的上司和团队沟通,十年后,你一定提升到很高的职位。

关键是,你的理想是什么?你的工作,并不仅仅是出卖你的时间换取工资。跟你学到的知识和积累的经验相比,你的工资无足轻重。就好像一个女孩在挑选如意郎君,她可以选一个现在很有钱但却没有头脑的丈夫,或者选一个现在没什么钱却能力出众的丈夫,前者会让她有一时的奢华却不长久,后者可能先有艰辛但以后可以长久幸福。

所以,不管上班下班、不管工资多少,重要的是基于你理想的目标,努力越多,提升越大,你的头脑学到的东西越多,将来的财富自然也会越多。

我除了上班努力工作,还拿工作之余的时间去努力赚钱,后来学到了许多赚钱的道理。

我不能像子腾一样赚快钱赚大钱,然而小书摊也确实很赚钱,正当我准备更多地复制"分店",大练小书摊时,新的变化和新的麻烦已经来临。

心灵感悟:业余选择影响事业前途,若要如何,全凭自己。

发掘自己:

(1) 八小时以外你通常在做些什么?

(2) 你想将来提升成为一个怎样的人?业余时间你选择做些什么以支持你达成目标?

第6场　以变应变——小书店里租售录像带

八小时之外，我正着迷地想着怎样去赚更多的钱。然而，有一晚发生的一件小事，让我当伟大的书摊大王之梦破灭了。

那时我发现，在电影院门口、街头公园开始也有别的小书摊，而且不知不觉，越来越多。

小书摊多了，首先是影响书价，加价10%已不可能；其次影响销量，原来一晚可以卖几十本，后来只能卖十本八本。

生意下滑，表妹很灰心，我作为老哥只好不断地给她打气，说："'不经历风雨，怎么能见彩虹？没有人能随随便便成功！'我们要坚持。"

可能是我的嘴巴不好，说风雨，风雨就到！

那晚，我刚帮表妹摆好摊位，推着自己的那些家当，到另一边还没有摆下，突然听到表妹上气不接下气地跑来说：

"A哥A哥，真的来了，真的来了！"

"什么真的来了？"我莫名其妙。

"真的警……警察来了！"表妹慌慌张张地说，"我……我们的书，全部给没……没收了！"

原来是城管队来了，表妹看到穿制服的都称为警察！而这次，可不像上次罚款五元，现在是突击检查，见了乱摆乱卖的东西就直接丢上城管车没收，这都是动真格的。而这次老哥我当然不敢再到对面找个替死鬼帮表妹摆平了！

幸亏我这摊还没摆下，赶紧撤退。

那晚我睡不着，我想：形势变了，竞争越来越厉害，而城管却越来越严，与其我和城管玩猫捉老鼠的游戏，还不如我主动求变，先停下来再说。

当今世界，唯一不变的就是"变"，只有变才能应变。

过了几天，我带着表妹去在塑料厂上班的同学阿江那里玩，看见他用公司生产的身份证过塑薄膜来过塑相片，我想到了一个商机——到大学里去

"过塑相片"，肯定有生意，而且不怕城管人员！

这个创意不仅让我赚了不少钱，还带来一段恋情，后面再专题叙说。但流动生意毕竟好景不长，后来当海口很多店面都有过塑服务后，我又要变了！

看到以前摆小书摊剩下很多图书，我决定开间真正的小书店。因为开书店，图书是不用愁的，也有别的小书商不干了，我就从他们那里低价回收一批图书。因为既有新书，又有旧书，除了卖书，我想到还可以出租图书。

后来，我做了很多市场调查，从调查中发现，卖书、租书利润不高，而当时开始流行的是租售录像带。因此，我马上应变，决定开家主营录像带兼营图书的租售店。

当时，要开间录像带租售店，需要解决两个基本难题：一是铺面，二是牌照。

当年，海口机场还在市内，机场路一带人气很旺，铺面非常贵，可我发现，机场路附近有户人家的厨房，后墙倒塌荒废在那里，我想方设法找到那家主人，我去他家送了一些水果，要求他关照我，把半倒塌的厨房租给我。我的诚心打动了主人，他象征性地收点钱就租给了我。我为厨房修好屋顶，重新做了一张木板门，再花几百块钱就简单装修成了铺面。然后，我聘任表妹做"经理"，买了一台旧电视机，进了一批二手录像带，在大门口挂起了"海口 ABC 音像店"的招牌。

音像店牌照要文化局批准，怎么搞到牌照呢？我到文化局一打听，那个办事员要我找科长，当我找到科长时，他说：

"现在一般都不批音像出租店。"

一般？我听到他的话音中还是有些希望，就一直等到他下班，并且跟着他走，约好去他家里坐坐，科长虽然嘴巴说不用了，但还是把家里的电话号码给了我。

晚上，我根据白天留意到他抽的"万宝路"烟买了两条，还买了一包鱿鱼干，就去他家里拜访，好说歹说，最后他答应："就给你批一个吧，但英文字母不行，必须用中文注册。"

就这样，我的牌照也拿到了，上面用的是"海口诶碧诗音像店"，而外面挂的仍然是"海口 ABC 音像店"，也就是受我的名字启发而起的特色店名。

开录像带租售店能赚钱吗？让我告诉你吧，这比摆小书摊赚钱多了。每盒录像带批发价只有六七块钱，出租价是每天两块钱，而且每盒要交十元押金，有的人租回去后，两三天随便过去了，一盒录像带的成本，做一次生意就收回来了。也有的人超过时间，便懒得来退押金，这也是一笔销售收入。我经营的音像店里有很多创意，比如说，我对明星演员分类，对最新出品进行推荐，登记顾客电话，有什么好的信息及时告诉他们，同顾客交成好朋友，后来还推出了会员制，我一间小店也拥有一批忠实的拥趸。还有，我的音像店实行"多元化"经营，除了租售录像带，同时也做图书租售，还安装了公用电话等。

看到一个店成功，我马上想到要复制连锁店，于是我又请其他的表弟、表妹来帮忙，在海口接着开了第二家，后来还在临高开了第三家。

还是在读书的时候，我就立志成为万元户，那时以为万元户就是有很多

参加工作不到两年，我业余创业的收入让我实现了"万元户"之梦。这是我当时陪领导到海边旅游

钱，而我开小书店租售录像带，几个月就成万元户了。

赚钱很快乐，而同时能得到异性朋友的爱，那就更幸福了。

心灵感悟：以前说快鱼吃慢鱼，而现在说快变吃慢变，大变吃小变。重复旧的做法，只能得到旧的结果，只有"变"才能应变。

发掘自己：

(1) 你是否觉察到你的环境和周遭人有些什么改变？

(2) 你如何应变？

第7场 走路与找路——过塑恋情

当一个人不停地想着赚钱的时候，赚钱的机会也许真的就要来了。

天堂就在你心中，找到你最强烈的欲望，并把它引入脑海，把信念带入潜意识里，潜意识自然会帮你打开机会之门。

上次说到，我带表妹到同学阿江的塑料厂玩，发现了过塑商机。

那天，阿江拿出几张过塑好的相片给我一看，我感到很奇怪，塑料没有缝，相片怎么塞进去的？相片纸张本来很软，为什么用薄膜一装就变得那样硬挺呢？阿江向我解释，那就是过塑，只要通过过塑机压热一遍就行了。他们厂生产塑料薄膜，用这种薄膜过塑出来的相片，既好看，还可以长久保存。

阿江只是想介绍他的产品，而我想到的则是商机！

我问阿江："过塑一张相片需要多少钱成本？买一台过塑机需要多少钱？"

阿江说："相片过塑一毛就够了，但一台过塑机则需要两千多块钱，你买得起吗？"

我心想：一张相片过塑成本一毛，而我帮别人过塑，收一块钱肯定没有问题。于是我对阿江说：

"这个生意有得做，我们买一台吧。"

阿江相信我，决定一起合作，我们很快从浙江厂家订购了一台过塑机，那可能是海口民间最早的一台过塑机，当时海口的婚纱店、摄影店、复印店里都还没有过塑机。

过塑的市场在哪里呢？难道也去电影院门口摆摊吗？显然不行。难道去开一家过塑店吗？可当时谁知道过塑是什么？显然也不行。

好在我在学校时多年担任学生干部，了解学生的需求，我看准过塑的市场就在大学校园，因为大学生喜欢照相，喜欢新生事物。回想起来，虽然当学生干部，占用很多课余时间为学校做大量工作，表面上没有一分钱回报，而实际上，我的付出所带来的回报是一辈子用不完的。

但是，如何进入大学校园，如何打开校园市场呢？我想来想去，想到读中专搞社会调查时，先请学校党委开封介绍信，然后拿着这封介绍信，就有人相信我们，接待我们了。

于是，我去找一个在海南电大做学生会干部的老乡，请他吃饭，我告诉他有个好创意，叫他一起合作，我们出钱他搞关系，他可以拿到合作提成。

这样，老乡不仅与我们合作在海南电大开了一个"过塑服务部"，还用学生会名义开出了"勤工俭学实践活动"的介绍信，这样到各个院校联系就有敲门砖了。

其实所谓"勤工俭学过塑服务部"，是我又拿起当年在学校做宣传部长的本领，用宣传色在一块硬纸上画好招牌，挂在一楼靠近大门的宿舍门口就开起来了。凡帮忙的学生会干部、校团委干部，我都免费给他们过塑相片。在这些学生领袖的带动下，相片过塑一下子在校园内流行起来，甚至很多同学悄悄把情书、情人卡也拿来过塑。

为了宣传，课余时间，我们在电大学生宿舍大门口，拉起"勤工俭学过塑服务"的横幅，摆上过塑机现场服务，引起很多人围观。

我负责拿着样品相片展示、演讲，滔滔不绝地说过塑如何如何好，几十年上百年不发霉不褪色，可以永远留住美丽，青春不会变老。而阿江负责过塑，电大同学负责收钱，大家默契合作。这个模式很好，效率和效益大大提高。一个星期天，我们过塑了一千多张相片，结果连过塑薄膜都不够用，一天就赚了近千元钱。

看到海南电大的模式，我就想着要赶快复制，我们拿着打印的介绍信，盖了电大学生会的公章，去海南大学、海南师大、海南医学院、海南卫校、海南农垦中专等各大中专院校，同样打着勤工俭学的招牌，办起了相片过塑服务部。

我意识到，校园有着巨大的市场，广阔的"钱"途，我想的就是如何增量做多。那时，大学生来过塑相片，我们现金也收，菜饭票也收。结果我收了许多大学的菜饭票，我不管走到哪所大学，都可以吃到校园的饭菜。

我小时候，乡下很穷，米不够吃，经常吃稀饭或番薯饭，"吃干饭"是一种城里干部才能享受到的特别待遇。我记得我学习好，所以校长曾夸我是"吃干饭的料"！现在，我终于能随时吃到各个大学的干饭！每当这时候，我暗自得意，神采飞扬。

很多人抱怨没有机会，而我认为，关键是你要突破思维框框，看到别人没有看到的机会。做个主动的人，勇于多走些路，敢于付诸实践，不要做个光想不做的人。

拿破仑·希尔说："机会到处都有，就看你是否能抓得住。"

真正的商业资本是想法，而不是钱。思维具有无穷的创造力，因此，你完全有能力创造出机会。学会觉察和控制自己的思想，每个人都有能力成为自己想做的人。

当然，那时候，我最开心的莫过于过塑带来的经济效益。做这种生意不需要店面，店面就是大学生自己的宿舍；不要人工，人工就是大学生自己的热心服务，而我最大的成本就是一台过塑机。通常的情况是，我在大学校园男女宿舍里设点，找团委、学生会的老乡当"经理"，他们在宿舍里挂一块牌子，帮忙收集相片，预收费用，而我和阿江每天去收回来过塑好，第二天再送回去，周日就轮流到各校园宿舍门口现场过塑，这样大大节省了时间，提高了效益，有时我们一天就可以赚到一千多块钱。从月收入上千，再到日收入上千，这种小生意带给我们的巨大快乐是不言而喻的。

同我合作的"经理"，不但可以享受免费过塑服务，而且还被请吃饭请看电影，他们把我看成是老板大款，我自己也觉得跟他们在一起是一种荣耀，大家都愿意主动帮忙。

那时候，因为钱赚得容易了一点，我开始飘飘然，总觉得自己是大老板，经常带一帮人吃吃喝喝，两三个月内我们入账几万元，而吃喝也花了不少，最后，我和阿江分账的时候，每个人只分得几千元。

好景不长，不到半年时间，海口过塑机越来越多，等摄影部、婚纱店、学校小卖部、打字店都有了自己的过塑机，校园里的过塑生意就不好做了。

生意一落千丈，我的偏头痛突然发作，虽然也可以选择扩大规模，开店综合经营，但我已经没有心思再做了。恰好临高一个开摄影店的老乡来海口，他想买一台过塑机，但新过塑机涨价了，我就把这台旧过塑机原价转让给他。

卖掉过塑机的那天，我悄悄流泪了。过塑机五个多月和我日夜相处，它曾带给我太多的激动和快乐，那种失去它的心痛感觉就像一个家庭成员离开了。

相片过塑的生意，让我对过塑机产生了深厚的感情。

也正是因为这台过塑机，我与两位在校女大学生发生了恋情，那是一段甜蜜而苦涩的恋情。

心灵感悟：没有走错路，只有走多路；要找路，先走路。先行后知，只有行动才有成果。

发掘自己：

（1）为达成目标，你是否愿意多走些路？

（2）为达成你的目标，你曾经做过哪些尝试？你决定何时开始行动？

第8场 被迫与选择——拈阄选女友

和海南师大英语系两位女大学生的恋情，开始于我的相片过塑生意。

有好长一段时间，每到下班，我就去海南师大收相片。我邀请静和锦做我的相片过塑服务部"经理"，也就是帮我做接送相片的服务。

锦读大一，静读大四，我都是通过老乡认识她们的。静的宿舍在一楼，过塑服务部就设在她那里。我去的时候，锦已早早等候在那里，把过塑的相片和钱交接好，我们就一起去食堂吃饭，或者找个小店炒几样好菜。为了在食堂吃饭方便，锦还专门送给我一个带盖的雕花碗，她每次都是用雕花碗帮我打饭。饭后，我们在校园里散步，她们喜欢说两句英语，我就跟着她们学。

海南师大校园非常漂亮，校园里挺拔的椰子树，宛如亭亭玉立的少女在晚风中伫立，虽然是秋冬季节，操场的草地依然很绿，四周的鲜花依然盛开，路两边的九里香开着白色小花，清香扑鼻，还有随处可见的朝气蓬勃的大学生。和两位女大学生一起散步，谈学习，谈生意，谈未来，那是多么惬意的生活啊。

很快圣诞平安夜到了，海南师大英语系举行化装晚会，静和锦鼓励我一起参加。我化装成卓别林上台表演，滑稽可爱，当评委的是外教，当场评奖颁奖，让我惊诧的是我获得了最佳表演奖，而静和锦却说："那是我们意料中的事。"那晚，我们特别开心，特别快乐。

晚会后，我请她们吃冰激凌，边吃边散步，一起来到操场一块草地边，抬头遥望满天的星星，侧耳倾听海风吹动椰子树叶的沙沙声，偶尔偷看一下隐约的灯光下情侣们的风花雪月，我感觉自己就像是在过一种大学生活。

也许是晚会跳舞累了，静提议大家坐在操场上看星星。

当晚，静穿一条长长的白色裙子，她先坐到草地上，把盖到脚跟的裙子平铺一下，叫我坐在她的裙子上，我获命立即坐上去，突然锦大声说："不行，不行，这样不公平……"

锦说着转身就要走，我感到莫名其妙，静推了我一把，示意我去拉住她。

我追上锦，她面对操场外边那片黑暗，一只手好像在擦眼泪。我隐约感觉到将要发生什么事情，便从后面轻轻地拍拍锦的臂膀，怯怯地问了一句："怎么啦？"

锦一向快言快语，她转过身来说："你不能这样对我们两个，我忍不住了，你今天必须讲清楚，我们两个，你到底喜欢谁，选择谁？"

这时候，静也走过来，我不知道说什么好，只好拉她们一起继续散步，走了一段时间，大家没有说话。

最后还是锦打破沉默，她说："你真的不知道吗，我们两个都喜欢上你了？你不说清楚，我们都很痛苦。"

在我心目中，锦是一个开朗活泼、敢说敢做的女孩，她说话大声，行动很快。而静说话慢，甚至有点结巴，文静而富有女人味。说实在话，我跟她们在一起虽然很快乐，但一直没想过"恋爱"这回事，或许因为初恋的阴影还在，心中经常怀念远在广东顺德又爱又恨的初恋女友。

这架势，我真的没有心理准备，我就开玩笑说："能不能选两个，能不能两个都喜欢？"

"不行，你必须两个选一个，你必须说清楚，否则我受不了。"锦还是那样快人快语。

我回头看看静，她低头不看我，问她是不是，她点点头说：

"其……其实这段时间，我们两个常常在一起，睡觉时锦也到我这里来孖铺，我们天天谈论的都是你，我们两个都……都喜欢你。不管你选择谁，我们约定，另一个人都支持。"

锦接着说："对，你必须选一个。"

被两个女孩同时爱着的感觉很幸福，也很为难。那种幸福感涌上心头的时候，我想起了我的初恋女友莉莉，心里很得意：你不喜欢我，还有很多人喜欢我。

可为难的是，我不知道到底是选锦好，还是选静好。

锦直爽热辣，风风火火，同她一起肯定开心痛快。而静呢，温柔体贴，特别是当她那双大眼睛默默看着我的时候，我就有一种心跳加快的感觉。

我想来想去不知道选谁，只好说："请你们给我一点时间考虑吧，这不是一件小事嘛。"我不想伤谁的心，她们却逼我第二天过来必须表态，否则别过来……

那晚，我离开海南师大，虽然心里有些复杂，但是被人喜欢，心情当然十分舒畅，一路上单车骑得飞快。

那时回海口的龙昆南路刚建好，笔直的水泥大道中间还有很宽的绿化带，这是建大特区后的产物。路边，很多建筑工地，夜深了还在加班加点，打桩机的轰隆声此起彼伏。

海南建省办特区一年多的时间里，在改革开放浪潮的推动下，海口掀起了第一次开发建设大潮。在第一轮开发建设热潮大合唱中构成主要乐章的，就是开发区开发建设热。海口市土地开发，经过了一个从零星开发到成片开发的过程。市委、市政府提出"统一规划、引进外资、成片开发、综合补偿"的方针，充分利用土地资源，招商引资，一时成为新经济增长点。建省后，海口先后成立了港澳国际工业区、金盘工业开发区、金融贸易开发区、海甸岛东部开发区四大开发区。

龙昆南路就是连接金盘工业开发区和金融贸易开发区的要道，建设热潮高涨。每次我骑车走过，心中充满希望：

我坚信，我们的家乡海南建设大特区，我一定会有很大的发展舞台。

想起静和锦，我又想起了初恋女友莉莉，比起莉莉，静和锦好像都没有她好，但静和锦起码都很爱我，她们不伤我的心，我在对莉莉深深的思念之中，还有丝丝的怨恨。

怎么选择呢？无奈之下，我采取了拈阄办法，结果拈中了静。

第二天是圣诞节，我不知道是怎样向锦和静表达我的决定的，现在已经模糊，总的感觉是自己很笨拙，说来说去毫不干脆。

锦当时很伤心，她嘴角虽然挂着微笑，说祝福我们，但转过脸眼泪就流了出来。那天我们三人一起吃饭，很明显我感觉锦不大自然。静要我去安慰锦，我却嘴笨得一句话也说不出来，只是在心里埋怨，要是能选择两个该多好，或者就像过去一样，谁也不选，三个人都是好朋友。

饭才吃了一半，锦说："不管怎样，我祝福你们。但我确实不能很自然地跟你们在一起，那样我担心总有一天会失态的，所以我想，长痛不如短痛，请允许我离开一段时间……"

我看着锦的背影消失在晚风中，那是她留给我的最后一次背影。

望着那个独自远去的背影，我突然想起两年前，莉莉在顺德糖厂跟我提出分手的情景，我完全能感受到锦的那份伤心，因为我也是从失恋中走过来的……

我鼻子一阵酸楚，无意中看到手里端的那个带盖的雕花饭碗，那是锦特意送给我的，她说她喜欢上面的雕花，想起以前，都是她用这只饭碗帮我打饭……

第二天，我收到锦的一封长信，信纸上有明显的泪痕。锦在信里说，爱我最深的是她，不过，她还是祝福我们。信尾，锦提醒我说，静是城里人，静妈妈不一定会同意，因为她妈妈说过，静必须找个研究生，她认为"女中专生嫁大学生，女大学生嫁研究生"，锦提醒我想好策略。她最后说，她不怪我，也不怪谁，只是她自己要为自己负责任，她将有自己新的选择。

后来静告诉我，锦退学了，我很惊讶，我担心锦被我误了前途。

静说，锦决定回家复读高三，她其实不想将来做教师，要考别的专业到别的城市去上大学。

锦退学后，我一直担心她，但无法同她联系。

第二年，锦真的重新参加高考，她如愿以偿，考上了广州一所大学。

这件事，当时我总认为自己的原因，心中一直很纳闷、不安。后来，我悟到：当时假如我不选一个，她们就不开心；她们不开心，就会连朋友都没得做；朋友没得做，我就会痛苦……所以，我宁愿选一个，也不要痛苦。既然这是我自己选择的，我就要为自己的选择负责任，想到这，我的心就坦然了，舒畅了。

此后，我与锦有过简短的电话联系，但再也没有见过她。而我跟静的事，又是一波三折……

心灵感悟：没有被迫，只有选择。一切你认为被迫的事情，其实都是你在当时自己最好的选择。最起码你可以选择做或者不做，而你之所以选择做了，那是因为不做所带来的后果你不想要。

发掘自己：

（1）写下你最被迫要做的一件事，还有被迫的感受是怎样的？

（2）体察一下：当时如果你不做那件事，结果会怎样？那个结果会给你带来什么感受？所以，最终是谁选择了做那件事？

第9场　受伤害与负责任——做一回毛脚女婿

不入虎穴，焉得虎子。既然静的父母反对我们相爱，我就要亲自去跟他们好好谈谈。

1991年春节，我决定趁假期去探望静的父母。

静的家就住在临高县城的干部一条街，我与她约好了时间。那天，我穿了一套崭新的西装，买了一大包礼物，那时我刚刚学会开摩托车，为了提高身份，还专门借了一辆雅马哈摩托车开过去。

在此之前，静一直不敢告诉她妈妈恋爱了，她担心妈妈反对。而我不想偷偷摸摸来往，要求她趁春节家里气氛好的时候，向妈妈坦白。

果然不出所料，静妈妈不同意她和我来往，大学生女儿是静妈妈的骄傲，她要亲自为女儿选一门最好的亲事。

我同静商量，春节我去拜年，在她父母面前表现一番，保管消除他们的成见，但一定约好父母在家里。

我来到静家，首先放了一挂长长的鞭炮，比我自家春节开门时放的那挂鞭炮还要长。按我们海南的习俗，春节放鞭炮代表喜庆，鞭炮长短代表着排场，尤其是除夕之夜，当新春的钟声一响，爆竹声此起彼落，通宵达旦，一个个小镇、村庄笼罩于浓浓的硝烟中。而春节拜亲访友，也要买鞭炮、放鞭炮进门，客人越重要或越重视，放的鞭炮越长。

可我的鞭炮放完了，静的父母也没有出来。

静迎出来低声告诉我，爸爸妈妈刚才出去了。静为我倒茶，拿瓜子给我吃，眼睛里滚动着泪花。

我对静说："没有关系，你叫他们回来吧。"

过了一会儿，一个男人回来了，干部模样，高高大大，静向我介绍，这是爸爸，我赶紧站起来向他鞠了一躬，叫了声："叔叔！"

静又向爸爸介绍我，我毕恭毕敬用双手给他递上名片。

静爸爸一看名片，不冷不热地说："哦，是个业务员，靠嘴巴吃饭的吧。"

听到这句话，我心中一凉，转而又想：说得也对，不靠嘴巴吃饭，难道用屁股吃饭？

不管那么多，自己请自己赶紧坐下来。接下来很长一段时间是沉默。

静最后说："爸爸，我同学来了，就在家里吃饭吧。"

静爸爸说："家里没有什么准备啊。"

我一听，心想，春节期间谁家客人来还要什么准备，分明是借口罢了。

但还好，他没有赶我走，就赶紧说：

"没事，我带阿静一起去买菜，我有摩托车。"我趁机想拉静走。

"你留下，他一个人去就行了。"静爸爸好像看穿了我的心思，他拦住了正想动身的静。

"谢天谢地，最起码还有希望。"我一边想，一边跨上摩托车，来到当时最好的餐馆——春临酒家买外卖。

我很快买了最有名的临高烤乳猪、蒸乳猪和大墨鱼。"临高乳猪"是当年海南四大名菜之一，与"文昌鸡"、"嘉积鸭"、"东山羊"齐名，后来流行吃海鲜，海南四大名菜才加了"和乐蟹"。而墨鱼在临高话中与"通"同音，寓意"路路通"，春节期间是最贵的。

再次回到静的家里，静妈妈也回来了，一个冷冷的、傲傲的女人。

当静给我们做介绍时，她眼睛看都不看我，只是微微点点头。

我心想：还好，最起码她点了头，并没有把我买的东西扔出来。

我鼓起勇气，热情地对静的爸爸妈妈说："菜买回来了，还是热的，在春临饭店买的，可以现成吃。"

静妈妈还是一声不吭。静赶紧摆好菜，把煮好的饭端上桌来。

席间，静的爸爸妈妈一句话也没有说，静只好不断地给爸爸妈妈夹菜。静正想夹菜给我时，她妈妈咳嗽一声，她赶紧把菜放进自己碗里。

外面鞭炮声远远近近，此起彼伏，而这顿饭除了静默就是沉默。

没吃完饭，静妈妈就先走了，随后她爸爸也跟着走了。我心里凉透了。长这么大，那是我平生吃得最尴尬的一餐饭。

吃完饭，静叫我再多坐一会儿，我说我要走了，我要去还别人的摩托车哩。

当我离开的时候，我看到静很内疚的样子，我也很失落，我的心像打翻了的五味瓶，难道我真的比不上别人吗？静送我出来，我跨上摩托车，不知因为什么，踩来踩去好不容易才打着火。

静默默地注视着我，我鼻子酸酸的，扭转头就不忍再回头。

不知骑了多远，突然"呼"的一声，我突然偏头痛发作，天旋地转，连人带车撞在路边花基上，等我爬起来，自己的西装脏乱不堪了，更倒霉的是借来的摩托车后视镜也摔烂了……

我几天都没有同静联系，我想，既然你们看不起我，我就要证明给你们看，我决定先跟静分手，等自己做出一番成绩来再说。

假期要结束了，在回海口前，我去临高县城再次找静，向她提出分手，理由是她父母反对。

静一向不太会言语表达，她一急起来，就变得有点结巴，她说："你……你要娶的是我，又……又不是我妈，是我要嫁给你，又不是我妈嫁……给你，不管我爸、我妈他……他们怎么样，我都会爱……你！"

"现在我们谈婚论嫁还太早。"我说，"我不想别人看不起我，也不想别人看不起你，我们先冷静一段时间吧。"

静涨红了脸，眼泪开始在眼眶里打转。

我的鼻子一酸，眼前随即浮现出，在顺德糖厂莉莉向我提出分手的那一幕，以及锦在晚风中伤心地离开我的感觉一起涌上心头，我的眼泪差点流了下来，我赶紧转过身，骑上自行车，头也不回地离开了。

静再没有说话，也不拦住我，只是骑上她的单车默默地跟在我的后面。

小镇的夜晚，灯光很昏暗，我抬起头看到天空上只有稀疏的星星，没有月亮。这又跟顺德糖厂的情景一样。

海南的春节，气温虽有十多度，但还是挺凉的。我感觉稀疏的雨点打在我身上，也不知道是雨滴还是泪滴。

静一直跟着我，她没有追上拉我，也没有叫我，她一句话也没有说。

我不知道，我当时为何如此绝情。只是认为自己受到了伤害，认为自己是个受害者。其实，当时，如果我能为静多想一下，如果我能跟她父母再好好沟通一下，如果我的事业能表现出色，如果我能与静再认真准备而不那么莽撞……这结果肯定不一样。如此看来，造成这样的结果，责任完全在我。如果没有我的莽撞，就不会造成静受到如此大的伤害。

当我负起责任，归因于己，我就会觉察到我可以做得更好的可能性，觉察越多，新的选择也就越多，内在的自由感越多，自己也就越有力量。

当然，负责任不等于负罪责，不等于自责、内疚、后悔，而是通过找到自己可以做得更好的地方，让自己进步成长，变得有力量。而自责和内疚，或者后悔，其实也是受伤害，是自己受伤害于自己。

一直走完县城郊区，接下来是一段进入乡下的土路，静下了单车。

她无法跟上来，土路很烂，没有灯光，她怎么走得了？我想：

农村跟县城就是有很大差距，如果她跟我走这样的路，有那么多的坎坷，那么多的坑洼，她受得了吗？可我出生在农村，难道一辈子就只能走这样黑暗的坎坷路吗？

春雨淅淅沥沥地下起来，飘落在我身上，也飘落在我心里。

我知道，静的天空也飘着雨。

心灵感悟：我是一切的源头。我的生命百分之百属于我，我要为我生命中发生的一切负百分之百的责任。我之所以受伤害，是因为我不负责任。也就是说，没有人能令我受伤害，除非我自己。

发掘自己：

（1）写下你最受伤害的一件往事，还有受伤害的感受是怎样的？

（2）转过身去，想想当时，如果没有你，这件事会是怎么样？是你多做了什么、少做了什么，或者忽略了什么，使得这件事情发生？如果重新来过，你不能改变别人，但你可以改变自己什么，就可以令那件事的结果不一样？这样想，你的感受又如何？

第10场　公开与隐私——粉红灯光下的第一次

正月初六，我从临高提前回到海口，一连几天无事可做。学校没开学，过塑没生意，而公司刚上班，大家都是露个面就去走亲访友。我在海口没有亲戚，连最亲的女友也分手了，我感到很寂寞、无聊。

转眼元宵节到了，那是中国的情人节，在海口，那天最热闹、最浪漫的是到府城参加"换花节"活动。

府城，属于琼山县城，紧挨海口，海南解放前的政府所在地，当地最富特色的民俗就是元宵节换花。

不过，传统的换花节，换的不是花，而是香，意在香火不绝，祝福不绝。据老人们介绍，以前换香，那香是经过精心准备的。在香的底部，卷着一张写有自己姓名住址的纸条，遇到心仪的对象，便和对方换香，其实是交换"名片"，以备日后联络。这是一种含蓄而美好的"相亲会"。到了20世纪八九十年代，当地政府认为，换香有封建迷信的嫌疑，而且容易引发火灾，于是就改换香为换花。鲜花漂亮，尤其是玫瑰，更是爱情的象征，更受年轻人欢迎，但和传统的"换香"相比，少了几分郑重含蓄。

换香也好，换花也罢，这个节日之所以吸引人，在于它实质上是海南的"情人节"，青年男女到换花节上寻觅佳偶，已有家室的到街上感受浪漫的气息，有了爱情光环的笼罩，一切变得很有诗意。

我正沉湎于失恋的伤痛中，只有阿江知道我的心事，他向我提议说：

"今天是元宵节，听说府城的换花节很热闹，我们去看看吧，运气好的话，说不定还能找到一个梦中情人。"

我想也好，就同阿江、老麦等几个朋友骑单车赶向府城。一路上人山人海，还没到府城，路就被警察拦住了，因为节日人多，府城禁止一切车辆通行。

那时路边已停了许多摩托车、单车，附近的居民自发收钱看守，摩托车要两块钱一辆，我把单车锁在路边，也交了一元钱。

街道上有各种海南民间表演节目，有舞龙舞狮的，也有灯谜可以猜，广场上跳竹竿舞是最好玩的，男男女女随着音乐的节拍一起蹦蹦跳跳，搞不好就被竹竿夹住，很刺激很开心。

数不清的男男女女在街道上穿梭，各自寻找着换花目标，人人脸上挂满了微笑。

阿江事先给我准备了一支玫瑰花，可我心事重重，没有状态。漫步在人海中，我想起了莉莉和静，我觉得满街的女孩，没有哪一个能比得上她们，我看着手上捧着的玫瑰花，却无心欣赏一个个在我眼前飘来飘去的女孩。

回来路上，朋友们提议一起去吃夜宵，我仍然打不起精神，便借口说有事，一个人先回来。

我把玫瑰花插在自行车车头往回走，看到满街的人热热闹闹，我的心却孤寂到了极点。

我想起静，这一刻她在干什么呢？是不是她也在过一个没有情人的情人节呢？

我也想起莉莉，毕业一年多了，虽然她写了几封信给我，但我没有跟她联系，她是不是已经找到另外的男朋友？是不是她此刻正在跟别人过情人节？

越想心里越不是滋味，于是加快了回家的速度。

那一年，单位赚到钱买了商品楼，也给我分了宿舍，我拿着那支没有换出去的玫瑰花无精打采地上楼梯，快到宿舍时，却看到自己房间的灯亮着。

那会是谁呢？唯一的可能只有静，因为静还有我的房间钥匙，可她不应该再来我这里啊。

我赶紧跑上楼去，只见宿舍门口插了一支玫瑰花，我心头一热，赶紧推门进去，没有人，房间里只亮着床头那盏粉红色的台灯。

我还没来得及反应过来，突然，一个女孩从门后跳出来蒙住我的眼睛，原来正是静，我一股热血冲上心头，也赶紧抱住她。

那支没能换出去的玫瑰花掉落在地上。

那天晚上，静破天荒没有回去。

她对我很好，我深深地感受到她是那样发自内心地爱我，享受着那种被爱的幸福，内心无比感动。

在粉红的灯光下，静显得格外的美。

我突然有些颤抖，我有些害怕，因为我不知道我能不能真的跟她结合，要不要对她的一生负责，但她柔情的爱抚和亲吻融化了我。

她轻轻地在我耳边说："不管爸妈怎么样，我都真心地爱你，不要离开我，好吗？"

在粉红的灯光下，我默默抚摸她红润的脸庞，看到她眼睛里有晶莹的泪花。

那种被爱被欣赏的感觉，仿佛让我身体里的灵魂飞了起来……

在粉红的灯光下，我们开始了第一次……

那一晚，静跟我谈了很多很多她的思念和感想，我们相拥入睡，一切又和好如初。

很早，静就起来了，默默地在洗手间帮我洗衣服。我睁开眼睛，突然看到床边书桌上，初恋女友莉莉的照片还镶在相架中，仿佛默默看着这一切……

这是我的一段最隐秘的恋情。多年以后，成为妻子的莉莉要我坦白，和静有没有那个，我都说没有，绝对没有。

但是我说话的时候却不敢正眼看她，我知道自己心虚，结婚后一段时间，我们的情感生活总是差点什么，但又说不出原因来。

直到我后来参加课程学习，我知道了著名的潜能开发理论"约哈利之窗"的原理：一个人的隐私越多，跟一个人盲点越多一样，会使自己的能量越少，快乐也越少；而一个人的公开部分越多，潜能发挥就越多，生命的喜悦也越多。

课程告诉我，尤其不要说谎，因为说谎等于往自己心里丢沙子和垃圾，最容易消耗一个人的能量。

于是，我决定不再隐瞒下去，当我坦坦荡荡地把这个真实故事告诉莉莉，莉莉刚开始难免有不舒服，可是，我主动坦白以后，我所担心的事情并没有发生。我和莉莉的感情反而更好了。

莉莉更信任我，我们的情感生活越来越亲密了……

我和静的故事还没有完，甜蜜和苦涩还在后头。

心灵感悟：一个人隐私越少，公开的部分越多，潜能发挥就越多，生命的喜悦也越多。因为我坦荡，所以我快乐。

发掘自己：

（1）把你一直以来最害怕别人知道的隐私和秘密，一一写下来。

（2）如果可能，在不伤害别人和自己的情况下，跟至少一人当面或打电话把你的秘密坦荡告诉他，把自己的包袱放下。然后，写下你的感受。

第11场　坚持与放弃——带新女友浪漫环岛游

元宵节之后，大家才真正开始投入工作。我悄悄告诉静，我要出差环岛一周，要她跟我一起去。结果，我们一起经历了一次浪漫、开心的环岛之旅。

在公司里，我负责业务部工作。业务部除了经理，就是我，经理是公司老总的儿子，具体事情主要由我去干。

1991年春天，公司又新开拓面粉业务，跟棕榈油一起销往全岛各县市。我主动提出去环岛推销面粉，通过建立全省客户档案去扩大销售。

当时，作为国营企业，推销既辛苦又经常碰壁，而且没有提成，是份苦差，但是我却很乐意去做。也正因为这份很多人不愿意做的苦差，让我锻炼了终生受益的跟客户打交道的能力。其实，做推销工作，是快速锻炼一个人综合素质的极佳途径。

出发前两天，我用半生不熟的英语，悄悄问静：

"Do you want to go to Sanya along with me?"

静脱口而出："Yes！"

但过一会儿，她又说："要上课，怎么办？"

我便怂恿她去请假，她说请假不好请吧。我又继续鼓励她：

"现在都是大学最后一学期了，课程已学完了，我认为最重要的是多参加社会实践，再说跟着我环岛推销，既能学到东西，又赚得免费环岛旅游，何乐而不为？"

静动心了，却下不了决心。

于是，我对她说："我们来抓阄，抓中yes就去，抓中no就不去，好不好？"

静说："好。"

我制阄，静抓阄，结果她抓中了yes！

静请好假，安排好学习，第二天我们就启程了。

路上，我对静说："我肯定知道你一定会来的。"

静奇怪地问："Why?"

我得意一笑，说："你知道另一个阄是什么吗？"

静一下子醒悟过来，说："好哇，原来两个阄都是 yes!"

"Yes!"我免不了开心地挨了一阵打，于是我们的浪漫之旅就这样开始了。

我们先坐长途公车到达各个县城，再坐三轮车去推销面粉，一路风尘仆仆。

我们拎着面粉样本，一家一家去拜访粮油批发部、饼干厂和面条厂的老板，同他们交朋友，我告诉他们，我经销的面粉物美价廉，如果他们愿意直接到码头上去提货，价格还可以再优惠。

结果，我不但把面粉订货意向都签回来了，而且还交了很多新朋友。后来，我们的面粉刚到码头，就被客户运去了一大半，这样不但节省了大量的库存费用，而且加快了资金回笼。良好的销售业绩，逐渐提升了我在公司的影响力。

我在跟客户沟通时，静在旁边帮忙记录，她经常很欣赏地注视着我，我就越讲越起劲。

离开客户时，静夸我说："你真厉害！"我飘飘然起来。

上三轮车回车站的路上，静靠紧我，拿出纸巾在我脸颊上擦了擦，趁我不注意，就快速地亲了我一下。

三轮车颠呀颠，我的感觉爽极了！

我的待遇标准只能住招待所，因为没有结婚证，那时还不可以开一间房，所以我先给静开一间单人房，而自己则去买一张很便宜的通铺。

可到了夜幕降临，我就偷偷地溜进静的房间。

那天，到了三亚，我们早早办完业务，就去天涯海角骑摩托艇在海上飞驰，蓝蓝的天、蓝蓝的海、雪白的海浪，伴随着我们的欢笑声和尖叫声……

回到沙滩上，我花五毛钱买了一个嫩椰子，插上两根吸管，我们一人一根同时吸起来。

静喜欢闭上眼睛，她刚吸了两口，椰子水就没有了，她感到很奇怪，睁开眼睛再吸，椰子水就上来了。

等静闭上眼睛再吸，椰子水又没有了，看着静惊诧不解的模样，我就忍不住大笑起来，笑得连椰子水都差点喷到她的脸上，她反复试了好多次，才发现在她闭上眼睛吸椰子水的时候，我快速而轻轻地捏住了吸管，等她知道了这个秘密，她就抱起椰子，睁开眼睛，大口大口地吸椰子水，而我再也轮不上了，哈哈。

我们躺在沙滩上，阳光特别温暖，海水特别清澈，游客来来往往，四处快乐洋溢。

卖椰子的小店，录音机里飘荡着悠扬的歌声：

"请到天涯海角来，这里四季春常在。

海南岛上春风暖，好花叫你喜心怀。

三月来了花正红，五月来了花正开，

八月来了花正香，十月来了花不败。"

就是那首曾经风靡全国的《请到天涯海角来》，把无数游客和创业者吸引到了海南。

我和静一边推销面粉，一边环岛旅游，尽情地享受我们最开心最快乐的时光。

我们从东线出发，走中线、拐西线回来，半个月时间，我们走遍了文昌、琼海、万宁、陵水、三亚、保亭、东方、儋州等海南主要的市县，结识了粮油相关行业许多老板。一年下来，为公司赢得了上百万利润。

那是一段无忧无虑的日子。

不久，静毕业了，分到了海口一家公司。

那家公司的老总是静妈妈的同学。静下班之后，总来我的宿舍玩，我们一起做饭吃。

我常带静出去玩，我的朋友们都知道，静是我的女朋友。但静不敢向她的朋友公开我们的关系，因为静的妈妈反对，她也从不让我去她的公司。

这年深秋的一个傍晚，静过来告诉我一个消息，说：

"我们公司在广州成立了一间分公司，决定把我调到广州分公司去，过两天就要动身，你说，我该不该去广州？"

虽然我内心不舍得静离开我，但还是鼓励静说：

"我觉得咱年轻人，应该多到外面去见识见识，学习更多的东西。广州是开放前沿，我曾在那里学到了很多东西，你既然有机会，我怎能阻拦你呢？"

两天后，我一个人到码头为静送行，船已开出很远了，她还站在甲板上不停地向我挥手。

静离开海口之后，我几乎每天都在给她写信，我把每天的思念，把每天工作中发生的事情，都写信告诉她。

很快又到圣诞节，是我们相爱一周年纪念日，我特意给她寄去了礼物。

但是，静离开我几个月，我一封回信也没有收到。

我也打过好多次电话去她公司，公司里面的人都说她不在。我通过海口总公司查询静的情况，他们也说不知道。

1992年元旦，我才收到静的第一封信，也是最后一封信，她在信中向我提出了分手，却没有说任何原因，我接着写了几封信过去，当然同样没有回音……

我不知道为什么，既伤心又担心，不知道静发生了什么事。

直到后来，锦从广州回到海口，她在电话中告诉我，静到广州分公司一段时间后，就和分公司的经理恋爱了，那经理是她老总的亲戚，婚事是她妈妈安排的。

锦还告诉我，静刚过去几个月都在盼我的信、我的电话，可是她不知道为什么，一直没有等到我的任何音信……

接到锦的电话，淡淡一如普通的朋友。

但她给我的信息，结束了我和静的故事。

我的偏头痛又开始发作，心里响起了一个声音：天意弄人，算了吧。

现在回想起来，我和静的恋情是无疾而终，在我心中曾留下隐隐的伤痛。然而，我怎能去怪别人呢？如果我一定要，我就要坚持，如果我坚持，我就会有更多方法，除了写信和打电话，还应有更多的行动。只是，我当时的行为模式，让我又一次选择了放弃！

一段浪漫爱情流产了，我的事业又如何呢？

心灵感悟：放弃者绝不成功，成功者绝不放弃。

发掘自己：

（1）你曾经放弃什么？你的感受如何？

（2）你需要坚持的是什么？如果你绝不放弃，你将得到什么？

第12场　得与失——辞去总经理下海

然而，我没有得到我想要的，我将会得到更好的。

感情上起起落落，事业上却风生水起。

1992年，我所在的公司不到十名员工，利润却高达三百多万元，公司买了别墅、轿车，还买了几套商品楼做宿舍。

年底有一天，秦总和霍副总找我谈话，秦总说：

"小林，公司准备在海口建立分公司，霍总大力推荐你当分公司总经理，你觉得怎么样？"

我一听，突然一股热血冲上脑门，我一直都是公司中最年轻、资历最低的员工，通常都是我去做大家不愿意做的事，我做梦都想不到这个机会能轮到我。

我说："谢谢秦总、霍总的信任，但我不知道能不能胜任。"

霍总鼓励我说："年轻人，你说行你就行，不行也行。"

就这样，海南食品工业联合开发公司海口公司成立了，注册资金50万元，我被任命为法人代表，担任总经理职务，享受国营企业正科级待遇。那年我还不满24岁。

那段时间，我起早贪黑，从装修铺面到招聘员工，从市场调查到市场营销，从进货到出货等大事小事，都亲力亲为。原以为做了分公司总经理，我就可以大展身手，可一旦坐在这个位置上，才发觉情况并不是想象的那样。

那时期，国家出台政策，为了避免政府参与经商，所有政府部门必须同属下的商业企业脱钩。轻工部食品工业联合开发总公司变成了中国食品工业

未满24岁，我当上国营企业海南食品工业联合开发公司海口公司法人代表，享受正科级待遇，从此，经常有机会接触北京过来的领导

总公司。原来公司挂靠在轻工业部，有政策，有批文，现在没那么多特殊优势，主要靠自己了。

海口分公司成立以后，没来得及享受国家政策的优惠，我们唯有自食其力。

分公司成立的初衷，上级老总决定做水果和饮料批发生意，计划把山东的苹果等调到海南，把海南的椰子汁、芒果汁等往大陆调运。我接到的第一宗大生意，就是总公司调了一车皮山东苹果交给我去销售，可苹果在湛江卸车再运到海口，已经烂了很多，最后想方设法赶快批出去，还是亏了很多钱。

为了接近市场，我们把分公司搬到海南省最大的批发市场——水产码头副食百货批发市场，里面有很多个体户，生意特别红火。

我们作为国营企业，表面上看有很多优势，但实际上，在这改革开放的经济浪潮中，国营企业的劣势也越来越明显，难与个体户竞争。

比如，虽说我是分公司老总、法人代表，但财务权在上级总公司，做什么都要向上级申报，等到批准时，机会往往早已过去。而个体户市场反应和行动就非常快。

我知道，这也不能怪我的上司秦总、霍总，因为他们已经给了我很多机会，其实，他们也有他们的上司，也一样受到体制的限制。

我感觉到：一切都在变，计划经济正向市场经济转轨，国营企业体制越来越受限，私营企业却正在高速发展。

那时的私营经济，虽说只是当时社会主义公有制经济的补充，但我发现，私营企业应变更加灵活，这一点我在做摆卖图书、过塑相片、租售音像等生意中就深有感触。

我当总经理的时候，月工资已超过 1000 块钱，比我好多同学多很多。但我业余开音像租售店，利润还比当总经理多几倍。

当分公司总经理两年，我做了很多努力，分公司没有赢利，也没有亏损，但辜负了领导对我的期望。

当时，海南总公司的赢利也在下滑。霍总任期期满，调回北京了。由于分公司业绩不好，我回总公司时，总感觉到其他同事在对我冷嘲热讽。以前我在公司时，大家都很喜欢我，自从当上分公司总经理后，经常听到讽刺的声音，现在冷言冷语更多了……

突然，我的偏头痛又发作了。一连几天，我自己一个人躺在宿舍里，不吃不喝。这时候，谁会知道我在默默地接受痛苦的洗礼呢？

我该怎么办？我该怎么办？我该怎么办？我不断地盘问自己。

我想：按照我目前的职位，在这个体制的公司里，我什么时候才能晋升呢？而就算晋升又如何呢？按照公司的制度，做个总经理并没有足够的权力，也没有多大的自我发展空间，在这种体制里待下去，我什么时候才能干出一番大事业来呢？

翻来覆去，突然，我看到床边书桌上相架中初恋女友莉莉的照片，她仿佛默默地看着我，我记起回海南时自己许下的诺言：

"我一定要在海南干出一番大事业，我要证明给她看！"

可是，如果这样下去，发展无望，就算莉莉还等我，我何时才能买房买车，我何时才有经济能力娶到老婆呢？

于是，痛定思痛，我决定下海，另谋出路。

当父母听到这个消息，他们坚决不同意，当我的好朋友阿江听说我要辞职，也没有支持我。他们认为：

"这么好的收入，这么好的职位，很多人都求之不得，怎么可以说辞职就辞职呢？"

但我当时一碰到困难，偏头痛就发作，完全无心恋战，去意已决。

我匆匆写了一封辞职信，交给总经理。本来当时很多国营企业的人员下海，都要办好停薪留职的手续，以留后路，而我，什么后路都没想，就义无反顾地离开了公司，放弃了我坐了两年的分公司总经理职位。

1994 年底，我离开了这间我千辛万苦才找到的、曾给我收获和成长的国营公司。搬出宿舍，我在音像店旁边租了一间房住下。

那几天，我徘徊在海口街头，心里想："我一定要干一件轰轰烈烈的大事情。"

做什么大事情呢？

静也离开了，总经理也辞了。

晚上，看着桌上跟着我搬过来的莉莉的照片，我突然很想打个电话给她……

从广州毕业回来五年多，这是我第一次主动给分手多年的初恋女友打电话！

也就是这个电话，让我的事业轨迹发生了巨大变化。

心灵感悟：有得必有失，有失才有得。得得失失，何必计较？放下不等于放弃，懂得放下，才能拥有更多。

发掘自己：

(1) 你曾经因为要得到，而失去过什么？你的感受是什么？

(2) 为了达成目标，你愿意放下的是什么？

第二幕
彩排人生剧本——求学少年

6 岁以前，形成人生剧本的大纲，6—12 岁是人生剧本的细节编订，12—18 岁开始人生彩排。

我有一段与众不同的求学经历。从海南闭塞的乡村走出来，我见识了大城市的新奇和繁华。因为向往被人重视，我不断策划新闻引人注目，发动班校联欢，创办感叹号文学刊物；因为害怕落后贫穷，我多次尝试生意收获甜头，贩卖进口电视机，批发毕业纪念册；踩单车环"珠三角"做社会调查，我又见证了中国改革开放最前沿地区的经济建设。四年中专，我有幸在这片经济热土上习练人生综合商数。

第13场　树挪死人挪活——阴差阳错读中专

莉莉是我在广州读书时的初恋女友，也是我生命中最重要的女人之一。我辞去总经理职务后，茫然无措之际想到了莉莉。就是这个电话，改变了我的事业轨迹。

关于我和莉莉的曲折故事，后面还有章节讲述，现在还是先说说我在广州的读书生活吧。

来到广州读中专，纯属偶然。

1985年，我15周岁，这一年初中毕业，我已被免试保送就读县重点高中——临高中学高中部免费免试班，这个班是学校为了确保升大率，鼓励尖子生读高中而设的。

那年初中毕业6个班共四百多学生，像我一样免试保送的只有30名学生，我排名第八。因为可以不用参加考试，公榜后大家根本不用去学习，有的还跑到学校外面去玩。

当初，获保送的同学都被认为将来考大学肯定没有问题，所以参加中考只是玩一玩、试一试。

考试之前，要填志愿，我一心想着考大学，根本没打算去读中专，所以不去想志愿的好坏，连父母的意见也没有问，就以学校名称的长短来决定志愿的顺序，名称最长的学校为第一志愿。

结果，我被录取到轻工业部广州轻工业学校。这家学校，当年在临高的招生指标只有两个，另外一位被录取的是毕业考试考得全校第一的阿江。

差不多要开学的时候，我到阿江家里去，那是我第一次去他家，那是一个很偏僻的贫穷山村，以前农村女孩都不愿意嫁到那地方。

我去他家的路上，有很长一段红土烂泥，连单车都不能通行。到阿江家里一看，他正在茅草房里收拾行李，他告诉我：

"我已经托人买好了船票，跟一个已经在广州读书的朋友约好，过几天就跟他一起去广州。"

我问他："老师没有找你谈话吗？为什么你不考虑上高中考大学？"

阿江说："我跟老师说了，因为家里比较穷，都希望我上中专早点出来工作，所以我想先去广州读书，考大学等以后再说吧。"

听阿江这么一说，我也心动了，我早就想离开海南贫困的乡村，进大城市看世面，既然都考上了，要去就一起去吧。

回到家里，我同爸爸妈妈说：

"人家阿江考全县第一，他都决定去广州读中专，我也去吧，考大学在中专毕业后还是可以考的。"

爸爸是一个很开明的人，他没说我不可以去，也就是说可以去。妈妈是个善良得从来不会跟别人说"不"的人，她当然不会反对。

就这样，我决定到广州读中专，爸爸请假亲自送我去。

第一次离开海岛来到"大陆"，来到改革开放的前沿城市——广州，让我大开眼界，见识大增。

我们班上的同学，来自全国各地，很多人还不会说普通话，而我说的普通话也带着浓浓的海南口音。

同宿舍有一名先到的同学，自称来自"越南"，我爸爸问他："你是什么时候到的？"

他用手挠挠头，想了想，说："明天！"

我莫名其妙，再问他一次，他还是说："明天，明天到的……"

我想了想，问他是不是"yesterday"，他连连说：

"Yes，yesterday，yesterday！"

原来这个"越南"同学还分不清普通话的昨天和明天。几个月以后，我才知道原来他是广东肇庆地区的"郁南"县人，他们从小到大上课读书都用广东话，怪不得！

在街上、在校园里，看到有许多青春女孩穿露膝短裙，穿健美裤，有的男同学留长头发，穿花衣服，我经常回头多看一眼，默默感受着开放城市的气息。

第一周军训后，几个老乡找我去市区见世面。

坐公共汽车时，我害怕遇到扒手，就把钱缝进内裤口袋里。买车票时，不敢问多少钱，怕泄露自己的外地口音被人欺骗，拿出五块钱给售票员，让她自己给我找零钱。

我们先去了越秀公园，爬上山顶看五羊塑像，我想起著名的五羊单车，感觉异常激动，仿佛登上珠穆朗玛峰，照相时手舞足蹈。

接着，我们研究地图，决定去参观中国大酒店，但是我们还没有进大堂，就被保安拦住，不让我们进去，他指着"衣冠不整，禁止入内"的牌子，对我们说：

"对不起，穿拖鞋不能进去。"

原来，海南天气热，我们几个海南老乡都习惯穿拖鞋。怎么办？有个老乡赶紧用海南话提议：

"我们把拖鞋脱掉，拎在手里进去，好吧？"

结果，我们还是被保安客气地赶了出来……

我刚从乡下来到广州时，闹了很多笑话。那天，中国大酒店保安对我们说"穿拖鞋不能进去"，我们只好到对面广交会门口照相

晚上，我们回来时，从北京南路走到海珠广场等车，看到简直不可思议的景象：那里有一对对情侣，在众目睽睽中拥抱、接吻，看得我们脸红心跳。

有位老乡尿急，跑到公园的九里香花丛边小便，边回头看车，边拉下裤链，差点被剪掉小鸡鸡！

原来花丛里暗伏着一对恋人，受惊扰的恋人冲我的老乡发火，结果，可怜那老乡尿湿了一半裤子，而我们差点笑破肚子。

又有一次，我和阿江从北京路回学校，过了学校的吃饭时间，我们只好走进路边一家小餐馆，刚坐下来，服务员就上来倒茶，把菜谱交给我们。刚喝一杯茶，阿江用临高话对我说：

"不好了，这里最便宜的菜也要两块钱，怎么办？"

我赶快翻了一下菜谱，一看确实如此，而当时学校里面的菜，最贵的才三毛钱，我摸摸口袋说：

"怪不得，她们先倒茶给咱喝，赶紧撤！"

我们左看右看，趁没人注意，就偷偷地溜走了，跑了很长一段路才回头，见没有人追过来，停下来喘口气，我说："哈哈，太好了，白白赚了一杯茶喝。"

我赶紧写信回去，告诉那些初中同学，说广州是中国改革开放的大城市，这里每天都发生着许多闻所未闻、见所未见的新鲜事。

第一次从偏僻农村出来，我对广州的一切充满了好奇，除了书本上学到的知识，更重要的是增长了很多见识。我想，要是没有这样的人生体验，或许现在拎拖鞋进宾馆还不以为奇！

我记得初中一位姓傅的老师说：

"树越挪越死，人越挪越活。"

虽然我的第一学历是中专，但现在回过头想，我并不后悔当年的选择，我认为一个人最重要的是在什么样的环境里，学到了些什么东西，锻炼到了什么能力。

能力比学历更重要，智慧比知识更重要。

我15周岁来到广州，见证了大城市里的改革开放，这对我一生的发展起了决定性的作用。

就在广州，那四年发生的很多事，影响着我的一生。

心灵感悟：读十年书，不如行万里路。拿破仑·希尔说："多走些路。"但丁说："走自己的路，让别人说去吧。"

发掘自己：

（1）你曾经因为害怕别人的目光或担心别人的口水，从而失去过什么？你的感受是什么？

（2）如果你肯定你正走向的目标是积极的、有意义的，那么拿破仑·希尔和但丁的话，对你有什么启发？

第14场　学习与习学——竞选小卖部

学校有个小卖部要承包给学生经营，这是一个赚钱的项目，我以为只要会演讲，就可以竞选成功，可其实，竞选里面有好多学问……

改革开放，邓小平总设计师提出：

"让一部分人先富起来。"

他老人家没说明，是哪里人先富，也没有说明姓什么的先富！既然没有规定，那么我们每个人都可以是这"一部分人"！

1985年，广州已出现了很多个体户。

那时，我去个体户那里买东西，才知道商店里的商品是可以讲价的，但我不会讲价，害怕受骗。

可是，去国营商店买东西，有时感觉就像欠了他们的债一样，经常叫半天也没人反应，再大声一点，他们就不耐烦了，遇到找零钱，他们把钱扔到柜台上，就不再理你。

当时我感到，国营商场的服务很糟糕，而个体老板热情和气，我想，如果我将来做生意，一定要热情和气。

广州的个体户给我们一个启发，那就是我们可以自己动手，为自己做一些免费的服务。广州街头上有很多叫做发廊的理发店,理一次发要五块钱,很多同学嫌理发太贵,于是建议学校派送剪发工具。学校真的给我们每个班发放了推剪、围巾等工具,于是我们不用花一分钱,就可以互相理发,尽管有些人的头发被剪得像狗咬的一样,大家都感觉很开心。

同宿舍有个来自云南的同学,他叫阿华。阿华家乡贫穷,据说要走一天才能到达可以骑单车的小路。他是全村第一个考出大山的学生,村里捐钱给他做了一套衣服,那是一套深蓝色、有四个口袋的解放装。

我第一天看见阿华穿的就是那套衣服,以后看他还是天天穿那套衣服。

一直到星期六,他把衣服洗了,就穿着一条大红花内裤,躲在自己的床铺上看书,第二天起来几次,都先去摸一摸衣服,又回到床上看书……

等到中午衣服干了,他才起床穿衣服出来。原来,阿华只有一套衣服!我想:"阿弥陀佛,农民靠天吃饭,阿华靠晴天穿衣服,碰到星期天下雨,他可咋办?"

于是,我们把这件事告诉班主任张老师,张老师立刻送了一套自己的旧衣服给他,又为他争取了学校最高助学金。

有一次,我看到阿华穿了一双皮鞋,他看到我好奇,就悄悄告诉我,那是他捡来的,里面有个洞,他用几毛钱去补好了。

阿华去食堂吃饭,经常拖延到最后,他要避开同学的视线,挑选最便宜的、只需要五分钱一份的豆腐或猪红吃,然后叫食堂师傅给他一些没有卖完的肉末。

阿华学习很勤奋,经常很早便起来读书,晚上学习到深夜,可是每次考试,他的成绩一般般。阿华虽穷,但他认为自己的读书生活很开心。

阿华一直令我很感动,原来生活中还有比我更穷的人,原来他那么穷,还那么有志气。

后来,在张老师的帮助下,阿华承包了学校的"勤工俭学洗衣服务部",店面就设在公共浴室门口,里面设有一台双缸洗衣机。当时,有些有钱的同学懒得自己洗衣服,就用钱或者菜票交阿华去洗。

这样,阿华不但每天有几块钱的收入,而且吃菜也不用自己掏钱了。很快,阿华成了我们班上第一个在学校发了财的同学,他有了自己的西装、皮鞋，还有不少钱寄回家。有一天晚上，他从北京路回来，没有坐到公交车，竟然打的回来，不过他叫我不要告诉别人。

打的坐小车，是我从来想都不敢想的奢侈消费，有一次我曾问了一下，没想到离学校那么近的一段路程，起步价也要四块钱，相当于十顿饭的支出！我当然不舍得啦。

经营洗衣部，阿华不仅赚到钱，还学到很多课堂上学不到的能力。毕业多年以后，我与阿华邂逅在云南西双版纳，那时他已有两个女儿，除了上班已提升为领导，他还为家人开了家小百货批发部，看得出他活得很快乐。

在学校，看着阿华发财了，我也跃跃欲试，想寻找机会赚钱。

勤工俭学这个模式很好，学校陆续成立了理发部、制衣及缝补部、照相及冲印部等。后来，学校做了个重大决定：将学生饭堂前面的小卖部也承包给学生，那生意可比洗衣部大得多，通告一贴出，竞争的人当然很多。

学校决定进行投标，每个报名参加投标的同学先交投标计划书。

我赶紧找班长阿海合计，决定一起合作参与投标。我们分工合作，通过现场调查，到外校参观，到图书馆查资料，然后，由我执笔，几个通宵未眠之夜写出上万字的投标书。

学校的评标很公正，分三轮进行。

第一轮，由校团委和学生会主持对投标书评分，选出前十名，我入围了。

第二轮，由学生处邀请相关老师和管理专家进行，现场点评现场公布，选出前三名参加第三轮"公开答辩大会"，我又入围了！

另外入围的还有两个同学，其中一个来自当时最著名的特区深圳，家里有钱，经常穿得很时髦，人称"深圳佬"。

第二天，"深圳佬"私下找到我说：

"我家里是做生意的，他们希望我锻炼一下，所以请你给个机会，只要你同意支持我，我愿意给你一百块钱好处费，怎么样？"

我想都没想就说："不行，这样做，学校不会允许的。"

他说："你不说我不说，谁知道？有钱大家赚嘛，大家继续竞争，你还不一定中标。这样吧，三百元，怎么样？"

我还是摇摇头。

他锲而不舍："最多五百，怎么样？要么你给我五百，我让给你……"

我认真地说："不是钱的问题，我是不会做违规的事情的！"

第三天晚上，在学校小礼堂举行第三轮：小卖部竞标公开答辩大会。

我们志在必得，我跟阿江借了一套猎装，班长阿海叫了全班大半同学来捧场。

先由学生处处长讲话，他说明这次活动的意义和规则：三个入选者按抽签顺序，先自我阐述六分钟；然后回答评委提问十分钟，再回答现场同学提问六分钟；最后根据评委评分结果当场公布竞标成功者。

我们先到后台抽签定先后顺序，我看到"深圳佬"一身西装革履，头发吹了个当时流行的"奔头"，简直就是一位令人羡慕的大款形象。制签的是学生会一位胖胖的女同学"肥妹"，她刚把签举起来，"深圳佬"就先下手为强，抽了中间那支，另一位也抽了一支，我只好拿剩下那支。打开一看，我第一，"深圳佬"最后。

第一个是最不合算的，我带着很大的心理压力上台。回答现场同学提问时，很多个问题我都没有想过，比如有同学问：

"万一小卖部失火怎么办？"

我只会说："我们会做好充分预防，确保不会失火。"

"天有不测风云，"那同学又追问："万一怎么办？"

"万一真有万一，"我只得说："我赔偿学校一切损失。"

说完，我自己都不相信自己，我拿什么来赔偿？

轮到"深圳佬"时，他对现场每个同学的提问都对答如流，比如又有人问："万一小卖部失火怎么办？"

他竟然说："买保险！小卖部要先买保险。因为这是个生意，不仅要把管理做好，还要有风险意识，如果不考虑风险，就不会做生意。"

说实话，我当时连保险是什么都不太清楚。

最后公布结果，"深圳佬"第一，我第二……

我垂头丧气，阿海买了几瓶"百乐"啤酒和一包咸干花生，把我拉到操场上默默地喝起来。

很晚，我们才回宿舍，经过小卖部前面，突然看到"深圳佬"一帮人还在喝酒庆祝，我和阿海不约而同地"噢"了一声，我们发现，现场那些提问的同学和那个负责抽签的"肥妹"都在一起欢呼！

原来……我自愧不如。

不管怎样，后来"深圳佬"把小卖部经营得很成功，他是第一个买摩托车的学生，毕业前，经常开摩托车带着女朋友"肥妹"在校园里潇洒，吸引了无数眼球。多年后，据说他回到深圳成为大老板，校庆时回来，曾经一次就捐款十多万！

那次经历，让我感触很深，终身难忘。心理学研究表明：看到的信息可以记住10％，听到的信息可以记住20％，亲身体验的信息则可以记住80％。原来，通过全身心参与的体验式学习比看书学习或课堂中听课的学习收获大很多倍，所以，我近几年整合创立的"发掘自己"课程，很多参加者都说参加后"士别三日，刮目相看"，为什么呢？关键是"体验式"学习。

这次我虽然没中标，但从中学到了很多东西，以至于后来我在顺德创业，曾经一次性投四个标创下全部中标的奇迹，这是后话。

我感谢学校"让一部分人先富起来"的英明决策，重要的是我们的头脑"先富起来"了；也衷心感谢"深圳佬"，在竞争中让我感悟，让我提升，让我学到很多课本上学不到的东西。

就这样，不知天高地厚的我，那时候好像什么事情都敢干，还差点给学校捅出大娄子……

心灵感悟：子曰："学而时习之，不亦悦乎？"学习学习，不仅学更要习！习，就是练习，就是实践。看书学习，不如边习边学，先习后学。

发掘自己：

（1）这本书看到现在，你是仅仅"看"呢？还是认真做了后面的"发掘自己"练习？如果仅仅看，你能记住多少呢？如果你认真"做"了，做到这里，你的体验是什么？

（2）知道不等于做到，知识不等于能力，更不等于智慧。为了你"习学"这本书更有效，请你认真写下承诺：我要"发掘自己"，我要做好练习！闭上眼睛，大声喊十遍以上。体验一下，你的感受怎样？

第 15 场　敢想与敢干——一个班与一个学校联欢

不知天高地厚，我什么事情都敢干，但差点给学校捅出大娄子，区区一个班跟一个学校联欢，不是成心丢自己学校的丑吗？

读中专二年级时，学校举行校庆晚会，我想，这又是一次发掘自己的好机会，我决定要表演一个很特别、能引起轰动的节目。

既然搞晚会，我想最好参考当时刚刚推出、最受欢迎的中央电视台"春节联欢晚会"，春晚最受欢迎的往往是相声和小品节目。我决定，自编自演一个相声，名字就叫《献给母校之歌》，用唱歌的方式，来反映一位多年以后回来的校友，看到母校巨大变化的种种搞笑经历和感慨，从而歌颂学校的变化。

编好后，我请辅导员和老师帮忙修改，然后找睡在我上铺的好友阿贵一起演。

敢想敢干，我策划了一个班级跟一所女子军校的联欢会，这是晚会主持人合影

为了排练好这个节目，我们天天一下课就练习，白天到楼顶上练，晚上在路灯下练，睡下来上下铺还在对练，连同宿舍的同学都熟悉了，个个都争当导演……

在表演相声时，我扮演一个回校校友，一出场就唱，用流行歌曲唱出回校的所见所闻，夸张、滑稽而合情合理。

比如说，校友回忆当年在学校冲凉的情景，有这么一小段：

甲：那时候，就那么大一个冲凉房，去慢了排不上队……

乙：去快点就好了。

甲：那也不一定行。

乙：怎么会？

甲：那天，我早早就去，占了一个风水宝地，衣服一脱（做动作），刚刚涂满肥皂泡，结果……（定型动作）

乙：怎么啦？

甲：停水了！

乙：真够巧的。那就先回去吧。

甲：怎么走得了，（动作）全身都是肥皂泡。

乙：那怎么办？

甲：我也不能闲着，我就开"裸唱会"！

乙：什么"裸唱会"？

甲：个人裸体演唱会。

乙：唱什么？

甲：（白毛女，哭腔）广州那个轻校，淡水贵如油！广州那个轻校，淡水贵如油！

乙：有感而发。

甲：（少年犯，悲壮）轻校，轻校，自来水，他都没有。还要说，重点学校，没有水，怎么洗澡？妈妈哟、妈妈哟（大哭）！

乙：（跟着擦眼泪）后来呢？

甲：我的歌声感动了上天，水来了。

乙：那太好了。

甲：是比没有好，你看这水有多大？

乙：有多大？

甲：（唱《泉水叮咚响》）自来水叮、咚，自来水叮……咚，自来水叮……（张开嘴巴等的样子）

乙：……咚！

甲：哪里有这么好，那个"咚"等半天就是下不来！

乙：嘻！你们那时候真够艰苦的。

甲：现在你们可就好了。

乙：怎么好？

甲：昨天我一回来，就赶紧到冲凉房去看一看，刚一开水龙头……

乙：怎么样？

甲：（唱《泉水叮咚响》）自来水、哗啦啦，自来水、哗啦啦，自来水哗啦啦响，冲湿了西装，冲湿了皮鞋，我像个落汤鸡！（动作）

一阵又一阵的笑声，鼓舞着我们越讲越起劲，我们同样用改编的歌曲歌唱着校友看到的变化：校园的变化、教学楼的变化、饭堂的变化、学生精神面貌的变化……每一首歌、每一个动作都引来掌声笑声不断，最后我们用展望未来来结束：

甲：（唱《年轻的朋友来相会》）再过二十年，我们来相会，那时的轻校，该有多么美，人也新，楼也新，春光更明媚，欢歌笑语绕着彩云飞！

甲乙：（合唱，自豪地）啊，亲爱的朋友们，让我们自豪地站起来（动作，号召大家站起来）站起来！站起来！（甲）光荣属于80年代的老一辈！（乙）光荣也属于90年代的新————一辈！（掌声、欢呼声）

甲：等到那时候，要去冲凉房啊，你猜会怎样？

乙：（模仿甲的动作，唱）自来水叮、咚，自来水叮……咚，自来水叮……（张开嘴巴等的样子）

甲：那早就见上帝去了！

乙：（模仿甲的动作，唱）自来水、哗啦啦，自来水、哗啦啦，自来水哗啦啦响，冲湿了西装，冲湿了皮鞋，我像个落汤鸡！

甲：那也不算大。

乙：那还要怎么大？

甲：那时候啊，一进冲凉房，那就是：（唱《洪湖赤卫队》，拖长声）自——来——水呀——

甲乙（合）：浪呀么——浪打——浪呀！

乙：那也太大了！

（鞠躬，结束）

结束时，雷鸣般的掌声和笑声，持续不断。坐在最前排的书记和校长，竟然情不自禁地走上舞台与我们握手，当我双手激动地握着他们的手，我看到他们眼中噙着泪花！

结果这个相声获得了唯一的特等奖，我一炮走红，一下子成为学校的名人，经常有同学见到我，就唱相声里改编的歌曲。

后来，校团委书记来找我，我参加竞选成为了校团委委员，还担任了学生会的宣传部部长。

我是班上的组织委员，是活动积极分子，我和省轻校的老麦等几个同学经常到校外去搞活动。老麦是我的海南老乡，是在来广州读书时船上认识的。作为一个经常联系的好朋友，他对我的影响很大，这点在以后还会讲到。

话说自从我当上了学生干部，就想干一些有点轰动的与众不同的事情。经老麦提议，我和女子海军学校联系，准备筹办一个班与班联欢会，没想到她们挺热心，她们觉得既然到外校去，就要以学校的名义，竟让副校长领队，派了一辆大巴校车，来同我们联欢，还带来了她们的女子军乐队，而我们只是一个班。

提前一天我们知道了这个情况，我赶紧去邀请校团委书记来参加，有了书记的支持，我们赶忙把学校饭堂包下来作为会场，让学生会帮忙把现场和背景布置好，主题就叫《"我们正年轻"联欢晚会》，还临时借到了学校的音响设备。然后发动全班同学全力以赴，使出浑身解数把排练的文艺节目做到最好。

那次晚会，海军学校两位同学，我班团支书和我四个人一起主持，晚会开得很成功，可能海军学校到现在也不知道我们只有一个班！

一个班和一个学校联欢，这在校园内引起了轰动。

通过这几件事，我发现，人人都可以做一些原以为做不到的大事，只要敢于去想，敢于去干。

人生遇到任何挑战，别对自己说"不可能"，要想"怎样才可能"？

心灵感悟：敢想敢干，别说不可能。突破思维，方法无限。

发掘自己：

（1）列出你一直很想做，但一直还不敢做的一件最重要而有意义的事。

（2）如果你一直不去做，那结果会怎样？假如你现在一定要去做，你有多少种方法和策略呢？你决定第一步做什么？什么时候开始？

第16场　创新与超越——出版"感叹号"

当上学生会干部，我同时拥有专房专车了，同学面前，我无法掩饰我的成就感。

在班上，我个头小，不能引人注目，但我是一个喜欢创新的人，总是不甘寂寞，会制造一些标新立异的事情来宣传自己。

刚进学校，我连团员都不是，在班上没有任何职位。于是，我就想着怎么突击入团，怎么出人头地。我赶紧去投稿，稿子在学校刊物上发表，我一下子提高了自己的知名度，政治面貌的问题迎刃而解。

学校举行一年一度的"轻校艺术节"比赛，我一下子报名参加多项，演讲比赛、摄影比赛、歌咏比赛和绘画比赛我都参加。

演讲和歌咏我都获得小奖，然而，我并不怎么懂绘画，却在比赛中获得大奖。

我的方法是把墨汁倒进面盆，用手摸一下面盆里的墨汁，然后在宣纸上按了两个手印，再用脚在面盆里踏一下，然后在宣纸上踩下了两个脚印，为了解决脚趾粘连问题，我发明了用废报纸夹在脚趾中间，然后关上门鼓捣了几幅，选一幅感觉最好的，用毛笔在右上角写上"人生"两个字，盖上自己用橡皮刻的红印章，然后裱好……

没想到《人生》这幅画给评委老师留下印象，老师评论说：

"人生要靠自己的双手和双脚去创造，这幅画最大的成功就是富有创意。"

中专二年级的时候，我常去省轻工业学校看老麦。老麦家里穷困，但读书富有上进心，他懂得的东西也特别多。

我去老麦宿舍，看见他的床板上面没有席子，只铺着报纸，报纸上却摆满了各种厚厚的图书，最令我印象深刻的是《资本论》和《毛泽东选集》。

老麦说："我最近在看马列著作和毛主席的书，以前看不懂，但现在沉下去认真研究，发现学到很多，感悟到很多。"

我感受到老麦是一个有个性有思想的朋友，暗暗决定多跟他学习。

他接着拿起两本书——托夫勒的著作《大趋势》和《第三次浪潮》，向我介绍起来：

"这两本书你一定要看，这是一个大趋势：将来的社会要变成信息社会，变成电脑化、商业化的社会，信息会倍增，将来谁拥有的信息越多，谁就越富有。"

我借来老麦的那两本书看，觉得很神，了解了很多课堂里学不到的东西。今天回过头来看，现在的很多事情已被那两本书预言过。

从那时起，我隐约明白，做任何事情，你都要去掌握趋势，也就是说大方向，正如老麦跟我打的比方：

"假如你的目的是要接雨水，东边要下雨，你就赶紧到东边去，如果你去了西北，也就只能去喝西北风了。"

那天，在省轻校外面的田野里，我和老麦等同学商量要成立一个文学社，目的是促进文学交流和读书活动，团结一批激进的青年，以此共同学习，共同成长。

成立文学社需要经费，我们就去贩卖报纸，从邮局到学校，我们沿街向商铺、路人叫卖，结果报纸卖完了，才赚几块钱。

经费不足，如果只靠自己那就太慢。所以，我们决定各找自己的学校来支持，在我和其他同学的积极努力下，专业科团总支和学生会支持我们成立甘露文学社，我担任社长兼总编，负责主编文学社的刊物，我参考我自己的

我们成立了甘露文学社，我担任社长兼总编，那天"甘露"骨干到白云山采风，见到山上有个甘露茶庄，赶紧留影

独特名字，为这本油印月刊取名为《感叹号》。

我和文学社的骨干们通过征文比赛招兵买马，然后买来钢板、铁笔、蜡纸，油印出版《感叹号》期刊。

我想：怎样才能让我们这本刊物引人注目、脱颖而出呢？

我到外面的书报摊去调查，发现正式出版的杂志是彩色封面，而当时校刊都是黑白油印的。我灵感一来，跑回来立刻决定把封面做成彩色，我们买来水彩颜料，全体社员分头在刊物封面上填色：一个大红色的感叹号和刊头，配上其他点缀，简直美轮美奂！

于是，我们的彩色版《感叹号》刊物在轻校一出世，就吸引了大家的眼球，一时成为同学们课后的谈资。

我喜欢创新，喜欢做得与众不同。

我主动承担我们食品专业科的墙报，我又想：如何把食品科的墙报做得与别的专业科墙报不同呢？

墙报纸张可以到学校里去领取，同样的普通纸张怎么能出彩呢？我第一次去办墙报，就到外面去采购那种光鲜的蜡红纸，结果我们的墙报焕然一新，被评为一等奖。后来，别的专业科也学着我们到外面去购买彩色纸张，我就从排版、装饰、立体插图、版头横幅和内容等方面去求突破创新。

只有创新，才能不断超越！这些经历，在以后创业过程中，常常提醒我，做事业一定要：人无我有，人有我新，人新我快，人快我绝。

通过校庆晚会等一系列活动，我不断创新超越，再加上"林A"这名字易记易传，我从一个无名小卒变得在校内小有名气，在学生会、校团委选举中，我当上了校团委宣传委员、学生会宣传部长。三年级，党支部还接受了我的入党申请，作为党员培养对象，每周参加党章学习和政治学习，每月写思想总结报告。

那时候，学校专门给我一间工作室，以方便加班工作，允许晚上不熄灯。回家过年时，我从海南买了一辆26英寸的旧单车，通过长途客运，带到了学校。

就这样，我一下子变得有"房"又有"车"了。我工作和学习更方便了，我到校外活动的效率更高了。我享受着自己不断创新超越的成果，感到特别有成就感。

拿破仑·希尔说："创新必胜，保守必败。"

创新力是最珍贵的财富，如果你有这种能力，就能把握生命的最佳时机，从而缔造伟大的奇迹。

心灵感悟：人无我有，人有我新，人新我快，人快我绝！只有创新才能不断超越！

发掘自己：

（1）你喜欢创新吗？你有过哪些得意的独特创新之作？

（2）你目前正在做的事，还可以怎样去创新？

第17场　贪财与爱钱——胆敢赚班主任的钱

改革春风吹大地。我利用政策做生意，赚了班主任老师500元钱，很多人都觉得朋友的钱不能赚，我怎么胆敢赚班主任的钱？

《圣经》上说："爱财是万恶之源。"

许多人却以为："金钱是万恶之源。"

我认为：这是差之毫厘，谬以千里，只要你不违法、不缺德，赚正当的钱，对个人、对社会都是有意义的，个人在创造财富的同时，也在对他人和社会做着贡献。

正确的金钱观，影响人的一生。

拿破仑·希尔说："金钱不是万恶之源，只有爱财才是万恶之源。崇尚金钱也是一种崇高的信念。"

钱是好的，我爱钱，更喜欢赚钱。

家里很穷，在广州读书时，我就开始想方设法去赚钱。

从那次卖报的经历，我发现商机无处不在。我们用赚来的钱办文学社，但远远不够，我跟老麦他们经常在一起想方设法，想还有什么方法可以赚钱。

一起筹办文学社的同学老宋说："我到医院去卖血。"

虽然我们都觉得不妥，但老宋还是去了。后来老宋说："抽血后，感到有点头晕，医生不提倡我们这样做，这条路算了吧。"

所以想去的同学也不敢去了。当然，老宋的体验让我们也感悟很多，后来老宋毕业后，回到广西率先做越南边贸，赚了不少钱。

同班同学阿发提议我们趁节假日到建筑工地去打工。第一年暑假，他通过朋友的介绍，到一个建筑工地上去推沙子，推水泥，我也一起去了，第一天干得很累，第二天就在工地上呕吐。

工头对我说："怎么啦？受不了就先别干了，休息一下。"

我有气无力地说："对不起，我干不动了，头……头好痛……"

阿发赶紧扶我坐下，我觉得天旋地转，偏头痛又发作了。我对阿发说：
"谢谢你，看来我干不了这份工作，请帮我跟工头说，我不去了。"

阿发身体好，他一直坚持去，每天赚 10 块钱，他很高兴，请我喝啤酒，
我看到他变黑了瘦了。我想："我要用头脑赚钱，一定有其他更好的方法赚
钱！"我决定回家。

阿发整个暑假下来大约赚了 300 多块钱，而身体也变得很壮实。

我回到海南，惊奇地发现，从湛江到海口，路边到处是汽车停放场，海
口新港码头边，新开发了一个电器城，到处是做进口电器生意的。

原来，那是在海南建省前，为促进海南发展，国家批准设立"海南特别
行政区"，对海南实行进口免税优惠政策。

我觉得这里面一定有商机，便赶紧去了解。我打听到，在海南买一台进
口彩电，只要 2000 元左右，而到了广州等内地城市，就卖到 3000 多块钱。
按照当时的政策，允许每个过海旅客，免税自带一件进口电器回去。

于是，我找老麦合作，找人借钱共花近 2000 元，购买了一台当时最时髦
的 21 英寸"平面直角"东芝彩电，跟随我搭长途汽车带回了学校，为了安
全，我把它放在班主任揭老师家保管。

然后，我赶快去联系买家，几个做电器生意的个体户愿意跟我买，要我
先拿过去看看，我赶紧约好班主任，准备去交货。

匆忙回到揭老师家，他却非要叫我坐一会儿，他问我：

"你打算卖多少钱？"

"3000 块左右吧，因为市面上零售要 3600 左右。"

"最低价你要卖多少？"

"最低也得 2800 块，"我突然觉得，老师言外有音，就说："但是，那还
要看什么人买啦……"

"如果我跟你买呢？"老师终于说出他的意思。

"那……那我先跟我的同学商量一下，"我想了想，说："看看能否再便宜
一点给您。"

"那不行，你辛辛苦苦从大老远把它搬过来，你该赚的钱还是要赚，其
实，我能买到比市面优惠的价格，我也赚了！呵呵……"揭老师的笑声总是

特别爽朗，到现在还是这样。

我跟老麦通电话，最后以最低的价钱把彩电卖给了班主任，就这样，我赚了我尊敬的揭老师500多块钱！

很多人可能认为，赚身边人的钱，那就太没义气了，怎么可以赚老师的钱？我却因为这个小生意，跟揭老师成了好朋友，后来在我创业的时候，他还亲自帮我培训员工，帮我介绍人才……一直到现在，我都很感谢开明的揭老师！

彩电转手买卖让我尝到了甜头，我就想着赶快去复制，我同老麦说：

"我联系好了几个个体户都愿意进货，可不可以邀请多一些同学去海口，每个人都带一台彩电回来，这样我们就有更大的赚头了。"

老麦说："但是，我们哪有那么多本钱呢？"

我赶紧跟那些个体户联系合作，但他们表示必须见货付款。我们再准备筹钱时，听说已经有人在海口专门雇人带货过海，在海安交货给钱，不久，国家就采取了新的限制措施。

还有一宗生意很有意思。

我留意到每年师兄师姐们毕业时，都拿一本毕业纪念册来给我们签名留念。那时候，在书店、小卖部，我经常看到好多毕业生选购纪念册。

我合计一下，每年毕业几十个班，过千名学生，如果我统一征订，每人一本，每本十元至二十元，那就一两万元生意额，假如利润按至少20%计，那就很可观了，因为当时，"万元户"就是最牛的了。

但是这样做，学校是否允许呢？

我想起，深圳当时流行的一句话：遇到绿灯赶快走，遇到红灯绕道走。

我认为，没有规定不准搞的事情，就是可以搞的，而且要提前搞，如果大家都搞起来了，你就没得搞了，只要不犯规不犯法而又有意义，为什么不敢为人先呢？

于是，我赶紧去调查，直接跟厂家联系，原来从厂家进货只要五折，而且只要有学校盖章，可以货到付款。

说干就干，我通过团委盖章，各种品种先要了几本样本，然后，去与各个毕业班的班长、团支书联系，复印一份通知和价格表，说：

"为让大家一辈子留下美好回忆，特为毕业同学统一订制，印有烫金校名的精美毕业纪念册，并且预定可以享受八折优惠……"

四年同窗，面临毕业，人人都十分珍惜这份同学情谊，毕业纪念册无论如何都要买一本。而且，大家都会计算，征订的价格比书店、小卖部便宜，而且选择品种多，还印有自己的校名，所以，很多人都订了最好的，而且都预付了现金。

这样下来，一下子就订了几百本，半个多月时间，我和另一个伙伴不仅各自赚了上千块钱，而且为大家提供了独特的精美纪念册和满意的服务。

拿破仑·希尔说："思考致富！"

我要补充说："观念致富！"

我想：只要我有强烈的意愿要赚钱，就算我不能在建筑工地做小工，也不能像老宋一样去卖血，但我总能不断突破思维，用创新的眼光去发现，致富之路永远就在脚下。

心灵感悟：观念决定行为，行为决定结果。一个人能否赚到钱归根到底不是方法问题，而是观念问题。赚钱不等于贪财，崇尚赚钱可以推动社会发展。

发掘自己：

（1）闭上眼睛想一想，一直以来，你内心中认为赚钱有那些好处和坏处？把它们一一写下来：

赚钱的好处：1. 　　2. 　　3. 　　4. 　　5. 　　6.

赚钱的坏处：1. 　　2. 　　3. 　　4. 　　5. 　　6.

（2）先看完下一场再继续做练习。

第18场　先行后知——踩单车环"珠三角"社会调查

我和同学两个人身揣50元，骑着单车走访了"珠三角"十多个城镇，回到学校时，我们还有20元。这是我人生中一段最难忘的经历之一。

读万卷书，不如行万里路。

在中专三年级寒暑假，我和老麦、阿贵先后两次踩单车环"珠三角"做社会调查，这是我学生时代的一件大事，对我后来的创业也产生了巨大的影响。

那是在寒假期间，我与老麦同行。我早已是有"车"一族，可老麦没有单车，我看到老师宿舍楼梯下有一辆烂单车，没有轮胎，长期无人动用。我问过老师，把它搬过来，找个路边修单车的维修一下，安上新轮胎，这样，老麦也算有车了。

要做社会调查，谁愿意接待我们呢？

老麦说："要是有单位的介绍信，我们出去就有很多方便。"

于是，我去找校团委书记，把我们的雄心壮志给他说了，请他帮我写一封介绍信。

书记想了想，说：

"现在是党领导一切，到外面，党委的介绍信更有影响力。"

先行后知，在广州读书时，我踩单车环珠三角做社会调查，这是经过顺德陈村花市时的留影

然后，书记帮我找领导填写了一张盖着校党委公章、连存根还有骑缝印的正式介绍信。

出发之前，揭老师给我借了一个打气筒、一把钳子、两个军用水壶，我们买了两张地图，各自带了几套衣服，数了数口袋里的钱，总共只有50元，清晨就从广州出发了。

经佛山来到顺德，我们找过县委书记，县委书记给我们写了几个字，要我们去找县委办公室，办公室的工作人员热情地接待我们，还开着摩托车带我们去调查。

在顺德乡村，我们看到了那些一盆盆挂满橘子的年橘，还以为是塑料做成的，最贵的一盆标价3880元，我们简直不敢相信，摸都不敢摸，赶紧在旁边合影。

顺德人一向敢为人先，当时顺德就有两个率先：一个是农业规模经营，一个是大力发展乡镇企业。

农民可以大片承包农田开展规模产业，养鱼、种蔗、栽花，往往一年就能成为万元户。在我心目中，万元户就是有很多很多钱的人家。

我不知道种花为什么可以赚钱，那些种年橘的花农就告诉我，过年的时候，很多人要买年橘，到时一盆年橘就可以卖到十几、甚至几十块钱。

看到顺德的农村，我就想到自己的家乡海南临高，同样搞联产承包责任制，海南包田到户，家家搞小单干，结果搞不起规模化经营，离现代化农业越来越远。而顺德就不同了，种花的一大片地，养鱼的一大片塘，种甘蔗、香蕉的又是一大片田，可以进行农业机械化经营。顺德农田不全是种水稻，他们不一定什么都自己干，他们请长工、短工，吸引外地人来打工，他们养猪养鱼，种菜种花，开展多元化经营，让不同的人干自己喜欢干的事情。

除了农业规模经营，顺德还有一大超前之处就是办乡镇企业。县府办的人向我们介绍容声冰箱、美的电风扇等先进产品，当时顺德乡镇企业生产出来的电器已经开始在全国流行。

"你认为，顺德经济发展这么快的主要经验是什么呢？"我问县府办给我们带路的同志。

他想了想，说："敢为人先。改革开放给了我们机会，更重要的是敢于创造机会。"

"你能不能举个例子?"

"比如说,美的电风扇厂,以前是'北滘公社塑料加工组',在 1968 年,由负责人何享健带领 23 名街道居民集资和贷款 5000 元创办的,原来生产塑料瓶盖,后来一听说汽车都要安装刹车阀,就生产汽车刹车阀,当时占领了国内大半个市场,后来竞争激烈,他们就改生产柴油发电机,1980 年看准电风扇市场前景,马上开始生产金属风扇,现在美的风扇已成为全国知名品牌了。"

就是当时我们参观的美的风扇厂,1992 年 3 月组建成"广东美的电器企业集团",并进行股份制改造,更名为"广东美的集团股份有限公司";1993 年,"粤美的"股票在深交所上市。

目前,"美的"是我国最大的空调和小家电生产厂商之一。2007 年"美的"品牌价值已达 311.9 亿元,美的集团整体实现销售收入达 570 亿元。按照规划,"美的"将在 2010 年成为年销售额突破 1000 亿元人民币的国际化消费类电器制造企业集团。

在顺德龙江镇,我们看到路边都是家具店,我们走进家具厂,现场看到员工做沙发,做席梦思。

通过社会调查,我们感受到,这就是改革开放,改革开放就是让人们富起来,南海、顺德、中山的改革开放走得快,所以那里富得也快。我一看到这里的农民住洋楼、开摩托车,甚至还有些开小车,心里就羡慕不已。

那时我们心里最强烈的愿望就是要去做生意,要成为万元户,我们相信,只要敢于去做,大胆地去做,敢为人先,就会有机会。

这次社会调查,还有一大收获就是接触到了社会的最底层人群。

为了省钱,我们想方设法找当地同学家寄宿,而且,有时白天骑单车,晚上睡车站,有时晚上骑单车,白天睡公园,极少花钱住宿。

有一次,我们在一个小招待所,花四块钱买了两张通铺床位,和我们一起住的有算命的,有玩魔术的,有街头耍杂技的。

我们觉得很有趣,就主动跟他们交朋友。有个在街头表演功夫的卖艺人,听说我们是学生,很高兴,马上当场表演他的拿手好戏——吞铁球、铁剑穿喉，我们不断掌声喝彩。但看来看去，也不明白他为什么那样厉害。

另外一个朋友不怎么说话，我就主动热情地问他："请问你是做哪一行的？"

他说："我呀，说出来吓你一跳，我是大师！"

"啊？大师是什么？"我在学校没听说过，天真地问。

"算命的！"那个卖艺人还没等他回答，就大声插话。

"算命？命真的能算吗？"我又问，当时根本就不相信算命。

"那当然啦，你不信，你们姓什么不用告诉我，我都能算出来。"大师冷冷地说。

"那我们试一下。"我又好奇，又觉得好玩。

于是，大师要我按照他的要求翻牌子，牌子上有很多种姓，他问我，我不说话，只用点头摇头表示牌上有没有我的姓，结果问了两三次，他拿出姓林的牌，说："这个对吧？"

"太厉害了！"我赶紧给他鼓掌。

"那算什么，小菜一碟，给两块钱就行了。"

"什么两块钱？"想不到他还叫我给钱。

"废话，你叫我算命不想给钱啊？"大师很生气的样子。

我有些害怕，赶紧说："对不起！我不知道你要收钱。"我真的以为像卖艺人一样，大家玩一玩。

"废话，我不收钱，我吃什么？"大师真的生气了。

"对不起，我们是搞社会调查的学生，我们哪里有钱？"我赶紧说。

"我不管你是什么人，今天我收工了你还叫我算命，哪能不给钱？"

看着大师的一脸凶相，自己出门在外，真的很害怕，正在不知如何是好的时候，突然有人说：

"算了吧，他们是我的朋友，学生哪有钱啊，不要难为他们穷学生了。"

说话的人声音洪亮，正是卖艺人。大师一听，瞪了他一眼，说："算了，今天算我倒霉。"

我松了一口气，心里想：看来大师还是算不出来自己今天倒霉！

就这样，十多天时间，我们骑车走过了番禺、佛山、南海、顺德、中山、江门、新会、台山、开平、鹤山等市县。

睡觉的时候，全身痛疼，最难受的是会阴部和大腿内侧，那里被单车坐垫磨破了，解决的办法就是每次出发前扑点爽身粉。赶路时，我们常常吃的是干粮，饮的是自来水，遇到有同学的地方，才有机会美餐一顿。我们总是把吃住费用控制在最小的范围里。这次社会调查，带出去只有50元，还剩下20元回来。

暑假，我又和阿贵踩单车，再去做了一次环"珠三角"社会调查，收获同样很大。

社会调查是我人生的宝贵财富，不管你现在还是不是学生，请安排时间用自己的方式做一次有意义的社会调查吧。

心灵感悟：读十年书不如行万里路，先行后知，修知不如修行，体验感悟比死记硬背重要，社会实践比课本知识重要。

发掘自己：

（1）找一根木棍或一张椅子，左手使劲将它向前拉，右手使劲将它向后拉，同时用力，再使劲，并大声给自己喊"加油！"一直到自己累得不愿再拉为止。写下这次体验的感受。

（2）体验比理论印象更深刻。上节如果你写了赚钱的好处也写了赚钱的坏处，那说明你的潜意识中，同时有赚钱的拉力也有阻力，所以钱赚不多。请把上一节的坏处划掉，并在下面把所有坏处变成好处！如果你上一节写不出赚钱的坏处，那就恭喜你！因为你头脑中如果有赚钱的坏处，一定是你的财商有待提升，你赚钱有干扰：

赚钱的好处：1.　　2.　　3.　　4.　　5.　　6.

第19场　情绪控制与情绪管理——为女友打架获记过

明知道有位同学天天练武，好几次要找我打架，脑子不笨的我却束手无策。那一天终于来临，我却为此付出了惨痛的代价。

在学校，我是小有名气的学生干部。毕业前夕，我喜欢上同班同学莉莉。我们男女几个同学经常到中山大学梁球琚堂看电影，有时结队去省轻校的同学那里玩。我有自己的"专车"，带着莉莉一起去中山大学读进出口贸易班，去珠江边、五羊新城看夜景，去喝啤酒，去吃炒粉。那时，我们通常是几个要好的同学一起活动，但只要与莉莉在一起，我就感到特别的开心，感觉特别的幸福。

可一件意外的事情，让我们的感情平起波澜。

那件事发生在 1988 年 12 月 24 日，我第一次知道过"圣诞平安夜"，我同莉莉、阿贵以及其他几个同学到中大看电影，那晚一路上互相开一些捉弄人的玩笑，非常开心。很晚回来，在女生宿舍前告别她们，我和阿贵走回宣传部办公室，那也是我自己一个人住的宿舍，突然看见阿江在我桌上留下一张字条：

"A：等下有人要找你打架，你小心一点。江"

我想，阿江是个很认真的人，就算是愚人节，我相信他也不会开这种玩笑。我的心头一紧。

"咚！"突然有人在窗外跳起来看了一下。

我马上意识到这个人是谁，肯定是因为我与莉莉一起去看电影，激怒了他。原来这是一名同样暗恋上了莉莉的男同学，在二年级时他曾经告诉过我，他喜欢莉莉，要我帮忙。我帮他去问过莉莉，莉莉说不喜欢他，他后来也没有与莉莉有任何来往，我就以为没事了。后来，因为文学社的工作，我与莉莉接触越来越多，开始喜欢上莉莉。

没想到那名同学见我同莉莉交往很密，非常气愤，认为我欺骗了他，他曾经几次找我打架。

我也很气愤，但不知道怎么跟他说，心想就要毕业了，退一步海阔天空，就控制着自己的情绪一直躲避他。

后来，我听别人说，他为了跟我打架，特意天天练武。这是一个很恐怖的问题，论体力，我当然打不过他，这种恐惧感一直笼罩在我心里，我却不知如何去面对。

当时开始听说成功者必须要 EQ 高，我和大多数人一样以为 EQ 就是情绪控制，那时书店和小卖部都有卖"忍"字书法条幅，我就买了一张大大的"忍"字贴在墙上，看着旁边的小字"忍一时风平浪静，退一步海阔天空"，告诫自己一定要忍。有一次我刚在饭堂吃完饭出来，被人从背后猛推一把差点摔倒，我一看是他，虽然怒火中烧，但还是告诫自己忍了，灰溜溜地走了。

其实，这是我心里的一个盲点，直到多年以后，我参加课程学习，才知道这是怎么回事，才知道如何打开这个结。

看到那人在窗口一跳，我的恐惧感和愤怒感涌上心头，看着墙上的"忍"字，我咬牙强忍着，整个人顿时变得很紧张，有些不知所措。当时阿贵还没有离开，他担心我有事，就决定留下来陪我。

"梆梆梆！"没过多久，就听到有人踢我的宿舍门。

"哐！"我还没有来得及反应，我的宿舍门被一脚端开了。

来的正是那名要找我打架的同学，他身着短打运动装，脚穿足球鞋，闯门而入，也不说什么话，满脸杀气，进来先踢翻了我的茶几，还跑上来对我挥拳相向。

"住手！"阿贵大喝一声，上来拦住。

"哗！"一把怒火冲上我头脑，我再也按捺不住自己，就在床底下摸出一个体育专用手榴弹，劈头盖脸就向他打过去，边打边大声喊：

"他妈的！我忍够了！我受够了！"

他也不顾一切向我拳打脚踢，阿贵拼命地拦住我们，还在大声喊。

我不知道哪里来的力量，虽然身上多处被打中，都不觉得疼痛，一直奋勇搏斗。

"停手！"没过多久，学校保安听到喊叫声，赶过来把我们分开抱住，我停手了，那同学还是很气愤，还挣扎着一定要打我，保安就把他强行带走了。

"你没事吧？"莉莉不知道什么时候也跑了过来。

"没事！"我觉得好温暖，虽然身上也被打到多下，但表现得好像没事一样。保卫处和学生处领导过来了解情况，那时候，已经是12点多了。

"我没事，你先回去休息吧，"我催促莉莉先走，"这里不关你的事"。

"那……"她动了动嘴，没说什么，带着担心的神情走了。看着她的背影，我感受到一股爱的暖流涌向全身。

第二天，我才知道，我的眼睛被打肿了，身上也有几处瘀伤。而那名同学也被我砸伤了手和脸，连夜被送去医院处理。

这件事，在我们学校影响很大，当时我说自己是正当防卫、自卫反击，但老师、领导没有人听我的解释，结果，学校对我和那位同学分别给予记过处分。

打架的事情给我带来了很多麻烦。班主任是一位和蔼可亲的优秀班主任，因为班上有学生记过，他失去了评优的资格，我感到很对不起他。有位姓张的任课老师最反感学生谈恋爱，他听说我为女朋友打过架，就故意刁难我。毕业考试时，我那一科综合评分59分。下厂实习前，张老师对我说，就凭你这一点，你只能得59分，我问为什么，他说不为什么，59分就59分。班主任知道后，帮我去跟张老师求情，要求多给一点，张老师说：

"既然班主任求情，那就加一点吧，59.5分。"

说完当场在59分后面写上"+0.5分。"

这件事，我见了张老师就害怕，只好给他写了一封长信。但学习成绩最后公布的时候，我那科的成绩是60分，我真不知道是不是那封长信感动了他，还是班主任为我做的工作感动了他。但是，我连续三年的三好学生、优秀学生干部，因为这件事，到第四年全都没有了。

我觉得很委屈，就去找班主任。班主任劝我说：

"事情过去了，看开点就好了。"

他告诉我，教育部门明令禁止在校学生谈恋爱，学校也有这个规定，但每个学校都有许多同学谈恋爱，这已经是不争的事实，甚至也有老师与学生谈恋爱的，"一棍子打死是不明智的，但是识时务者为俊杰，人要懂得去适应环境，而不是让环境来适应你"。

他还告诉我，那位张老师比起对他的同事来说，他对我还是很客气的。听说，有位老师与学生谈恋爱，每星期教师例会结束前，只要主持人问大家还有什么意见，张老师就要站出来，问对那个与学生谈恋爱的老师怎么办？弄得领导很尴尬，那位与学生谈恋爱的老师也很羞愧，以至于想要自杀，学校只好派人轮流照顾他。后来还听说，那名女学生毕业后被分到了很远的地方，而男老师得了抑郁症。后来听说，那个张老师在我们毕业后那年，不知什么原因就死了。

其实，我们班主任也跟我们隔壁班的一位女同学谈恋爱，不过保密措施做得很好，他们出去，一前一后，至少保持10米远的距离，这个秘密被细心的女同学传出来，我们男同学还说不可能，不相信。直到毕业后，那位女同学分在广州，光荣成为我们的师母，我才真正感悟到：做事情必须有勇有谋，识时务者为俊杰啊！

毕业前夕，我和那位男同学的记过处分没有撤销，按规定，我们都没有毕业证，只拿到一个结业证书。直到工作一年后，学校同意撤销我的处分，我才回学校拿到毕业证。而那位男同学，其实也一样受到这件事情的影响，事隔多年，我在一次同学聚会中见到他，都觉得当时不应该。

这一架，其实我们都付出了惨重的代价。现在想起来，是完全可以避免的，找我打架的同学其实早就有情绪，而且已找过我几次，其实只是发泄心中的不满，如果我及时积极面对，疏导情绪，给他合理的说法，或者找老师或第三者调解，或许干戈也可化成玉帛，也不至于最后大家两败俱伤。

原来，EQ不是情绪控制，而是情绪管理。当时，我以为"退一步海阔天空，忍一时风平浪静"，其实，"忍"字怎么写？心上一把刀！心中有情绪，不是消极的"忍"，而是要面对、处理，最好让情绪在安全的情况下疏导、宣泄，要不然洪水拦得越久，洪灾就可能越大，情绪压抑越久，爆发起来伤害往往越大。

许多过去的书籍或老师经常宣扬：要积极，要勇敢，要充满爱，要对人和善，要亲切，不要愤怒，不要哭，不要软弱。总之，就是要你展现出人性中所有"好"的一面，而人性中"不好"的方面都要消灭掉。可是经过我多年的学习和实践，我发现那个部分是消灭不掉的！你越是打压或越是不理睬那个负面的部分，你以为你控制住它了，可是，它却一直压抑在你的心底，突然有一天你失控了，你自己以为你是主人，但最后你却变成了它的奴仆。

因为与莉莉交往而与同学打架，我原想，莉莉应该会更爱我，我们的感情应该会更好。可万万没想到的是，打架之后没多久，莉莉向我亮起了红灯，我为这一架付出了惨重的代价。

心灵感悟：人都有喜、怒、哀、惧四种基本情绪，情绪没有好坏对错，要拥有智慧，不是要控制情绪，而是要管理好我们的情绪，让情绪为我们服务。比如，用愤怒来守护自己的尊严、守护你所爱的人；用恐惧来让自己及早避开伤害；用悲伤去终结一些内心的伤痛重新出发，或者让悲伤这股深刻的体验和能量转化为慈悲。

发掘自己：

（1）回忆自己心中一直压抑的最愤怒的一两件事，把当时发生的主要情况和你的感受写下来。

（2）准备两个枕头，回到自己的房间或找一个安全的地方（先告诉身边的人不要打扰你），坐在床上或地上，闭上眼睛，边用力拍打枕头，边大声把内心的愤怒说出来，想骂想哭就大声骂大声哭喊出来，一直到完全宣泄掉内心压抑的情绪，然后让自己安静下来，深呼吸，对自己说：这些事已经过去，我学到的是：_____。

第20场　坏事与好事——德胜河边说分手

毕业前，我们去工厂实习，那天晚上，莉莉突然给我一个晴天霹雳，我站在德胜河边，差点要跳下去，只想证明我爱莉莉。

打架之后，为了不影响到莉莉，我同莉莉没有私下的交往。

不久，全班同学来到莉莉的家乡顺德实习，实习的单位是顺德糖厂。顺德糖厂建于1935年，是中国第一批机械化糖厂，它见证了广东近代工业发展的历程。如今，顺德糖厂被拟列入国家工业遗址保护范畴。

在顺德糖厂实习的时候，我每天思念着莉莉，总想着如何去接近她，我有很多心事想同她说。有一天，莉莉托一名女同学给我捎来一张字条，约我晚上在顺德糖厂桥头见面。我欣喜若狂，晚上洗完澡，穿上漂亮的衣服，跟同学阿贵交代了一下，就去同莉莉约会。

我一边走，一边想：我为你去打架，你应该对我更好才是啊。

　　我们在桥头处见了面，莉莉不说话，只默默地往前走。我心里七上八下地跟在她后面。越往前走，前面的路越黑，路边是水田，只听到远处的虫叫声。快到码头边，趁着没人，我赶紧上前一步拉她的手，她好像很害怕，一下子甩开我的手，掉转头又往回走，还是不说话，我只好跟在后面，也不知道怎样开口。

　　"有一句话我要告诉你。"再次回到桥头，在昏暗的路灯下，莉莉停了下来说。话还没有说出来，她的眼泪就流了出来。

　　我紧张地等待她说下面的话。

　　"我们分手吧！"她声音很小，对我却是一个晴天霹雳！

　　我顾不得那么多，赶忙抓住她的双手问："为什么？"

　　"我们不适合！"说完，莉莉转身就跑。

　　我跟在莉莉后面追，她跑得很快，我一直追到她住的女生宿舍，我再也

　　在广州读书时，我连续几年都是三好学生、优秀学生干部，可是最后却没拿到毕业证。虎头蛇尾，是我以前的人生剧本模式……

不能追进去了。看着她头也不回，狠心离去的背影，一下子，泪水模糊了我的双眼。

追不到莉莉，我又循着原路，默默走回先前相会的桥头，那时已是秋天，一阵秋风吹过，我突然觉得特别冷。

"难道我的初恋就这样结束了吗？难道你还不知道我对你是一片真心吗？为什么没有人理解我？为什么每个人都对我这么狠心？"

我感觉到心在滴血，不知不觉回到码头边，看着滔滔江水，我真想跳进德胜河里一死了之。与同学打架的那一刻，我忘记了恐惧，因为我是那么的爱着莉莉，而到分手的这一刻，我不知道没有莉莉的爱，我活着还有什么意思？

这时候，我心中有一个声音告诉我：

"我要跳下去，我要自杀，我要用生命来证明自己的爱，我要告诉那些反对我的老师、同学，我是真心爱她的，我恨那些整我的人，我想用死来告诉他们，他们那样做是不对的。"

可是，一想到"死"，一种莫名的恐惧涌上心头，这是一种内心深处自我保护的情绪，内心这种害怕不存在的力量是很强大的。

"呜——"江面上一声船鸣，惊醒了我，我看着对岸的高楼大厦和繁华的街灯，这时，又有一个声音告诉我：

"我不能死，我要活出一个样子来让莉莉看看，我要用自己的成功证明她的选择是错的。"

我站在德胜河边，看到河的对面是容奇镇，那里有灯光闪烁，那是我曾经骑单车来调查过的地方，那些高楼大厦正是顺德日新月异发展起来的乡镇企业，那里就是中国改革开放的最前沿。想到将来社会发展的大好形势，我觉得我不能这样死，我要干一番事业，我要活出一个样子来证明自己。想到这些，我心中有了力量，一边往回走一边重复着这句话：

"我要干一番事业，我要活出一个样子来证明自己。"

我回到宿舍已经很晚，我们来实习的男同学就在糖厂的大礼堂里打地铺，我同阿贵睡一起，他一直在等我回来。

我躺在地铺上，莉莉和我交往的一幕幕就像电影一样在脑海里回放，那晚，我的整个枕头都被泪水浸湿了，想到伤心处，我真想放声痛哭，但由于全班男同学都在，只好强压着哀伤的情绪。

那时候，有一首流行歌曲叫《花祭》，是齐秦唱的，那几天我心里一直萦绕着这首歌——

"太多太多的话我还没有说，太多太多牵挂值得你留下，花开的时候，你却离开我，离开我，离开我……你是不是不愿意留下来陪我，你是不是春天一过一定要走，真心的花才开，你却要随候鸟飞走……"

感受这首歌的歌词，感受这首歌的旋律，我觉得这首歌就是为我写的，心中无限感伤。

那几天的实习，我常常一个人躲在队伍后面魂不守舍，老师和师傅讲的一切我根本无心装载。

细心的团支书海英发现我的黯然神伤，悄悄地问我发生了什么事情。海英是我很信任的同学，在班里她是书记，我是组织委员，我们一直合作得很默契，我们还曾经多次表演男女声二重唱获奖，我一直把她当做知心朋友，我和莉莉相爱，第一个知道的就是她。

于是，我和她走到糖厂蔗渣堆后面，对着德胜河，把这段时间以来所受的委屈、伤心、无助，痛痛快快地说了出来。海英一边听我诉说，一边表示认同理解我的感受，在她的陪伴下我忍不住放声痛哭，终于把这几天压抑的哀伤释放出来。海英一边点头，一边陪着我流泪，等我安静下来，她才安慰我说：

"一切都会过去的，你这么优秀，不管怎样，以后一切一定会更好。"她叫我要爱自己，保重自己，不要太过伤心，还答应我去找莉莉好好谈一谈。

都说"男儿有泪不轻弹"，其实悲伤时硬把眼泪吞回去那是毒药，让眼泪流出来才是珍珠。通常女性的平均寿命比男性长，据研究，女性比男性会哭是其中一个原因。

海英真是个善解人意的好朋友，这次释放之后我顿感轻松。

后来我收到一封长信，是莉莉托海英转给我的。信中，莉莉说，这段时间，领导和老师反对她可以不理会，但她最近回家，父母家人都反对，她就不能不考虑，他们说我是海南人，而她在顺德，两个人相隔太远，今后不可能生活在一起。莉莉说，分手了还可以做朋友，她会永远记住我的。看完那封信，我悄悄把它撕烂，然后一点点扔进了德胜河。我不是不相信莉莉的话，我只是觉得她不该背叛她对我的承诺，我认为她的家人是嫌我家在海南乡村，嫌我们乡下农家贫穷。或许是哀伤的能量已经释放得差不多了，我觉得已经不再怪她，只是在心底再次告诉自己：

"我要干一番事业，我要活出一个样子来证明给她看……"

最后的学习阶段，没有了莉莉，我常常独自走神，吃东西没有味道，晚上常从梦中惊醒，泪水浸湿枕头。德胜河边的那个黑夜，是我一生中最伤心的一个夜晚，此后过了很多年，只要想起那段伤痛的经历，我常常会泪流满面，每次当我自己独自释放我的哀伤，我都会告诫自己：

"我要干一番事业，我要活出一个样子来证明给她看……"

其实，你对一个人用心越深，你的自我里面，对对方的认同感就会越强，而我们对所认同的人，会把自己、自我的存在价值、存在感寄托在这个人身上，或者这个人会在你的生命里占据一个非常重要的位置。这个人死亡或离开，也就等于你自我的某一个部分死亡，这时候你就会感到哀伤，很深很深的哀伤。

就像许多野生动物如野狼，它们在孩子或伴侣死亡的时候，会在夜深人静时，对着月亮，或者站在悬崖上哀号、悲鸣，用声音表达它的哀伤，一直到哀伤的能量释放尽了，它才可以弥合这个伤口，然后重新开始过新的生活。所以，悲伤是一种终结，是一种结束和再出发的能量。

宣泄掉我们的悲伤，让我们有力量继续向前。如果我们总是控制住悲伤的能量，那么这件事就会成为我们生命中一个阴影，造成我们"一朝被蛇咬，十年怕井绳"。就像你在第一次失恋以后，如果那个伤口没有愈合好，带着那个伤口再继续谈恋爱，它可能会影响到你的第二次恋爱，可能你就不敢再去勇敢地爱了；或者是你会不顾一切地去爱，结果受伤更深；或者每当你警觉到对方可能要抛弃你，那你就会先把对方抛弃，避免自己再一次碰到那个伤口，这样就形成了一个阴影。

因为女友分手，我决定要干一番事业，趁海南建省办大特区，我放弃了留校机会，毅然离开了我曾经无限向往的大城市，孤身一人踏上了回乡的归程，开始了一段传奇的奋斗经历。现在想来，如果当时莉莉不跟我分手，我的人生不会如此丰富如此多彩！

然而，要干一番事业，谈何容易？更多的甜酸苦辣还在后头。

心灵感悟：该悲伤时就悲伤，悲伤也是一种正常的情绪，它是帮助我们结束和再出发的情绪。塞翁失马焉知祸福，凡事发生都将有益于我，把哀伤宣泄掉，迁善心态，重新出发，坏事也等于好事！

发掘自己：

（1）你有失恋或失去的伤痛吗？你能尽情地释放你的悲伤吗？是伤痛将你击垮还是伤痛把你激发？

（2）像上节一样，准备两个枕头，回到自己的房间或找一个安全的地方，坐在床上或地上，闭上眼睛，边用力拍打枕头，边大声把内心压抑的悲伤说出来，想哭就大声哭出来，一直到完全释放内心压抑的情绪，然后让自己安静下来，深呼吸，对自己说："因为这件事，我以后可以做好的是：＿＿＿＿。"

第三幕
重演人生剧本——创业浮沉

　　18岁以后开演人生剧本，假如剧本不改变，相同的模式就会不断重演。在扮演社会角色时，人生剧本直接影响着命运的方方面面。

　　开办海南第一家溜冰城，通过一系列创意，3个月赢利100万。与合作股东发生分歧，拆伙分家，易地扩建两家大型溜冰场，因政策调整、恶性竞争、地方刁难，两家溜冰城惨淡经营，不但亏本数十万，还把我送进了拘留所，我从创业高峰跌入人生低谷。这是一段炼狱般的人生经历，也是我人生中最宝贵的财富。

第21场　敢为人先——顺德考察大生意

"我要干一番事业，我要活出一个样子来证明给她看……"

这个信念激励着我，1989年到1994年，我在海南睡公园找工作，从公司小职员上升到总经理，工作之余做生意积累了十多万资金，看到国营企业越来越艰难的发展趋势，我辞去了国营公司总经理职务，一心想着下海干一番事业。

辞职后，我和几个朋友成立了海南坚信实业发展有限公司。开始，我们做食品批发、空调贸易，还买了一辆货车，做送货上门的服务，但这些生意并不怎么成功，只能勉强维持公司的开支。

我做批发生意时经常跟潮汕人交往，潮汕人被誉为中国的犹太人，是最会做生意的，当时整个海南最大的批发市场80%以上的生意都被潮汕老板垄断。我记得，一位潮汕朋友对我说过：

"生意、生意，一定要有生的主意，如果总是跟在别人后面，那就变成死意了！"

他还告诉我："做生意一定要做到：人无我有，人有我新，人新我快，人快我绝！"

这么多年的创业和学习，让我越来越感受到：要在竞争越来越激烈的当今商业社会脱颖而出，必须做趋势性的生意，最好是大趋势的生意。

我当时有一种感觉：美国流行的模式很快日本和中国港台也会流行，中国港台流行的模式很快广州、深圳也会流行，而广州、深圳流行的模式不久内地也会跟风。当时，凡是在广州、深圳流行的新生事物，很快就会在内地流行起来，这也包括当时的大特区海南。

广州现在流行什么呢？我徘徊在海口街头，一时辨不清方向，就是在这种情况下，我打通了莉莉的电话。这是我从广州毕业五年来，我第一次主动打电话给莉莉，请求她给予帮助。电话那头，莉莉说，你来顺德吧，我带你去看看顺德人做什么生意最火爆。就这样，我从海口再次来到了广州，来到了顺德。

和莉莉分手以后，她常常写信到我的家里，我却一直不给她回信，心里总想着要等到事业有成的那一天，再给她一个意外。

我在海南创业的情况，莉莉可能通过与其他同学的联系，多多少少了解到一些。1991年秋季，那时我还和静相好着，突然有一天，莉莉打来电话告诉我，她和一个朋友要来海南玩。我听到这个消息，既兴奋又害怕。兴奋的是，她终于要过来找我了，害怕的是，如果她知道我同静的关系，她会怎么办呢？

我把这个消息告诉了静，静知道莉莉是我的初恋女友，她说："你好好带她去玩吧，这几天我就不来了，我知道你心里还爱着她，我真羡慕她。"

莉莉来的那一天，我开公司的摩托车到码头去接她，她是和好朋友阿群一起来的。我带她们去海边玩，去吃海鲜、文昌鸡，带她们参观金盘工业区、金融贸易开发区、海甸岛东部开发区等地，感受海南轰轰烈烈的建设场面。

1988年3月，全国人大正式通过70年土地有偿使用法案，4月海南建省，5月海南政府便传出与日本大财团熊谷组合作开发洋浦港的消息。听说日本要在海南投资几百个亿，开发洋浦港，那将是中国第二个香港，也是亚洲的第二大海港，是特区中的特区，我向莉莉大胆地描绘着海南特区建设的前景，好像那一张蓝图就是我亲手绘制的。我心里对海南美好的未来充满信心，言笑之间就是想鼓励莉莉到海南来发展，只差点没说出来："你嫁到海南来吧。"

晚上，莉莉和她的朋友睡在我的宿舍里。此前，静早已把房间打扫得干干净净，床头的书桌上还继续放着莉莉的照片，在那盏粉红色台灯照射下，床头花瓶里含苞欲放的玫瑰花显得很浪漫温馨。莉莉和阿群睡在我的床上，而我则睡在大厅里的折叠床上。我没有盖被子，和衣躺在床上，半夜也睡不着。不知什么时候，莉莉从房间里走出来，递给我一个枕头和一件大衣，她说："怎么不盖点东西，晚上会着凉的。"

莉莉的话如同一股暖流，流入我的心头，我站起来看着她那双熟悉而又有点陌生的眼睛，心里真想拥抱她……

我们对视了几秒钟，最后，她低下头，轻轻地说了一句："你先睡吧！"就转身回房间去了，临关门前回眸看了我一眼。

我久久不能入睡……

莉莉在海南玩了两天就走了，我感觉那两天过得真是太快了。此后，我和莉莉的关系若即若离，断断续续，也许，在莉莉的心目中，还只当我们永远是好朋友吧。

所以，我这次来到顺德，是很自然的事情。顺德有什么新鲜生意可以做呢？莉莉告诉我，有种生意在广州、顺德刚刚兴起，非常火爆，这就是开溜冰城。我听了觉得好笑，溜冰城海南早有了，不就是那种旱地溜冰场吗？莉莉说，不是，不是，你跟我去看看就知道了。

莉莉用她新买的"大白鲨"摩托车带我到容奇、桂洲看溜冰城，那种溜冰城用的是木地板，穿的是真皮溜冰鞋，还有强劲的音乐、闪烁的灯光，这哪是家乡那种简陋的露天溜冰场所能相比的啊。

莉莉说，现在的年轻人最喜欢的时尚娱乐活动就是溜冰，顺德每个镇至少有两家大型溜冰城，家家生意火爆。我连忙去做市场调查，当时溜冰场的消费价格是每人每小时 15 块钱，一个溜冰场大约有 300 双鞋子，假设只按 200 双计算，平均每个小时就有 3000 元的收入，假设每天开 5 个小时，平均每天就有 15000 元，一个月就有数十万元的收入。

这次考察让我惊喜不已，我匆匆辞别了莉莉，一幅蓝图开始在我的脑海里形成。回到海南，我立即去找老麦。老麦也感到很欣喜，为了坚定他的信心，我让他也来顺德考察了一次。

考察回海南，我和老麦决定合伙投资开办溜冰城。同时，我邀请莉莉共同入股合作，出于对我的信任，她答应了，这件事对我来说，别提有多高兴。

就是开了这全海南省第一家溜冰城，让我的事业轨迹有了天翻地覆的变化，而我的爱情也有了转机。

心灵感悟：做生意要敢为人先，做趋势性的项目。做员工也要比别人想先一步，做得更多，做得更好。总之要在竞争中超越别人，就要：敢为人先。

发掘自己：

（1）在你现在的位置，你可以做些什么让你跟别人不一样？不加考虑，想到什么写下什么。

（2）选出可行的方案，现在就开始行动，为时不晚。

第22场　信念与价值观——和旧女友环岛游

事业上有转机，初恋女友也回到我身边。然而，信念和价值观的差异，让我遭遇了一次次尴尬。

莉莉和我海南环岛游，刑警队的同学给我们开了一间蜜月房，我以为我们的故事真的要发生了，可想不到的是，天涯变咫尺，咫尺也天涯。

建溜冰城的事情确定以后，我和莉莉的交往也多了起来，从设计到采购灯光、音响、溜冰鞋，乃至木地板等具体事宜，都有赖莉莉在那边配合找人合作。为了确保打造成全省第一家溜冰城，我们对外严格保守商业秘密，对内加班加点，声势如火如荼。

很快大局落定，建设期间，我热情邀请莉莉来海南看看。莉莉飞到海口，我买了一束大大的玫瑰花，自己开车去机场迎接她。当年海口机场还在市中心，显得小而拥挤，当莉莉下了飞机随着人流缓缓走出来的时候，我远远就看到了她，她穿着飘逸的真丝服装显得新潮而高贵，在我看来她就是人群中最靓丽的一朵花。

老麦和坚信团队的兄弟都想促成我跟莉莉的事，虽然筹建很忙，但他们都怂恿我开车带莉莉去环岛旅游，还说这是团队任务只许成功不许失败，一定要"搞定"，云云！

自驾车环岛游，这也是莉莉和我学生时代共同许下的夙愿，我是求之不得，而莉莉也欣然答应了。

第一天，我们从海口出发，来到琼海，参观了红色娘子军塑像、万泉河。万泉河因为一台样板戏、一部电影、一首歌红遍了中国，她是海南人心目中的母亲河。我一边开车，一边当导游，看到莉莉听得津津有味，我也就说得兴致勃勃。

来到兴隆，我们走进了热带植物园，植物园傍依着黛绿的群山，环绕着碧绿的湖水，极具生态氛围，各种奇特的热带植物花木组成一幅美丽的图画，置身其中，仿佛在画中游玩。就是在这种优美的自然生态环境里，过马路时，我开始装着无意间牵上莉莉的手，她也没有拒绝！

"这是一个很好的信号！"我心里暗喜，一路上牵着莉莉的手不想放，真想就这样牵到天涯海角，牵到地老天荒。

我和莉莉分开的这几年，没有直接问过她的感情，但我通过广州的同学侦察到，她一直没有谈过男朋友，至少没有像我和静那样。这一次机会终于来了，我决定向她发起猛攻，争取在溜冰城开张之前发生故事。

晚上，我安排在兴隆温泉度假村住宿，这是一间五星级度假酒店，也是当地最高档的酒店。这家宾馆很豪华，我只开了一间房，进房间的时候我试探着对莉莉说：

"这里是五星级，一间房得花上千块钱，最近要省钱开溜冰城，今晚我们只开一间双人房吧？"

莉莉听了，说："没必要住这么贵了，我们去找一间旅馆，可能开两间房两三百块钱就行了。"

"房间已经开好了，不……不能退吧？"我吞吞吐吐地说。

"没关系，那你就睡这间房，我再去另开一间。"莉莉毫不含糊。

"唉，不知是莉莉不明白还是她装糊涂。"我想，可能是火候还没到吧。于是，我只好答应她一个人住下，我去另外开房。不过我还是没有真的去，在车上度过了一个难熬的夜晚。

我刚开始有些失望，前前后后想了很多，最后告诉自己："不急，革命尚未成功，老兄还须努力。越是这样，明天越是要对她更好！"

第二天，我们去三亚最美的海湾亚龙湾看大海。亚龙湾的沙滩很白很细腻，就像少女的肌肤；亚龙湾的海水很纯很清澈，就像少女的眼睛。那里有蓝蓝的天，蓝蓝的海，雪白的海浪，清爽的海风吹动岸边千姿百态的椰子树，还有沙滩上互相追逐的红男绿女，无论看哪一个角度，都是一张最美的明信片。

莉莉在学校曾经是运动员，她喜欢游泳。我们赶紧一起下去游泳、冲浪、嬉水。我用沙子堆成了一个大大的心，然后用英语写了一句"I love you"，她看见了就用水来泼我，我追她，在沙滩上留下两串清晰的脚印，她最后跑到水里，我紧追不舍，终于在大海的怀抱里光荣地把她俘虏了，我忘情地抱着她，她也顺应着我，我感觉到整片大海、整个天空都是我们的。我情不自禁把嘴唇探过去想接近她的嘴唇，她左看右看，看到海边有很多游客都在嬉水，就一把我推开，迅速向海中央游去，我也赶紧跟着游过去……海浪声伴奏着我们的欢笑声，真的很开心……

晚上，我们决定就住在亚龙湾当时仅有的一个临时性的旅游宾馆，趁我去停车的时候，莉莉去开了两间单人房。她给我一把钥匙，说："你一路开车辛苦了，晚上好好休息。"

我回到房间，洗完澡，老想着要找个借口去她的房间，借口还没有找到，她就打电话过来了。莉莉说，有很多事情想同我聊，还说喜欢躺在床上跟我在电话里聊。于是，隔着宾馆的墙壁，我们用电话谈分开之后的酸甜苦辣，我也不失时机地倾诉着我的思念之情，聊着聊着，我说："宾馆电话费很贵的，我还是去你那边说吧?!"

"你骗我吧，宾馆内部电话不要钱，好啦，明天你还要当车夫，早点休息吧，噢!"那边传来甜甜的笑声，结束了我这边一天的梦想。

放下电话，我摸摸发烫的耳朵，自我安慰说："天将降大任于斯人也，必先苦其心志，劳其筋骨，空乏其身……容易的不珍贵，珍贵的不容易，急啥?我们合作的溜冰城才刚刚开始哩，来日方长，精诚所至，金石为开，只要功夫深铁棒磨成针……"

第三天我们一早游览大东海，然后来到天涯海角，先手拉手在"天涯"石壁下亲近地合影，再跋山涉水来到"海角"礁石上合影。最后莉莉提议坐飞船出海，当我和莉莉一起坐着飞船在海上驰骋时，我突然想起，我跟静也曾在那里坐过飞船，要是莉莉知道了怎么办?于是我暗地里警告自己，这件事千万不能告诉她。想不到就在我心怀鬼胎的时候，莉莉问我："听说你的女朋友很漂亮?"

我心中一颤，赶紧说："没有，谁说的? 你都不要我，我哪有心思去找别人?"我知道我在同她说谎,所以我的眼睛不敢看她。她笑一笑,也就没有追问下去,我不知道她是相信还是不相信,但我感觉她是不相信的。

告别天涯海角,我开车走西线回海口,当时西线高速还没通,我决定先在昌江逗留,刚好老麦和我的一个同学在昌江县刑警队当了队长,我当然要找他,那同学很义气很豪爽,热情地接待了我们。他开着警车带我们去芒果场采摘芒果,当时芒果是海南特产的名贵水果,莉莉和我都是第一次吃到树上成熟的芒果,而且山里风景很美,自摘自吃的感觉真爽,离开芒果场,同学还送给我们两箱芒果,莉莉高兴得不得了。

到了晚上,同学安排我们在当地最好的宾馆住宿,我心中窃喜,因为他只给我们开了一间房,而且还是蜜月房,进去是一张大大的双人床。同学特意告诉我们,这个地方都是他们刑警队管辖的区域,非常安全,今晚就在这里好好享受一晚吧。

莉莉没有扫我的面子,对同学说了声谢谢,陪我一起送同学到电梯口。回到房间,我感觉心跳加快,又激动,又很不安。莉莉却很淡定地对我说:"谢谢你,今天很开心。一路上你辛苦了,你先去冲凉吧。"

在宽大的浴室里,我一边畅快地冲着热水澡,一边轻声吹着口哨感受那首电影插曲:"甜蜜的生活、甜蜜的生活……"

等到莉莉去洗澡的时候,我发现她已把行李摆放整齐,冲好了两杯茶水。我悄悄拉上窗帘,关掉白色的光管,把灯光调到温馨的暖光。接着打开电视,刚好 MTV 台播放着抒情的音乐……我坐在沙发上,顺手拿起茶杯,突然感觉到茶杯在颤抖……

终于等到她出来,我看到她穿着一套米黄色的丝质长袖睡衣,披肩长发刚刚洗过,身上散发着淡淡的馨香……我不知道哪里来了勇气,站起来直勾勾地看着她说:

"你还是跟学校时一样……"

"一样什么?"她微微一笑,问道。

"好靓!"我用广东话说。

"你也跟学校时一样……"她说。

"一样什么?"我表现得很心急。

"好甜!"她也用广东话说。

虽然我当时还不会说广东话,但我知道她说的"好甜"意思是嘴巴甜,会逗人开心!

这时候,我再也按捺不住冲动,拉着她的手顺势把她拥抱住。她没有拒绝我,只轻轻地闭上眼睛,我的脸贴着她的脸,我感觉到她的身体在颤抖,我的呼吸也在加速。她微微扬起头,我开始轻轻地亲她的额头、吻她的脸,最后我的嘴唇落在她的嘴唇上,用舌头顶开她的嘴唇,她开始回应我,我的手轻轻地抚摸她的背部、腰部,并慢慢地向下滑去……当我的手快要抚摸到她的臀部的时候,我感觉我的心快要蹦出来了……

"不行,"这时候,莉莉突然拉开我的手说:"不行,不行,我们还不能这样。"

莉莉猛然挣开我的怀抱,用手理一理她的长发,说:"今晚我不能睡在这里。"

我赶紧抱住她,很着急地说:"你知道我爱你吗?你知道我爱你有多深吗?你知道我等你等得好辛苦吗?你知道我这几年所做的一切都是为了你吗?……"

一口气说了很多很多压抑了很久的心里话,说这些话的时候,我的眼泪都快要流出来了……

"我知道你爱我,我知道你对我的爱。"莉莉很平静地说,"所以,这几年来,我一直看不上别的男孩,没有谁能够比得上你对我的爱,其实我知道我也喜欢你,但我现在不能说爱你,因为'爱'这个字是不能轻易说出口的,或许将来有一天,我会对你说,但不是现在。"

我再次紧紧抱住她说:"我不想你离开我,请你相信我会爱你一辈子!"我差一点没有跪下来求她。

可是,莉莉像大姐姐安慰小弟弟一样,还是使劲地要挣开我,最后,她认真地说:"你先放开我,要不然我会恨你一辈子的!"

我没有办法,只好松开手,她说要上洗手间。可她进了洗手间,很久也不出来,这时候我也平静了下来,就敲门问她怎么啦,她隔着门说:"你先睡吧,我在这里面也很舒服,晚上就在这里睡也很好。"

此后，无论我怎样再哀求她，她就是不开门。我很懊悔，也很担心，我说我另外去开房，她说不要出去，不要扫同学的面子。

结果，莉莉一个晚上都睡在洗手间里。我在外面不知所措，真想打自己耳光，在房间里转来转去，躺在床上辗转反侧，我想我是不是做错了，是不是太着急了，会不会把她吓着了？

第二天，同学过来请我们喝早茶，并且问我们昨晚睡得好不好，莉莉说太好了，就连睡洗手间也比一般的酒店舒服。同学当然听不懂，以为她开玩笑，她也没有揭穿，一直与同学谈笑风生，若无其事。我又好气又好笑，心想：这个莉莉真是不一般，这一辈子我追定你了。

离开昌江，我们继续开车朝海口方向走，很长一段时间我没有说话，我不知道说什么好。

还是莉莉打破了沉默，她说："我发现你变了。"

我苦笑了一下，说："吃了那么多饭，人总是要长大要变化嘛。"

在西线经过临高的时候，我们回了一下临高老家，莉莉见了我的父母，表现得很热情，这让我很开心。

回到海口第二天，我们处理好投资溜冰城的具体事宜后，就送莉莉去机场，临别时，她偷偷给我一个吻，这让我吓了一跳，我不知道因为什么，她给了我这个意外的奖励！

莉莉走了，老麦和其他朋友把我的BB机都打爆了。原来他们要我请客吃饭，要我讲环岛蜜月游的风流韵事。当我老老实实说出环岛游还没有像他们期待实现的"搞定"目标时，他们先是不信，继而骂我没用。

之后，莉莉常常给我电话，我除了紧张地筹备溜冰城，就是等待莉莉的电话。同事们戏称我说，天不怕地不怕，就怕林总打电话。原来，我和莉莉一打电话，不知不觉就是半小时、一小时。

有次星期六上午，莉莉在下班前打电话给我说："下午和明天休息，我又不想回家，不知道干什么。"

"我们一起约会吧，"我顺口说。

"好啊，你现在能过来吗？"莉莉说。

"好，你等着。"本来想叫她过来，想不到她叫我过去，就顺势说，"两个小时后我们在广州机场相见。"

当年，海南大特区每隔半个小时到一个小时，就有一班飞机往返广州。我把事情安排了一下，其他什么行李都没有带，只买了一束大大的玫瑰花，赶紧打的到机场上飞机，我感觉到在飞机场很多人奇怪地看着我。

起飞前，我就给莉莉的 BB 机留言。1 个小时后，当我走出广州机场时，莉莉已在门口等我。

见面后，我提议去广州植物园，那是我们在广州相爱时最喜欢去的地方，我知道她很喜欢。就这样，我们在风景秀丽的植物园旧地重游，那里四周古树参天，草地花香蝶舞，湖水碧波荡漾……鸟在树上飞，人在画中游。吃饭后，我们又去看电影，广州毕竟是大城市，看电影的人还不少，我排队买了情侣座，莉莉买了爆米花和我以前在学校时最喜欢喝的冰冻"小百乐"，电影放什么我记不得了，但我的心情就像回到了开心快乐的学生时代……

晚上到我住过的一家酒店去住宿，我主动开了两间房，当我把一个钥匙交给她时，她会心地笑了："晚安，明天见！"临别时，她轻轻的一个吻，让我思念到如今……

第二天，我们去逛商场，逛书店，一路手拉着手，欢声笑语，如入无人之境……一直到下午，我送她上顺德的车，自己飞回海口。

那是我自从德胜河边分手以来，最开心、最快乐的日子！

原来，爱一个人就要尊重她的信念和价值观，往往，我们很多的矛盾和痛苦都在于强求对方的信念和价值观改变得与自己相同。

《圣经》上说，很久很久以前，亚当和夏娃在伊甸园中生活得非常开心快乐，没有烦恼。后来夏娃被蛇诱惑，和亚当一起偷吃了"善恶树"上的禁果，开始有了羞耻心和懂得是非善恶，于是从此出来受苦。这个圣经故事有更深的寓意，就是人类受苦和烦恼的根源，就是来自于我们的好坏对错、是非善恶的观念不同。

我们每一个人在不同的背景下成长，不同的时代，不同的文化，造就了不同的观念，而最成问题的是，我们往往总是喜欢坚持自己的信念是对的，这就是"我执"。很多时候，我们很难抛开自己的价值观，总试图去扭转他人的"我执"来符合自己的观念，于是，生命的痛苦也就这样开始了。所以，要开心快乐，不要强求别人，也不要强求自己，尊重他人也就是关爱自己，这也是"发掘自己"课程所说的："接受等于智慧"。

从此，我和莉莉的感情在稳步发展，我们的溜冰城也在加速推进。可是，怎样确保我们的溜冰城一炮打红呢？

心灵感悟：爱她，如她所是，并非如自己所想。真正爱一个人，是无条件地接受她就是她，就要尊重她的信念和价值观，而不是用自己的信念和价值观去套在她身上。

发掘自己：

（1）你现在（或曾经）跟什么人在闹矛盾？你认为他错的是什么？你坚持你对的是什么？

（2）轻轻地告诉自己三遍"他是他自己，他的观念是他自己的观念"，换一个位置，尝试接受他的观念，从他的角度去思考，然后问自己：我可以接受他的是什么？

第23场　出奇制胜——第一桶金是怎样炼成的

"请走进 M 遂道，用自己的方式走自己的路，路有点滑，不要怕，世上没有一生永不摔倒的人，100 次摔下，就 101 次站起，这将使足下更风流。"

十多年过去，我仍不能忘记我们溜冰城创立的企业文化。

我和老麦合伙开办溜冰城，他做董事长，我做总经理。我们在海口海甸岛海南大学旁边租了一块空地，找到一个在建筑公司当工程师的同学来负责工程设计施工。不到三个月，一个八百多平方米的溜冰城就盖起来了。紧接着是装修、添置设备和宣传策划。那三个月时间，除了与莉莉的两次约会，我白天开工，晚上也开工，几乎没有睡过一天舒服觉。

我们怎么让溜冰城一炮打红呢？

我和老麦冥思苦想，策划了一系列与众不同的创意。

　　首先，我们要给溜冰城取一个很特别、能过目不忘的名字。我的名字有个字母，我对老麦说："溜冰城的名字也要有个字母，这样才能标新立异，与众不同。"

　　这时候电视上正播放 MTV 的节目，看着那个大大的 M 字，老麦突然来了灵感说："那就叫 M 吧，M 代表音乐，也代表 Money！"

　　"好！M 就像一个人在溜冰，而且我们老大姓麦，也是 M！"我和老麦一拍即合，老麦比我先毕业，创业比我早，而且他博览群书、见多识广，我对他特别尊重。

　　我们的溜冰城处在临街铺面的后侧，进入溜冰城，一定要先经过铺面中间的一条专用通道，这本来是一个不好的地理位置，但我们把通道装修成"M"形，故意把溜冰城取名为"M 遂道音乐溜冰城"，化劣势为优势。

　　有人对我们说："'遂道'的'遂'字写错了，应该是'隧'道才对啊。"我们说，没有错，我们要的就是这样的"遂道"，因为它不是一条具体的隧道，而是一条"遂心遂愿"的"遂道"。为此，我们把溜冰城的大门装饰成"M"形，在隧道两旁挂上一副木雕对联：

　　"遂心遂愿 M 遂道，友情真情 M 风情。"

　　进入溜冰城，正面围墙醒目地写着我们溜冰城的企业文化：

　　"请走进 M 遂道，用自己的方式走自己的路，路有点滑，不要怕，世上没有一生永不摔倒的人，100 次摔下，就 101 次站起，这将使足下更风流。"

　　我们的广告语是："青春热浪，足下风流，用自己的方式走自己的路。"这些文字和广告语，我们请电台录制成配乐广告，除了在电台热播，还在溜冰城内经常播放，在当时 M 遂道的溜友中是耳熟能详。

　　还有一个创意，我们又与众不同，我们把厕所取名为"方便山庄"，男厕所叫"须眉堂"，标志是烟斗；女厕所叫巾帼阁，标志是高跟鞋。我发现里面的厕所门历来是人们喜欢涂鸦的地方，主要是如厕时无聊没事干，所以我策划在每间厕所门后张挂上漫画和笑话，男女厕所门上都有笑话，而且每个蹲位前面的门上所挂的笑话都不同，每隔一段时间就全部更换一次。有人为了看笑话，特意跑多个蹲位。我不敢肯定这种厕所文化是不是我首创发明，但敢肯定在多年之后，我才在很多城市看到了类似的做法。

开张时，怎么吸引到最多的人来溜冰城呢？这里也有我自己的创意。首先，我们制造一些海南第一家溜冰城的新闻，打出健康娱乐新潮流的名头，邀请媒体记者纷纷前来采访报道；然后，我们在年轻人喜欢的海口电台赞助有奖节目，奖品为溜冰票、溜冰服和溜冰卡，并连续一个月热播广告，我们只需要提供奖品赞助。第三步，在海口两大报做相关花边新闻和广告，比如《海口晚报》当年就登了一篇《此"遂"非彼"隧"》的文章，宣传 M 遂道的名字故事。第四步，当时海口路两旁都是椰子树，只要交一点管理费报批，就可以在椰子树上挂跨街横幅广告，既醒目又实惠。第五步，开张前还有一个既省钱又有效的方法是，到处发宣传单张。但关键是，怎样让拿到宣传单张的人不随意扔掉呢？我认为，一定要让读者一眼就被吸引住。为了把宣传单张做得有特色，我想起武侠小说里的描写，每逢武林盟主召开武林大会，常给各路豪杰下英雄帖，我从中得到启发，做了 10000 张 M 遂道"英雄帖"，上面写道：

"英雄帖：M 遂道道主诚邀各路溜林豪杰，11 月 18 日速进 M 遂道，一展足下风流。"并注明：开张期间，凭"英雄帖"前来溜冰，可以当 10 元现金使用。

通过一系列创意策划，我们溜冰城开张的那一天，来了很多人，原来的 200 双溜冰鞋已经不够用，还有顾客源源不断进来。我们只好找一个漂亮的服务员站在门口，高举客满招牌，延长英雄帖的有效期，请求溜友稍等或者改日再溜。同时，我们赶紧联系增添 200 双溜冰鞋。

溜冰城的生意出奇火爆，我和老麦的欲望也膨胀起来。我们先买了车子，后又买了房子。38000 块的大哥大，我们也买了一台。那时我出入常常开着小车，身边带着一两个保安，总觉得自己很牛，很了不起，每次出去喝茶或吃饭的时候，就把大哥大竖在餐桌上，内心就以为自己真的是大哥大了。

开办海南第一家溜冰城，我们总共投资大约八十万元，第一个月就收回了五十多万元，有时，一天的收入达三四万。三个多月时间，除了收回投资，我们还创造了超过一百多万元的纯利润。

十多年后，我的学员去海口旅游，他们回来告诉我，他们随意问起当地的老出租车司机，有的司机还记得当年 M 遂道的盛况。

为了出奇制胜，1994 年圣诞节，我亲自扮演圣诞老人陪顾客一起溜冰

　　从读书到现在，我贩卖过报纸、彩电、纪念册，摆书摊、做过塑、出租录像带，我赚的钱从几块到几千到上百万，我总结出最重要的四个字：

　　"出奇制胜！"

　　我们《发掘自己》课程的三阶段，要锻炼八个 Q，其中一个是 CQ（创新力商数），自己做生意或做员工都一样，不断地通过加、减、乘、除，做生意的将你的产品或服务加以改良创新，提供差异化的创意或服务，做员工的不断为你的上司或老板多想一些新的主意和方法建议，出奇而制胜。

　　辞去国营企业总经理，开办私营溜冰城，我在海南的事业正在一步步攀上顶峰。然而，正当我开始得意忘形的时候，挑战来了。

　　心灵感悟：要成功，首先就得想如何成功。一定要成功，除了努力工作，还必须积极思考，经常问自己：怎样才能让我的工作更有效？怎样才能突破固定框框，出奇制胜？

发掘自己：

（1）边抄写边问自己十遍："怎样才能让我现在的工作更有效？怎样才能突破固定框框，出奇制胜？"然后不说话地去散步或做其他有氧运动至少一小时，回来后想到什么都一一写下来。

（2）整理以上思想火花，找到有效的出奇制胜的创新或差异化方案，付诸实施。隔一段时间，经常重复以上练习步骤，变成习惯。

第24场　争斗与共赢——风雨溜冰城

M遂道最红火的时间只有三个多月，接下来的发展，我们遇到了一些棘手的问题，引发几个股东产生严重分歧。

全海南第一间溜冰城，生意当然火爆，但也出现了一系列问题，特别是打架事件。海南在筹建特区的初期，整体治安形势是比较乱的，在我们的溜冰城里，趁人多拥挤，本地一些烂仔偷钱包，抢BB机，特别是趁人多势众调戏女孩子，刚开始差不多天天都有人吵架、打架。

为了维持溜冰城的秩序，我们增加了大量保安，特别是增加了烂仔所在地的保安，还同派出所加强联防合作。派出所民警可治烂仔，但对有些当兵喝醉酒在溜冰城闹事，民警就难治了，这样，我们又想到同边防军队联手，请他们派纠察队过来压阵。

老麦是我在广州读书认识以来一直很好的朋友，他年龄比我大，回海南比我早一年，我找工作时帮了我很多忙，所以一直很受我尊重，溜冰城开业后，他作为董事长主要负责对外沟通，而我全权负责内部经营管理。

老麦因为还在一家大公司上班，对现场发生的事可能不尽了解，而我们两人之间的沟通并不到位，以致有些事情他不理解我，我不理解他，甚至为一些鸡毛蒜皮的小事吵起来，刚开始我也是认为他是上司就忍而不发，结果越不沟通，矛盾就越积越大，最后忍无可忍，大家竟然拍桌子吵架，最后我们提出拆伙，先转让溜冰城，然后卖车卖房，各分东西。

后来通过学习，我才觉察到我这种先"忍"后爆发的模式叫做"捕熊者游戏"，其实在学校打架时也是这个游戏的爆发。那些都是小时候形成的人生剧本中的一个模式。

来接手的是一个据说很有背景的伍老板，他来看我们的溜冰城时，生意还非常好。我们自己说搞不定当地的烂仔，不想因为治安问题惹麻烦，所以愿意转让。结果，伍老板用120万接手了我们创立的海南第一家溜冰城。

那是1995年，转让之后，好多朋友来找我，要我赶紧去其他地方再开溜冰城。当时，儋州市是海南西部最大的城市，因建省后经济发展迅速，儋州撤县建市，而日本大财团熊谷组与政府签约租赁洋浦港，准备建设成号称"第二个香港"的亚洲第二大自由贸易港。

就是在这种大好形势下，我赶紧来到儋州中心城区那大，在那里找到了一个比海口M遂道还要大的地方，同样，我把场地设计、施工交给那个搞建筑的同学负责。

因为有了前面的经验，我不但扩大了规模，加快了进程，而且还减少了投资，五十多万就把溜冰场全部搞好。我把这个溜冰城命名为红桃A迪斯科溜冰城，是我与两个海口同学和一个儋州同学合伙开的。

正当我们全力推进儋州溜冰城的时候，另一个溜冰城的计划又在我的脑海里形成。

M遂道的另一个股东约我到东方市去投资，介绍当地一个叫阿文的朋友给我，于是我决定在东方中心城区八所再开一家溜冰城。几个朋友听说我又要在东方开溜冰城，都劝我不要那么激进，我爸爸尤其坚决反对，而我根本听不进他们的意见。

我觉得，我们在海口开M遂道，三个月就能赚一百多万，很多事情是我同时做好的，既然M遂道能赚钱，为什么儋州、东方不可以同时做起来赚钱？听不进他们的劝告，我自以为一间可以赚过百万，多开两间当然可以多赚一两百万了。所以赶紧去东方八所投资，在那里，我找到了一家旧的露天溜冰场，超过1200平方米。

我请当地人阿文帮忙，把旧溜冰场租下来。在这里，我们不但修盖溜冰城，还在溜冰城的上面建起了迪斯科舞厅、酒吧，最后结算下来总投资超过

80 万元。

儋州红桃 A 迪斯科溜冰城开张的那天，我们请来了儋州市委副书记剪彩、题词，当地报纸、电视台也来采访报道，和当时的海口 M 遂道一样，生意非常火爆。东方、儋州两地，只有一个多小时的车程，我常常早上在儋州，晚上就到了东方。那时我起早贪黑干得很起劲，想事情也非常有创意，正当我准备在儋州、东方大干一场的时候，不幸的事情就一件一件降临了。

儋州溜冰城刚开张一个月，方圆不到两公里的儋州城，竟然接连开张了大小三家溜冰城。幸亏我们的红桃 A 迪斯科溜冰城是当地最大的，也是生意最好的。但没过多久，我的溜冰城生意越来越少，甚至一个晚上来不了几个人。这是什么原因呢？

我赶紧派人出去调查，原来外面到处都在谣传，说我们溜冰城先摔死了一个女人，随后又摔死了两个男人。那个女人摔死了之后，至少要拉十个男人下去，现在已拉了两个。我在溜冰城一个角落绑了一根红绸带，原来那里有棵树，本意是提醒溜友注意安全，可外面传说，那根红绸带就是因为死了人才绑上去的。总之，外面把我们溜冰城溜死人传说得神乎其神。

我们知道，这是竞争对手对我们的恶意中伤。

"赶紧找方法辟谣，要不然，我们投资数十万元的溜冰城很快就会倒闭。"我躺在床上不断问自己：

用什么办法辟谣呢？用什么办法辟谣呢？用什么办法辟谣呢？

只要我们输入正确指令，我们的潜意识通常会帮助我们找到我们想要的方法。我一个晚上没有怎么睡，突然头脑冒出一个办法——悬赏 100 万，寻找溜死人的证据！

于是，我们印制了大量的宣传单张，在单张上面，我们向溜友声明：红桃 A 自开业以来，深受广大溜友的厚爱和支持，但近期由于某些商业竞争的原因，有人故意造谣红桃 A 摔死人，给广大溜友造成不安，严重影响本溜冰城声誉。本溜冰城郑重声明，如果有谁能找到本溜冰城曾经摔死人的证据，本溜冰城将给予 100 万元奖励……

这起谣言很快平息了，但竞争对手仍不甘心，他们开始降价，从每小时 15 元降到 10 元、5 元，再到后来降到 5 元一次任溜不再计时。几家溜冰城恶性竞争，自然大家都没有好日子过，其中一家开在三楼的溜冰城率先倒闭，另外两家也是惨淡经营。

然而还有比这更坏的信息，听说日本大财团熊谷组毁约，洋浦港项目告吹了，于是，儋州人都在骂日本鬼子搞经济侵略，骗了中国人民的钱，日本人不可以相信。又一个说法是，当时有全国政协委员到洋浦"考察"，认为洋浦租地70年给外商，是"丧权辱国"的"新国耻"，是"引狼入室、开门揖盗"的"卖国"行为。随后在北京两会上，二百余名委员联名向全国政协递交提案，反对"卖国"，于是，洋浦港泡汤。这件事当地传说得沸沸扬扬，不管真相是什么，总之洋浦港项目停了。

除此之外，海南特区遭遇宏观经济调控，国家收紧银根，顷刻间，投资海南的很多房地产资金返回内地，房地产市场出现大萧条。顿时，海口一夜之间多了很多烂尾楼。大家知道，到海南旅游，导游小姐必讲海南八大怪，如老太太上树比猴快、火车不如汽车快、三个老鼠一麻袋、三只蚊子一盘菜、一条蚂蟥当腰带、大姑娘抱着孩子谈恋爱等，当时，民间很多人戏称海南八大怪新增加了一怪，那就是"高楼大厦没顶盖"。

儋州溜冰城开张一个多月以后，东方八所的红桃A迪斯科溜冰城也已建成。我正准备开张，连请柬都派出去了，我爸爸突然心事沉沉地告诉我，那天"大事不宜"，不要开张。我觉得这是迷信，我可不相信这些，但听了爸爸的话，心里就留下了阴影。

广告、请柬都发出去了，不搞也不行啊。我只好变通一下，把开张改成了试营业。就在试营业的那天，竟有人过来打架。这次打架，引来当地派出所民警来调查，他们把我们溜冰城这边的人叫过去，我让当时的现场经理阿文去处理。阿文回来告诉我，派出所要求我们交赞助费，按照当地的惯例，娱乐服务场所都要向派出所交赞助费，如发廊、夜总会等，他们说我们溜冰城治安比较麻烦，要我们在开始的半年里每个月向派出所交一万元赞助费。当时我感到很气愤，这不明明是收取保护费、执法犯法吗？

我问阿文，不交行不行？阿文说，这里就是这种风俗，没有派出所出面，就搞不定烂仔，搞不定烂仔，就不能开张，不能开张，我们80万的投资就收不回来。阿文说，交是一定要交，不过可以谈得优惠一点嘛，与其每个月给一万元，不如私下给所长表示一下，再给所里意思一下就可以了，这样每月就省不少。听阿文这么说，我没办法，只好批了一笔现金善后此事。此后，派出所的事都是由阿文去处理的。

派出所的事情才平静了几天，工商局又来了，他们来检查说我们溜冰城没有特种行业经营许可证，不可以办营业执照。我说，我们在海口开溜冰城，都是直接可以办营业执照的。工商局的人说，这里不管海口办不办，但在东方就一定要办，否则停业整顿。阿文私下对我说，办证是一回事，更重要的是要给钱。没有办法，我们只好又给钱又办证，才打发他们走。

这个时候，我们担心税务局也可能会来，于是，阿文说在税务局有关系，他就自动请缨到税务局去，用钱打通了关系，拿回税务登记证。可刚刚回来，消防队检查组又来了，他们要我们办消防证，购买消防器材。我们说，铁皮屋用不着搞什么消防器材吧。消防队说，不行，公共场所要搞自动应急系统、淋水系统。天啊，单是买齐那些系统设备，没有几万都拿不下来。

阿文又出主意说，不如出钱，要消防队帮我们一起办证和购买消防器材吧。那一次，我又花了一万多块钱，只买回了几个灭火器。

这就是我们在东方开溜冰城的情况，这个让我投资最大的溜冰城，一直没有正式开业，而麻烦事接连不断。当时我感到奇怪的是：为什么海口、儋州和东方同样都是党的领导，可是到了东方，做什么都要拿钱呢？

东方让我感到很烦，所以那时候，我不太喜欢去东方，然而儋州的生意也好不到哪里去。

在我最烦恼、最痛苦的时候，无意中听到老麦在与我分开后到外省投资也开了两家溜冰城，结果也一败涂地。我回忆起与老麦一起创业的日子，那时候虽然很忙，但是多么快乐啊。

为什么最好的朋友结怨成仇？我和老麦之间本来只有鸡毛蒜皮的误会，但我们为了要证明自己是对的，总要争谁对谁错，谁赢谁输。拆伙分家，我们都以为自己赢了，结果我们赢了吗？赢了又怎么样？我们赢了一口气，却把好不容易创下的事业输得一败涂地。

虽然多年以后，我和老麦冰释前嫌，然而争斗对我们彼此的伤害深深烙印在我们心中，往事不堪回首。

写到这里，我要大声对远在新加坡的老麦说："老麦，我错了！老麦，我错了！"

可是，天下没有后悔药。面对危机，我该怎么办？

心灵感悟：谁对谁错并不重要，结果有效才是重要的。我要赢，但不等于别人一定要输。只有共赢的游戏才是长久的游戏。

发掘自己：

（1）请你双手握紧拳头，一边用力互相击打，一边大声喊：我是对的、我是对的……连续做十次以上，感觉一下哪只手痛？把感受写下来。

（2）你曾经因为要证明自己对，跟谁争斗过？斗来斗去，结果谁赢了？请你好好去感受一下对方的感受是怎样的？你的感受又如何？当面或打电话给那个你曾经争斗过的人跟他（她）说："我错了……"把感受写下来。

第25场　性与命——美女危机

在特区创业，子腾是我们学习的榜样，两家溜冰城陷入低潮，我寻找子腾救急，没想到他已陷入美女危机。我设法救了他，他却没法帮我解危。

我不想去东方，就把精力主要放在儋州，而这里的竞争形势越来越激烈。当别的溜冰城把价格降到五元一次，他们让我们无生意可做的时候，自己也已孤注一掷。

我和股东们商量，既然他们都降价，我们也降价吧。不仅降价，我们还从海口请来了新潮的 DJ，在溜冰城一面大墙上安装了投影，这在当时是最先进的娱乐设备。这样做的结果，确实抢回来了一些生意，但我们每天的收入，除了供应正常的工资、房租、水电费之外，基本上所剩无几了。

儋州的生意越来越不景气，而东方时时不能正式开张。在这种情况下，我打算看看海口的溜冰城市场情况。来到海口发现，除了原来的 M 遂道，小小一个椰城，据说一下子新开了大大小小三十多家溜冰城。

我看到，从 M 遂道那里出来的保安，都可以在其他溜冰城做部长，甚至做经理，那时的价格也都是三块五块随意溜。那些小溜冰城的老板很多都认识我，以前，他们见了我，称我是海南溜冰城的教父，现在，他们见了我，都在唉声叹气，说生意难做了。

这其间，M 遂道还发生过一宗变故。据说，转让 M 遂道的伍老板，因为银根紧缩，海口房地产市场急剧下滑，他的资金被房地产套牢，没办法，他就派人去找到老麦，说自己做不下去了，要老麦拿钱再次顶回去。老麦心肠好，虽然这时候溜冰城已经不好做，他还是拿出自己的钱，加上东借西凑，又跟别人一起把 M 遂道顶了回来。后来还听说，那个伍老板因为房地产不景气，只好多次向银行抵押贷款，欠银行的钱越来越多，最后房地产公司只好关门倒闭。像那个伍老板一样，这种情况在海南是不稀奇的，当时许多曾经辉煌的房地产老板，在国家实行银根收缩政策以后，一夜之间就消失得无影无踪，留下的是千疮百孔的烂尾楼。

这个时候，我想去找子腾。前面已经说过，子腾是一个艺术家，自称是一匹来自北方的狼，他喜欢抽烟，喜欢美女，却不修边幅，不拘小节。

子腾第一次来海口时，老麦去新港码头接他，他留着一头潇洒的长发，不带一件行李，身上也没钱了，随身最值钱的就只有一台他最珍爱的照相机。子腾是那种凡事无所谓的性格，可他极富才华。

那时，我们在海口一起寻找机会，天天想着做大生意，想着怎样去发大财。

终于有一天，子腾突发奇想，他回到北方老家找来了十多个美女，成立了一个时装模特表演队。海南是个开放的旅游城市，当时海口已有许多夜总会，来海南旅游观光的人，喜欢白天看海景，到了晚上，就去夜总会里看表演。每到夜晚，子腾就带着他的时装模特表演队，轮流去各家夜总会走秀。没有多久，子腾发财了，他自己开公司，搞广告和文化传播。

为了救救我那濒临倒闭的溜冰城，我去找子腾，想请他帮我策划策划，可没想到，这次找子腾，却意外地救了他一命，而我自己也受到了很大的震动。

那天到了海口，我打子腾的手机，他就是不接。我只好辗转找到他的公司，就在他的办公室门口，站着一个人高马大而又年轻漂亮的女人。

我很礼貌地问那女人："请问子腾在吗？"

"你是谁？找他干什么？"女人很没好气地问我。我一愣，才留意到她手里还拿着一把明晃晃的菜刀。

"我是子腾的好朋友，找他有重要的事商量。"我小心翼翼地回答。

"你叫什么名字？"

"我叫林 A。"

"林 A？好像听说过。"

"那就好，请问子腾在吗？"我再问那女人。

没想到一提到子腾，那女子对我大声说："他很快就要不在了，我要把他砍了！"

我猜想子腾一定是遇到麻烦了，看看我怎么帮他解危吧。于是，我笑了笑，对那女人开玩笑地说："你要砍他哪里？"

"我不是说假的，而是真的。"女人举起手中那把锋利的菜刀，在我面前晃了晃。

我说："不砍行不行？"

"不行，一定要砍！"

"那……就让他拿点头发来砍一下行不行？"

"不行，一定要砍他的头！"

"到底子腾他做了什么事情，哪有那么大的罪过？"

"你去问他！有种就别躲在里面！"

这时，我推了推门，可里面反锁了，叫了几声子腾，也不见回应，就写了一张字条塞进他办公室：子腾，我是林 A，我现在在外面，有什么事认个错就行了嘛。

然后就问那个女人："请问，子腾是你的什么人啊？"

那女人气势汹汹地对我说："有时候，他说我是他的老婆，有时候，他又和别的女人在一起，我都不知道他是我什么人，你去问他就知道了。"

这时，子腾也把一张字条从门缝塞出来，上面画了一个人，低头躬腰，旁边写着几个字："老婆，我错了。求求你饶了我吧。"

我捡起字条，趁机对那女人说："原来如此，既然这样，这个小子真的该砍!"一边说,一边用手去砍那张纸上的画像人头。砍了一会儿,我说:"你看,我已经帮你砍了他,你还要怎么样?"

那女人看着我这样认真,怒气好像消了很多,她说:"看在你的面子上,我就饶他这一回。"

我赶紧说:"我知道你是一个说到做到很果断的女人,下次子腾肯定不敢再欺侮你了。"

那女人一下来了兴致,转换话题告诉我说:"哼!谅他也不敢!你知道我是什么人吗?我是柔道冠军!"

她怕我不相信,随即打开手袋,捧出里面的获奖证书,证书我没有看得很清楚,好像是某一个省第几届什么运动会的女子柔道冠军。

虽然如此,子腾还是不敢开门,我顺手把菜刀收起来,劝那女人亲自写张字条塞进去,好让子腾出来。

"写个屁!"那女子说罢,去拍拍门,大声喊:"出来吧,看在你朋友的份上,再原谅你一次,出来吧!"……

后来,子腾和我出去大吃了一顿。子腾对我说,现在他什么都做得成功,除了买车买房还买了办公楼,但最痛苦的是后院起火,他说:"我们男人做什么都好,千万要处理好与女人的关系。"

我心里明白,子腾所说的"关系",是指"性关系"。

我想:这也真难为了子腾,他向来喜欢美色,何况还要整天钻在美女堆里,唉。

子腾陷入美女危机,就像泥菩萨过河,哪有心情管我的溜冰城?那天晚上,我一句也没有提自己的溜冰城。

后来不久,我听说子腾突然失踪了。房子、车子和公司都不要了,他会去了哪里呢?

从那次见面以后,子腾再也没有与我们联系过,我不知道他现在的命运怎样,但子腾的告诫一直留在我心里。

在我们"发掘自己"的课程里,我们并不忌讳谈"性",子曰:食色性也。"性"跟吃饭一样,是一个正常人的一种正常的欲求。所以,正常的和谐的性生活,是享受生命的一部分内容,完全不必谈"性"色变。但是,"性"

要有原则，最起码不要给第三者造成伤害，否则，性乱了，一定会影响到命。

就这样，我只好悻悻地离开海口。谁知道，刚回到东方，却被送进了拘留所……

心灵感悟： 性命性命，先性后命，有性有命，性命相连，性好命好，性乱命乱。（性命的性，有人把它当成是"秉性、性格"的性，我这里特指"性爱"的性。）

发掘自己：

（1）描述你对"性"的观念是怎样的？是接受的还是抗拒的？

（2）根据你自己对"性"的看法，回想你从小到大，发生了哪些重要事件或接受了怎样的教育，让你对"性"有了这样的观念？

第26场　逆境和挑战——冤枉扣进拘留所

烂仔在我的溜冰城闹事，我们赶紧报警，派出所来了却不去抓烂仔，反而把我这个溜冰城的投资者抓起来，还说我把治安搞乱了。秀才遇着兵，有理说不清，这回我算领教了。

海口市场没有希望，子腾这位才子也没能给我救命良策，我赶紧想法收拾这个赔本的摊子。

回到儋州，我赶紧打广告，意欲转让溜冰城，当时问的人很多，但没有真心愿意接手的人。其实，我心里很明白，谁愿意花这么多钱，买一个烫手山芋呢。

我去看洋浦港，那条进出港大道只建到一半就停工了，路边房地产工地也一片狼藉。

1992年前后，那是海南房地产疯狂的年代，楼盘一出地面，别人就疯抢，不是一套一套地买，而是一层一层地买。当时有句流行语，说的就是"要挣钱，到海南；要发财，炒楼花"。但国家骤然紧缩银根，削减基建投资，清理在建项目，令失控的经济列车被重新拉回正常轨道，楼市泡沫在阳光下开始破灭，海南房地产最终陷入崩盘。

在洋浦港进出港路边，我遇到一个在那里摆摊卖小吃的年轻人。我和他聊天时，他告诉我，他是西安一名牌大学的毕业生，毕业时，听说海南开发建设洋浦港，就特意从西安来到了儋州，可来到这里，不但工作没有找到，而且连回家的路费都花掉了。我和这位来自西安的大学生相似，当初来到儋州，也是雄心勃勃，不到一年，我也身陷儋州，欲罢不能。

看到大势已去，我无可奈何又从儋州来到东方。我坐在溜冰城二楼酒吧里，一个人喝着闷酒，透过玻璃窗，看到下面溜冰城里的客人寥寥无几，甚至还没有工作人员多。我想："是不是我们试营业的日子真的选得不对？是不是我选择投资东方的风水不好？"

突然，我听到下面吵吵闹闹，原来是有人喝醉了酒，在场里闹事，保安劝他，他却不停地在那里吵闹。没多久，我看到又有一群人从外面跑进来，拿着长刀砍溜冰城里的椅子，还追打我们的保安。我赶紧拿起电话，向派出所报警。

等到派出所的民警慢慢悠悠地赶来，那些打架的人早已撤退得无影无踪，

为了救活溜冰城，我使尽了浑身解数，最后还是像个小丑一样……

留下现场一片狼藉。派出所的人叫我去所里一趟,我叫现场主管雷叔跟我一起去。

那是我第一次去那个派出所,我心里想,我每个月给派出所交8000元管理费,派出所应该维护我的利益,帮我调查处理烂仔,所以我是带着一种探望朋友的心情走进派出所的。

进到派出所,里面灯光昏暗,一个民警坐着抽烟,其他的民警站在旁边。雷叔向我介绍,这坐着的就是派出所所长。

我自认为作为老板亲自来处理,所长一定很重视,所以又点头又微笑地向所长伸出右手,连声说:"你好!你好!"

所长没有跟我握手,却恶狠狠地说:

"谁跟你握手?你是怎么搞的,谁叫你在这里开溜冰城,谁叫你搞那么多事情?"

"所长,你别开玩笑了。我哪里搞什么事情?是他们无故进来闹事打架的,请你帮我们主持公道啊。"我认真地说。

"你不搞溜冰城,我们这里从来没有发生过什么事情,你从外地过来,你是一个外地人,你还想在我们这里捣乱?"所长对我大声地说。

所长一阵大叫,把我吓懵了,不敢再吭声,雷叔赶紧向他道歉。

"你出去,这里不关你什么事。"所长对雷叔说。

然后,所长对着我和他的手下说:"溜冰城从今天开始必须停业整顿!"

"所长,能不能给一个机会啊?"我赶紧求所长说。

"我给你机会,谁给我机会?"所长蛮不讲理地说。

我慌了,赶紧拿起手机,准备打电话给阿文。

"谁叫你打电话?"所长一看到我打电话就急了,说,"把他的手机扣下。聚众斗殴,还要嚣张,把他铐起来。"

旁边的民警一下子就缴了我的手机。我也急了,我对所长气愤地说:"你别乱来,我们可是给你交了管理费的。"

"你交什么管理费,你想污蔑我?"所长一听更加火了,气急败坏地说,"快点把他押走!"

不由分说,两个民警就冲上来,把我押上了警车。

我只好大声喊雷叔，雷叔也没办法，只好骑着摩托车，一路跟上来。

晚上 11 点多钟，警车把我带到了一个拘留所。

民警下车给拘留所门岗的工作人员一份资料，也许是办什么交接手续吧。我一被推下车，就大喊："我是冤枉的。我是冤枉的!"

一个上了年纪的工作人员走了过来，他劝我说："不要喊了，来这里的人，谁不说自己是冤枉的? 先进去再说吧。"

我说我要打一个电话，那个人就让我用门卫的话机，我打电话给雷叔，叫他不管花多少钱，赶快找人来救我。雷叔随后赶到，他给我买了一些饼干、饮料、水果之类的东西，又给那些守门的每人几包香烟。守门的人说，现在找人也来不及了，最好是明天找找人吧。

进去前，民警叫我脱下皮鞋、腰带，凡是硬的东西都不准带进去。我跟着一个值班的人，一手提着水果、饮料，一手提着裤子，经过一层层铁门，走进了一个黑咕隆咚、臭烘烘的房子，我的心一下子沉了下去……

人生难免遇到逆境，每一个逆境其实都是一个挑战。逆境犹如逆水行舟，当划过了一段最艰难的河道之后，我们常能感到一种放舟千里、直奔大海的气势与喜悦! 人生如潮，撞击中，往往能显出生命的亮色。

然而，在又黑又臭又拥挤的牢房中，叫我怎么熬过这一劫难呢?

心灵感悟：大路走尽，还有小路，只要不停地走，就有数不尽的风光……笑着面对生活，不管一切如何!

发掘自己：

(1) 你曾经遭遇过什么逆境? 逆境发生的时候，你内心的感受是怎样的?

(2) 消除逆境情绪困扰练习：找个安静、安全的地方站好，闭眼，感受着逆境的感觉，向前每踏一步，想象一年、三年、五年、十年、二十年、五十年、一百年、一千年以后的情景和感受，直到感受不到那个逆境的痛苦，然后转回身一步一步回到原位，一边回去一边告诉自己说："这是可以的"。

第 27 场　怀恨与感恩——一天铁窗　大开眼界

那是 1996 年的夏天，我被值班狱警送进了拘留所里面的一间牢房里。

"哐！"铁门打开，一股汗味、尿臊味扑鼻而来。

"哐！"我刚被推进去，还没有回过神来，铁门就关上了。

我看到里面至少有十几个人，有的躺着，有的坐着。我愣愣地站在门后，又气愤，又委屈，又恐惧。狱警一走，那几个醒着的人像饿狼一样看着我，我感觉浑身发毛，赶紧用海南话同他们打招呼，说：

"大家都是落难兄弟，我带了一点东西，来，大家一起来吃。"

说着顺手就把饮料水果递过去。有个狱友刚伸手要接，另一个人马上打他的手，说："老大还没有说话，你就敢吃？"

于是大家都看着"老大"。老大长得挺结实，穿一件黑色的背心，皮肤黑，头发卷，留着络腮胡子。老大看看我，点了点头，问我："犯了什么进来的？"

"他们说我聚众打架，就把我抓过来了。"

"我看你就像是做官的，是不是贪污呀？"

"我不是做官的，我是做生意的。"

老大看到我很认真，拍拍他旁边的水泥地面，示意我坐下来，我提了提裤子，一边叫大家一起吃，一边赶紧伸手想同老大握手。老大也没有同我握手，他拍了拍旁边的地板，再次叫我坐在那里。

过了一阵，有个人醒来了，就对老大说："有东西吃"啊？老大吼了他一句："关你屁事？你睡你的觉。"那个人没有办法，就装着睡觉了。

我拿了一盒菊花茶给老大喝，接着他和我聊起来。老大原来是一所小学的体育老师，因为对校长贪污腐败不满，把校长打了一顿，当然也把自己送进了拘留所。老大后来不当老师了，这次进拘留所不是第一次，他已是常客，就像回家一样。我告诉老大，我爸爸也是小学老师，老大听了就像来了兴致，他发表了一番评论，最后说，老师是人类灵魂的工程师，但如果心态不好，有些老师就会误人子弟，那个校长就是欠揍。

没多久，又有人进来，门刚被关上，我还没来得及看清那个人，一群狱友马上冲过去，把那个人踢翻在地，抡起拳头就是一通打，打得那个人鬼哭狼嚎，不停地喊打死人啊，救命啊。可打他的人还不停手。

我忍不住对老大说："大家都是难友，饶了他吧。"

我还没有说完，有个被大家称为老二的就要上来打我："你算老几，什么时候轮到你说话？"

我赶紧退到老大身边，这时，老大挥了挥手说："算了，不用打了。"

大家一听立刻停手。那个被打的人吓得躲到角落，眼圈都肿了，老二问他犯了什么进来的，他说偷东西，此时我才看清，确实是个贼眉贼眼的小偷模样。

看到这一幕，我想起自己出租录像带时，也曾看过监狱里犯人互相殴打的录像，后进来的犯人，总是要被先进来的人来一个下马威。想到这里，我不得不为自己庆幸，如果不是雷叔为我准备那么多好吃的零食，也许我已经挨了这群难友的一通拳头了！

我躺在老大留给我最靠近窗口的地方，一点也睡不着，透过小窗口，看不到一颗星星。

那天晚上，我想了很多，我想要是莉莉知道我进了监狱会怎么办？

M遂道转让后，莉莉邀我去广东顺德发展，我感觉海南是个大特区，不但自己不肯去广东，还总想把莉莉也拉到海南来。现在好啦，在这个山高皇帝远的地方，被一群穿着警服的土匪，弄进一个叫天天不应、叫地地不灵的地方，等待我的将是什么呢？

第二天一早，我在迷迷糊糊之中，听到有人在唱歌："愁啊愁，愁就白了头，自从我与你呀分别后我就住进监狱的楼，眼泪呀止不注的流，止不住地往下流，二尺八的牌子我脖子上挂呀，大街小巷把我游，手里呀捧着窝窝头，菜里没有一滴油，监狱里的生活是多么痛苦啊……"

原来唱的是《铁窗泪》，虽然不是唱得特别好听，但此情此境听到这首歌，内心很是感伤。

我认真地听起来，唱歌的是晚上想要打我的老二。其实，老二很可爱，他们告诉我，他的家庭条件很好，从小被父亲管教很严，妈妈宠他，他喜欢在外面吃吃喝喝，初中毕业以后就不想读书，跟朋友在外面混，他恨爸爸，爸爸也不认他这个儿子，没钱，他就去找妈妈要，出了事进拘留所他也无所谓，反正有人会出钱保他出去。老二喜欢唱歌，他拿出一本歌词给我看，说它是监狱里的传家宝。这是一叠用各种牌子的香烟盒做成的歌词本，里面抄了很多流行歌，还有他们根据流行歌改编的，大都是唱铁窗生涯的。

我看到那些歌词很欣喜，原来狱中还有这样的文化，我很想抄一些下来，心想以后可以同莉莉一起去分享，同时也可以证明我曾经来过这种地方，可偏偏找不到纸笔。

我向老二学唱歌，他很热心地教我，旁边还有一个叫"神父"的，留着蓬松的卷发，他也跟着我们一起唱。

早上，监狱里没有早饭吃，没有事做，我们就唱歌，我们唱《十不该》，唱《狱中望月》，还唱《国际歌》等。因为有老大为我撑腰，我感觉自己并不是进了拘留所，就放声跟老二他们一起大声唱，唱得很动情，很潇洒，唱得热泪盈眶，以致所有的狱友都安静地听我们唱歌。

唱完歌，我就和老大、老二比赛做俯卧撑，表演武功，老大做得很多，谁也比不过他，想来老大并不是浪得虚名。

到了中午，有人开门进来，把老二叫了出去，老二就把歌词本交给了我，嘱咐我好好保管。老二出去时，我听到进来的那个人对老二说："下次再进来，就把你打死。"

说完，就把老二带走了。老大对我说，那本歌词是监狱的文化遗产，不要弄丢了，我小心翼翼地整理了一下，就把它放在墙角边。

老二走后不久，是吃中饭的时候，有人送饭过来，粗声粗气地说吃饭了。我看见，每盒饭上面只有几根牙菜，那种米饭是用最差的米做成的，发出陈米的味道。饭是每人一盒，但不成文的规定是老大先吃，其他人要等老大吃完了，再看老大的脸色。老大狼吞虎咽，之后再吃第二盒的时候，老大叫我也一起吃，我说："不饿，你吃吧。"

"兄弟，来到这里，有这个吃就不错了，留得青山在，不怕没柴烧。吃吧!"老大好像知道我嫌弃这种饭菜不好吃,安慰我说。

听了老大的话,我赶紧拿起一盒饭吃起来,那是我一辈子吃的最难吃的一餐饭。不过,吃这碗饭的时候,我想起了在小学时,曾代表公社参加全县数学竞赛,培训期间,天天吃干饭,校长对我爸爸赞扬我说:"阿Ａ长大肯定是一个吃干饭的!"

于是,我就对老大说;"饭虽不好吃,但能有免费干饭吃,也不错啊!"

大哥笑了,说:"哪里有免费的午餐,你出去时要交伙食费的。"

那个叫"神父"的也凑过来,他说他就是不交伙食费,所以他出不去,因为出不去,所以他天天在这里吃干饭。神父说他相信耶稣,他对我说,只要相信主,就会变得很开心很快乐。我虽然不相信主,但相信他真的活得很开心很快乐,因为他同我与老二一起唱歌的时候,一点也感觉不到这是狱中的生活。

那一盒饭,我才吃了一半,实在吃不下去。这时候,老大示意说:

"大家一起吃吧。"结果,狱友们一哄而上,都来抢盒饭吃,那天晚上进来的小偷没有抢到盒饭,我就把我剩下的那一半给了他,他一边吃一边斜着眼睛看着我,眼睛里充满了感激之情。

吃完午饭是冲洗牢房,直到那时候,我才明白,为什么房间的地板是斜坡,原来这样便于冲洗。狱友不能到外面去上厕所,大小便就在斜坡低处解决,难怪当晚进来的时候,我就闻到大小便的臭味。

那天下午三点多,有值班的人来叫我出去,我走到房间外面,值班的人对我说,还不能放你走,但你可以到房间外面走动。我问他:

"怎么只把我一个人放到外面来?"

值班的人说:"谁都知道你是冤枉的啦,你有朋友给人送钱,他们就可以放你出来。"

既然不能出去,我索性在拘留所大院里走来走去。我看见大院里有好几排牢房,牢房与牢房之间的空地种菜,有很多种菜的男男女女,他们穿着统一的劳改服,原来都是劳改犯。菜地绿油油的一大片,大院里有鸡棚和走动的鸡,我看鸡的待遇比我们好,至少可以飞来飞去,而且外面的空气比房间里的好,我感叹:在这里,做人不如做鸡!

大院后面有一排简易平房，大概是那些种菜、煮饭的劳改犯的宿舍、厨房。既然没事干，我就到处看看，我想，就当是参观学习也是值得，很多人一辈子都没机会来到这样的地方。

看到那些宿舍都没有锁门，房里有上下双架床，我一直朝里看，只见最里面一间房，门是半开的，里面传出呼哧呼哧的喘气声，循声望去，原来有一对男女，大白天躲在那里，在做男女苟且之事！我感叹：不管怎样，他们也是人啊！

为了不让他们发现我，我赶忙从那里退了出来。

从大院后面走到前面，这时又有人过来叫我，要我赶快到值班室去，说我的手续已经办好。

我赶到值班室时，雷叔已经在等着接我出去。我要回了皮带、皮鞋、手机，坐在雷叔的摩托车后面告别了终身难忘的拘留所！

雷叔直接把我送到我在八所租住的地方，在宿舍门口，雷叔用面盆烧了一盆火，要我从火上跳过去，说是这样可以去掉晦气。

我问雷叔，我是怎样出来的，雷叔告诉我，他们去找了东方市最大官员的亲戚，是那个亲戚帮忙把我弄出来的，不过准确一点说，还是我的钱把我弄出来的。

当晚，雷叔带我去见那个大官的亲戚，那个亲戚告诉我，派出所所长是故意搞我的。我问他："我每个月给他们 8000 元管理费，他为什么还要搞我呢？"

他就反问我："是不是你亲自送给所长的？"

我说："不是，是我的朋友阿文去处理的。"

那亲戚说："既然不是你亲自送的，那谁知道你到底送了没有呢？你是做生意的，这种事情，你不去亲自处理，这又怪得了谁呢？"

离开时，那个亲戚故意压低声音问我："你要不要报复那个派出所所长，所长的官是用钱买来的，你也可以用钱把他的官买掉。"

"要多少钱？"那时候我怒火中烧，真的很想报复他。

他伸出一个手指头，不说话。我想：应该是 10 万，虽然我怀恨在心，但 10 万元当时对我这个已经负债累累的老板来说，已是无能为力了，只好对那亲戚说，"让我再考虑考虑吧"。

那亲戚见我这样，说："你是做老板的，你到我们东方来投资，我们是应该保护你的，以后你有什么事情，尽管告诉我，我来帮你摆平！"说着，故意向我露了露腰间的枪。

那个亲戚，听他说就是当时东方市委书记戚伙贵的亲戚，戚伙贵后来被查办，据说东方市当时一年的税收才5000多万元，而他一个人几年贪污的总金额就达到2500多万元！也正因为如此，戚伙贵被判死刑。

戚伙贵案成为当年震惊全国的腐败大案，这也是当地风行买官鬻官的重要原因。上梁不正下梁歪，在那种情况下，我被敲诈勒索，甚至无端抓进拘留所，也就不足为奇。

这件事发生时，我对那位派出所长简直是咬牙切齿，恨不得将他千刀万剐。其实，恨一个人是要消耗自己的能量的，恨得越深，自己的痛苦越大，所以说，恨别人等于拿别人的错误来惩罚自己。因此，为了取回自己的能量，让我们从心底去原谅所有的人吧。就像这首哲理短诗《鸟笼》：

> 打开鸟笼，
>
> 放飞小鸟，
>
> 把自由
>
> ——还给鸟笼！

其实，放飞了小鸟，鸟笼也就自由了。原谅了别人，自己不就也释然了吗？

现在回想起来，那一天铁窗经历，是我人生一次重要历练，那一天不仅让我大开眼界，更让我心智成熟，让我人生丰富，也让这本书增加了内容。可以说，如果没有这场牢狱之灾，我的人生就不会有今天的丰富多彩。所以，我不仅要接受这一天牢狱之灾的体验，我更要感谢这位所长。

我刚从东方八所拘留所出来，第二天，在海口的妹妹就给我打来电话，说我在海口的房子被盗，房间的东西一扫而空。屋漏偏逢连夜雨，船迟又遇打头风，我的命运跌入人生的低谷。

然而，一个低谷也正是下一个高峰的开始。

心灵感悟：恨别人等于拿别人的错误来惩罚自己。与其怀恨，不如接受，接受等于智慧；不仅接受，更要感恩，感恩赢得力量。

发掘自己：

（1）另准备纸，给所有你曾怀恨的人，分别写信，内容为：亲爱的：我取回自己的能量，我愿意原谅你的是：＿＿＿＿＿＿。

同时我还要发自内心感谢你，因为你让我成长的是：＿＿＿＿＿＿。

（2）带着感受把上面的信一一读完，要哭就哭，要喊就喊，宣泄完之后，把感受写下来。

第28场　自信和承诺——海口海边　夸下海口

在我人生最落魄的时候，很多原来跟在我身边的人纷纷离开我、嘲笑我，背叛我，而莉莉却从顺德坐最便宜的长途客车来到了我的身边。

海口出租房被盗一空，我从海口再次赶回东方，趁着夜色，运走溜冰城内的音响、溜冰鞋，后经变卖，分发人工，所剩无几，80万的投资血本无归。不但血本无归，我还欠我的家人、我的亲戚、我的邻居、我的朋友、我的女友的债，这些债务加起来大约50万元。

从百万富翁沦落为50万负翁，我的生活如同从天堂下到地狱。在临高老家，借给我钱的亲戚听说我的生意不好，就隔三差五到我父母那里要债，我不敢回家，无颜见家乡父老。

为了躲避别人追债，我躲到海口一些朋友家里，常常不知道明天的餐饭在哪里。有一天，我从府城赶去阿江家，饥肠辘辘，而身上只剩下一块钱，我可以有两种选择：要么坐车，要么买点东西吃。但我做出了第三种选择：先坐五毛钱的车，下车再买五毛钱的面包，然后步行到阿江家里住。

在我最落魄的时候，曾经自负得听不进意见的我一下子没有了自信。然而，唯一给我信心和希望的是莉莉。

从东方回来没多久，那一天正好是莉莉的生日。一无所有的我正流浪在海口街头，莉莉却从顺德赶来。她这次来，不是像往常一样坐飞机，而是坐最便宜的长途汽车。颠簸了一天一夜，又经过琼州海峡轮渡的摇晃，当我在码头看到憔悴的她，我顿感心里酸酸的，眼圈热热的，我赶紧转过脸，生怕不争气的泪水让她担心，心想：

现在，我一无所有了，她还愿意跟我吗？我还配得上她吗？

我是个不太会关心别人的人，但从广州拍拖至今，我一直记得莉莉的生日，可就在她这次的生日，我竟连一束鲜花都买不起。

莉莉说只想去看大海，我就带她坐一块钱的中巴到秀英，然后走路到假日海滩。一路上，我低着头，心思沉沉。

走进假日海滩，我感觉到那里的海水并不清澈，海浪扑向岸边，把漂浮的泡沫、饭盒等垃圾留在沙滩上。那时，斜阳西下，映照着这片海滩，显得很闷热。看那些海边的椰子树，也是懒洋洋的。

我心情沉重，然而莉莉却紧紧牵着我的手，走在沙滩上，背后留下一串串零乱的脚印。莉莉说：

"很喜欢跟你一起看海，大海真美，只要跟你在一起，不管怎样，不管有钱没钱，大海永远不变！"

这段时间的阴云被莉莉的一句话打动了，我终于忍不住任凭泪水夺眶而出……

沙滩上有个包着头巾的老太婆，她在向游泳者售卖玉米棒和煮鸡蛋。我摸一摸口袋，证实自己还剩下1块钱，我用海南话问老太婆：

"玉米多少钱一根？"

"五角。"老太婆说。我一听很高兴，因为目前我的总资产刚好可以采购两根玉米棒！

我很郑重地走到莉莉面前，把热热的玉米棒放到她手里，并且深情地对她说：

"谢谢你！在我最落魄的时候，只有你没有嫌弃我，今天是你的生日，我没有什么可以送给你，这根玉米棒代表我的心意，我相信我将来一定会好好报答你，我一定要给你最好的生活，给你买豪华别墅，让你开时尚宝马……"

莉莉很认真地看着我，听我说完这些话，她说：

"我相信你，你在我心目中一直是最优秀的。可是，你什么时候实现诺言？我可不想等到下辈子哦。"

"我是认真的。"我说，"我承诺：十年！十年内我一定要让你住别墅，开宝马车！"

"好！我相信你，我们一言为定！"莉莉认真地伸出右手的小指，我也伸出小指和她勾在一起。大海见证了我们的约定，我感受到爱的伟大，也感受到信任的力量。

刹那间，我的承诺的力量让我充满了自信。我把莉莉一下子揽入怀中，在沙滩上，我们紧紧地拥抱在一起。

我不知道，我当时哪来那么大的力量说出那番话，我也不知道将来怎样实现我的承诺，但我相信，爱的力量真的很伟大，为了爱我和我爱的人，我一定要实现我的诺言。

就在海口海边，我夸下海口，然而正因为这个承诺，影响了我的后半生。

后来的路，虽然曲曲折折，风风雨雨，但是我一直记着这个海边的诺言。经过不懈的努力，我终于还清了债务，2003年我们搬进了价值数百万的别墅，2006年莉莉生日那天，我把一辆崭新的白色宝马送给了莉莉，屈指算来，刚好十年！真是天意，十年之约，一天不多一天不少！

莉莉走了，她给了我信心和勇气。我留下来处理溜冰城的"后事"。儋州的溜冰城没有人来转让，倒是有人对溜冰鞋感兴趣。一名北京武警学院的转业军官在《海口晚报》上看到了我们的转让广告，就同我联系转让那批溜冰鞋，他一见面就说认识我，原来是在M遂道见过。他计划到北方去开溜冰城，不但转让了溜冰鞋，还高薪聘请我去帮他做策划。

之后，我随那名军人，来到了北方，帮他做溜冰城的策划和开业管理，我先后去了河北的石家庄、承德和内蒙古的赤峰等城市，同时策划建成了几家溜冰城。

在北方奔波的那几个月，我感觉真的长了见识，中国很大，市场很大，机会很多，暂时的失败并没有什么可怕的。

在赤峰溜冰城开业不久，有个佛山的老同学给我打电话，说有个生意想找我合作，那个生意肯定能赚钱，而且能赚大钱。我对他说，我已经没有本钱了。他说，本钱很少，只要大家合作，很快就可以干起来。

于是，1996 年底，我从内蒙古赤峰来到顺德。首先找到莉莉，她带我去找佛山的老同学。那位同学带我们到了另外一个朋友的家里，去的时候，家里已有好多人，有位老师在讲课。老同学给我递上一张塑料凳子，让我坐下来听课。

这位老师说，这是一个在美国很流行的生意，它不需要很大的投资，只需要时间，去找一些适合的客户，再教那些客户找到更多的客户，你就可以得到倍增的收入。老师在黑板上向听课的人演算，如果你第一个月找两个客户，第二个月那两个客户再找四个客户，按照这样的方式复制下去，一年之后，你将会有 4000 多个客户，就算这些客户流失掉一半，那你还有 2000 多个客户，如果每个客户消费 1000 元，那么就有二百多万销售额。

老师的算法让我大吃一惊，这到底是一个什么生意呢？因为我相信自己，我也相信那位同学。我决定先了解清楚再说。

每个人一生下来都是充满自信和勇气的，然而，我们越长越大，却发现自信越来越少。这是因为什么呢？原来，令我们自信减少的原因有两个：一个是外因，一个是内因。

外因是父母、老师、亲戚、朋友等的言行和我们所经历的事件对我们的影响，这些可以通过"重塑父母"等的练习加以调整。

而内因是最重要的，它是因为我们每次违反自己的承诺，而减少自己对自己的相信，所谓做贼心虚，就是因为自己心中知道自己怎样，你可以骗得了所有人，但你骗不了自己。就好像我们每个人心中都有一个自信的发动机，当我们每违反一次承诺，就等于往发动机里丢一粒沙子，刚开始发动机还能动，后来沙子越来越多，发动机就动不了了。越不遵守承诺的人，内心的自信越少。

所以，要么我不承诺，只要承诺了，就言出必行，就算有意外也要负责任地提前处理。这样，我知道我说的是真话，我知道我言出必行，我就对自己充满了自信。

相信自己，才能信任别人。因为我相信这位老同学，我的命运又出现了转机。

心灵感悟：承诺要言出必行，言出必准，说到做到。守诺守信，对外体现诚信，对内体现自信。

发掘自己：

（1）看到这里，这本书你已经看了一半了，你还记得刚开始你的承诺吗？你在本书封面、扉页的作者："林 A ＿＿＿＿＿＿"的空白处填上过你的大名吗？这代表你承诺了每章认真填写，共同感悟成长。在第14场《学习与习学》的发掘自己中，你有承诺要做好练习吗？

（2）诚实面对你自己，你遵守自己的承诺把每一章的练习都做好了吗？如果你承诺了而没有做，那么你的承诺又有什么意义呢？你在欺骗谁呢？我建议你要么从现在开始把这本书永远合上，不要再说一套做一套，不要再把沙子丢进自己内心了。要么，认认真真检视自己，边写边对自己说十遍："我要遵守承诺，我不再食言！"从现在开始重新做好。

第29场　判断和真相——重返椰岛　再次创业

下面这两章的内容，第一家向我约稿的出版社编辑建议删去，我的助理也曾建议我删除，都觉得可能会有误解、担心会影响我的形象。

而我考虑再三，决定保留，一来我觉得要坦荡面对自己；二来觉得这本来就是我生命中真实发生的，大可不必隐瞒；三来要体现本书的诚实精神，我信任读者的智慧，让读者自己去感悟。不管结果怎样，我接受。

话说我从东北回到佛山，老同学带我去了解一个合作生意，这是个什么生意？还要听什么讲课？刚开始，我带着怀疑的态度。大家坐在这个朋友家里，我感觉不到那会是什么大生意，但我既然来了，就要先了解再说。

而另外的人呢？我感觉到有几个人并不信任那个老师，根本没兴趣听。有个人还没听两句，就说要走，他的朋友只好拿一本书给他，让他坐在一边看。

我的态度刚好相反，我虽然有怀疑，但我觉得正因为我不了解，更要认认真真去了解清楚，先开放地了解之后再决定，多了解一件新生事物，总不会有坏处吧。

说到这里，可能很多读者已经猜到了。那就是当时开始流行的"安利"家庭聚会介绍会。

那是我第一次了解倍增式市场计划，当时称为"传销"，现在称为"直销"。其实，《倍增式市场学》（MLM：Multi – Level Marketing）起源于美国，是美国二百多所大学的必修课程，哈佛大学有专业研究生班，这是一门涉及营销学、社会心理学的学问。在国外，众所周知像安利这样的"直销"是一个正当行业。

虽然后来有不法分子利用这个模式做"非法传销"，但是，"市场倍增学原理"本身并不违法，它也不是非法传销的专利。比如说，一个货运公司，每天从南至北，又从北至南不停地运输货物，只要它依法纳税，办理了有关营业执照，它所从事的行为都不会违法。但是如果它利用运输之便，偷运毒品，就严重触犯了法律。开始时"传销"在国内也是合法的，后来许多传销商就是犯了这种类似的错误，影响极坏，造成现在几乎人人对"传销"都深恶痛绝。

中国加入 WTO 后，根据承诺在 2005 年颁布了《直销管理条例》和《禁止传销条例》。此后，国内就把合法运用"倍增式市场学原理"进行的传销称为"直销"，如：安利、完美、如新等，而不合法的统统称为"传销"。

我想，事物总是一分为二的，有天就有地，有阴就有阳，有白天就有黑夜……其实，如果没有黑夜，也就没有白天了。

所以，对新生事物不要一味否定，在自己没有真正了解之前，一切判断只是自己的心理投射，真相未必是自己所想象的那样。更不要一听名字就妄下判断，一件事物叫什么名字不重要，重要的是它实际上是什么，对你有没有意义。

从朋友家里听课回来，我感到那是我从来没有了解过的营销生意。于是，我连夜把朋友借给我的资料和一本有关书籍一口气看完，当我合上书本，天已经蒙蒙亮了。

第二天，我对莉莉说，这是一种全新的生意模式，既然它在美国形成了一个行业，在世界上很多发达国家也都形成了一个行业，那么中国迟早也会跟国际接轨。过去的股票也好，房地产也好，私营企业也好，这些模式都是先从美国兴起，然后风行到日本、中国香港、中国台湾，再流行到内地的。现在中国搞改革开放，计划经济向市场经济转型，中国一定会学习市场经济最发达的国家及地区的先进模式。

就是凭着这份感觉，我决定进一步了解和尝试直销。

"如果你觉得那个生意好，那你还可以多了解其他公司，再做选择呀。"莉莉对我说。

"还有其他的公司吗？"

"当然有啊。"

于是，几天时间，莉莉开着摩托车奔跑在广州、佛山、顺德一带，带我去了解雅芳、仙妮蕾德等好几家当时做得很出色的公司。

最后，我选择了一家直销公司，那是一家在香港地区成长很快的新直销公司，那家公司在香港地区刚成立两三年已超过了很多老公司。我当时的想法是，不要去选择当前最大的公司，而要选择将来一定会有很大发展潜力的公司。

选择那家公司以后，我就去参加学习和培训。

我告诉自己：要做就做最好！当时那家公司每个月都在香港的体育馆举行一次激励大会。为了学更多东西，我借钱自费来到香港，参加了在香港红磡体育馆举行的万人激励大会。

那是我第一次到香港，也是我第一次参加激励性的大会，第一次聆听激励大师的演讲。激励大会上，动人的场面和大师的演讲深深打动了我的心，让我感动得泪流满面，我第一次醒悟：一个人的成就大不过他的成长。我才知道，我的命运操之在我，既然我有能力失败，我就一定有能力去成功。成功很简单，只要方法正确。这次激励大会，给我印象最深刻的一句话是：

"假如我不能，我就一定要，假如我一定要，我就一定能。"

我的心灵受到很大的激励、很强烈的震撼。

那天晚上，我决定东山再起，我要把握我的人生，我暗下决心：一定要成为一位激励大师，我要去帮助更多的人成功，从而令自己更成功。

从香港回来以后，我卖掉我的金戒指，拿着不到一千元的"启动资金"，雄心勃勃重返海南创业。临别，我给自己写下一句话：

"在哪里倒下，就在哪里爬起来。"

这次回海南，是在国家宏观经济调控之后。曾经轰轰烈烈建设的工业区，如今变成了烂尾楼，在海口滨海大道，原来号称要建成中国最高的摩天大楼的地方，现在还只挖了一个地基，地基填满雨水，像个新挖的鱼塘。

在海口，当年我开溜冰城赚到过百万的时候，有的人很羡慕我，很多老同事旧朋友也很接近我。而当我在东方、儋州生意失败回到海口，不少同事就嘲笑我、疏远我。

这一次，我从顺德再次返回海口，除了满腔的梦想，身上仍然没剩几个钱。我去曾经工作的那家食品工业公司，感觉到同事们不冷不热。不过，那家国营公司因为没有了什么批文优势，也没有什么生意可以做，老同事的工作清闲得很，工资还算有得发。

1996年底，我从顺德再次返回海口创业，除了满腔的梦想，身上没有几个钱

当我去同学阿江那个厂，才知道，他们在房地产开发高潮期，曾把一半的地皮卖出去，捞了一大笔，大家都以为可以分到一笔钱，可工厂却用这笔钱去炒房地产，说今后赚了，大家可以分得更多，但没想到，后来国家实行宏观经济调控，房地产市场一夜之间崩盘，工厂炒房地产的钱全部亏了，现在连地皮都没有了。

另外，我还有个朋友跟台湾老板在海口做期货生意，据说几个月就赚了几千万，不过现在公安部门正在通缉他们，据说他们的所谓期货其实都在搞暗箱操盘，赚的钱其实是骗的钱。

总之，这次我回到海南，完全不是我中专毕业那年找工作的情景，虽然香港激励大会给了我信心，但是我要在这样的经济环境重新创业又谈何容易？

心灵感悟：判断不等于真相，自己不喜欢的东西，不等于就是错的。

发掘自己：

（1）在下面写下十个自己最不喜欢的东西或人。然后，做"命名练习"：用20分钟到外面散步，见到任何东西，都给它起一个新的名字，回来时记得新名字的就用新名字跟它打招呼，若不记得就再给它一个新的命名。

（2）再看看上面那些你不喜欢的事物，想想这些你不喜欢的东西是否有人认同？体察一下，你之所以不喜欢它，是因为自己内心有什么判断？或内心有什么信念让你有这种看法，也把这些信念一条条写下来，一条条问自己：自己这些信念一定是真相吗？

第30场　先驱与先烈——月入数万的"倍增事业"

凡是新生事物，开始通常大多数人不认同，但我认定了，我就不停地做，不怕嘲笑，不怕拒绝，直到成功。

1997年，从佛山、顺德，我再次回到海南，做起了一个全新的直销生意。我要寻找对象，向他们讲授这一全新的生意模式。

我首先找了几个最熟悉的朋友讲，但他们拒绝了我，他们都觉得那是不可能的。他们不但不接受我讲的东西，反过来还劝我，说没有生意好做，就实实在在做点工作，不要做那种很虚、骗人的东西，即使没有钱用了，他们也可以帮我的。

朋友不相信，但我坚信，我知道，凡是新生事物，开始通常大多数人不认同，只有少数人为之叫好，从来这就是正常的。我销售的那种产品，我自己用过，所以，我相信好的产品一定会有好的市场，同时有一个共赢的营销模式，就一定能实现"你好我好大家好"的共赢结果。

我相信非洲卖鞋子的故事，商机一定要靠自己去发掘。

那个故事是讲，有两个业务员，被公司派往非洲卖皮鞋。第一个业务员去非洲一看，发现非洲人都不穿鞋子，更不用说穿皮鞋，所以他感到非常失望，认定在非洲不可能卖出皮鞋，那里绝对没有皮鞋市场，就这样，第一个业务员一无所获地回来了。

第二个业务员也去了非洲，当他发现非洲人都不穿鞋子，就感到非常兴奋，他相信只要向非洲人讲清穿鞋子有什么好处，教会他们穿鞋子，那么，非洲的市场就大得不得了。结果，第二个业务员在非洲发了大财。

对待新生事物，有些人是先知先觉者，有些人是后知后觉者，有些人是不知不觉者。当时的"直销"是新生事物，中国过去没有这种经营模式，所以有些人一听就不相信，这是正常的。

其实，一件新生事物的好坏不在于它"叫什么"，而在于它"做什么"。一件事情是否值得我去做，我后来总结了九个字："不犯法、不缺德、有意义"，这样的事就值得去做。

而对于一个营销模式，到底是骗人的"传销"还是合法的"直销"呢？从我的经验来看，主要看以下几点：

其一，是否以销售产品为企业营运的基础。直销以销售产品作为公司收益的来源，购买者消费了物有所值的产品，没有人吃亏；而非法传销则以拉人头牟利或借销售伪劣或质次价高的产品变相拉人牟利，这样总有一部分人最后拉不到人而变成受害者。

其二，有没有高额入会费。直销企业的推销员无须缴付任何高额入会费，也不会被强制认购货品，而在非法传销中，参加者通过缴纳高额入会费，或被要求先认购一定数量的产品，以变相缴纳高额入会费作为参与的条件，鼓励不择手段地拉人加入以赚取利润。

总之，只有共赢的游戏才会是长久的游戏。

我选择的那家公司，就是一家这样正规的公司，是当时国家工商总局批准的"41家"合法直销企业之一。

那时候，海口的天气很炎热，我严格复制香港公司的文化，穿着黑色西装，打着蓝色领带，拎着一个大资料包，出入各种场所，宣讲我学到的营销模式和创业良机。我经常讲得全身冒汗，却没有几个人相信我。

按照复制惯例，每天早晚和有空闲的时间，都要听激励性的录音带。每当我气馁的时候，成功者的故事和理念总是激励着我继续向前。

只要功夫深，铁杵磨成针，果然功夫不负有心人。

有一天，一个以前曾在溜冰城见过面，刚读完工商管理硕士毕业正在找工作的朋友，听完我的介绍后很感兴趣，于是她邀我一起去书店查找相关资料。当时，关于"直销"的理论书籍已经开始热销，她还在哈佛大学有关文献里找到了我讲授的营销模式资料，那是一种关于倍增式市场学概念。

查到这个资料，这位硕士朋友非常开心，她决定同我合作，打开海南市场。

她是海口人，父亲是一家国营企业的厂长，人面很广。更重要的是，她父亲用了我们的芦荟产品改善了久治不愈的痔疮问题，信心百倍。于是，我们就在她家里做家庭介绍会。

她负责邀约朋友，我负责演讲，他父亲做产品见证分享。

我从倍增式原理讲到经济发展的趋势，再从营养健康学讲到人生规划等，听得我们的观众，从开头不愿意进来，到结尾不愿意离开。

同样的话，同样的课，我每天从早上讲到晚上12点。有时在朋友家里，有时在茶馆、冰室，我们一天马不停蹄，不停地向别人宣讲新营销模式。

一个多月后，硕士升为经理，我升为高级经理。我们有了一支五十多人的团队。队伍壮大了，我们就在海口友谊宾馆对面租下一个活动中心。再过一个月后，按照营销制度的规定，我晋升为翡翠经理，月收入超过一万元。

随着营销队伍规模的扩大，我们的影响力也不断壮大，为了进一步发展，我们开始邀请香港讲师来海南做大型演讲。我们租用大礼堂或电影院，每个月都做一次健康演讲，或激励讲座，经常爆满，当时海口各大媒体对此都有报道。

随着影响力越来越大，很快，我们的营销网络扩展到琼海、三亚、儋州等地。而我的月收入也从一万元升到最高时的五万元左右。

这段时间，我多次到香港深造，很快锻炼成为国内首批普通话讲师之一，当时该公司在国内发行的录像带有一部分是我主讲的。

形势发展越来越好，我信心百倍，于是拿出大部分收入，在海口华银大厦租下300平方米的写字楼，装修成大小会议室和办公室，添置全新家具，并安装了专业的投影及音响设备。在这个专业气派的会议中心，每天晚上定期开推介会或培训会。

不久，公司的中国总经理过来考察，很快决定向工商部门申请成立海南分公司。通过与政府有关部门的多次接触和公关，终于得到省级部门的通过，资料据说已上报国家工商总局审批……

正所谓："形势一片大好，不是小好！"

我踌躇满志，投入全部财力、物力和精力，准备大打一场翻身仗！

可天有不测之风云！

1998年4月21日，国家突然宣布，全面封杀所有形式的传销（直销）活动，包括刚刚批准的"41家"都必须立刻停止一切业务！

那一天，对包括安利在内的整个中国传销（直销）业，简直是一个晴天

1997年我多次到香港深造，很快锻炼成为国内首批普通话讲师

霹雳。我跟很多业内朋友一样，首先是不相信，然后是不知所措。

第二天，海南省政府门口挤满了人，在集体请愿。我赶紧去看看情况。原来，许多做"摇摆机"的传销员没钱回家，自发拿着产品，集中在省政府门口请愿，要求政府协助退货还钱。

当年，海口房地产过热时遇到宏观调控，留下很多烂尾楼，租金很便宜，于是某一家传销摇摆机公司的"线头"便以此为据点，开展起臭名昭著的"异地传销"活动。

所谓"异地传销"，其实是用欺骗手段从远处邀约亲友来到外地，然后通过诱惑、欺瞒，甚至人身控制等手段拉人入会，不管他们自己需不需要，都要购买产品入会，然后，再以到海南发财做生意等手段去欺骗别人过来。

我回想起几个月之前，他们的一个头头曾经跟我交手，叫我转线加入他们，说他们的做法快、赚钱多，并说哪些哪些人已经月收入过百万等。

我虽然看到他们确实比我们做得更红火，但我预感那种销售模式已经变味了，大家都不是为了消费而购买，总有一批最后加入而找不到下线的人必然会遭殃，所以那绝对不是我所推崇的营销模式。我曾经规劝那个"线头"不要做得太过火，要遵守行规，自律守法，否则大家都会受影响。但是，被金钱冲昏头脑的他们已经身不由己，哪里听得进去？

果然不出所料，没过多久，国家开始打击传销，我从事的公司也被牵连进去。幸亏我们那家公司产品质量过硬，而且我们从来没有用过欺瞒手段，所以既没有人来闹事，也没有顾客来我这里要求退货。

直到这时，我才知道，这个全新的营销模式其实也是双刃剑：如果把它当做营销工具，它就可以赚钱，如果把它当做诈骗，那它就是凶器。

人无我有，人有我新，人新我快，人快我绝。敢于比别人新一点、快一步，那是"先驱"，但是，比别人快两步，那可能就是"先烈"了。

一夜之间，我在华银的投资又化为乌有，我和那位"摇摆机线头"以及全国当年合法和不合法的传销"领袖"一样，从"先驱"变成了"先烈"。

1998年禁止传销后，我那些从事这种销售的朋友，面临几种选择：第一种选择走地下，也就是继续搞传销，就像那位"摇摆机线头"，据说后来到广东搞"滚钱游戏"圈了不少钱，而最后出事锒铛入狱至今未出来；第二种是选择转入其他大公司，即国家核准允许转制经营的公司，如我的硕士同伴后来加入安利，辗转十年终于柳暗花明，现在在深圳，据说级别很高，年收入达到七位数。

而坚守"不犯法、不缺德、有意义"的我，又将要选择一条什么路呢？

心灵感悟：要想成功，就要敢于领先社群先走一步，那叫先驱。但先走两步呢，就可能成为先烈了。

发掘自己：

（1）改革开放初期，总设计师邓小平早就说过："让一部分人先富起来"，你是那一部分人吗？

（2）如果是，你曾经做对了哪一步，现在要做稳的是什么？如果不是，你曾经失去了哪些先机，现在如何赶上？如果你还年轻，你现在可以把握的是什么？

第31场 天时与地利——背井离乡的"负翁"

我在工人文化宫为青年做励志培训，不巧被债主发现，我又一次被拉进了派出所。在这个我曾经无限热爱的海南大特区，我别无选择。

对于禁止传销，政府当时的政策是一刀切。我当初觉得很不公平，认为正当规范的直销公司不应该受此待遇。

直到我到省政府门口，看到众多可怜的农民传销员，他们有的人为了发财，把家里的牛卖掉了，背井离乡跑到了海南，买了自己并不需要的摇摆机，最后不仅血本无归，就连回家的路费都没有了。

听说，国家突然禁止传销，很多"异地传销员"便拿着产品上街请愿，要求退货，给当时造成了不小的社会混乱。结果，很多公司退货不了了之，但政府确实花费了很大的人力物力来安抚和遣返那些传销人员。

其实，政府和那些被骗到异地做传销的人都是"不正当传销"的受害者！

当时，由于公司关门倒闭，那些花 3800 元购来的摇摆机无处可退，在路边只需要 100 元就可以买一台！我也是在那种退货的情况下，花两百块钱买了两个摇摆机，一台送给父母，一台自己使用。说实在话，该公司之所以能做起来，原来这产品确实还是很好的，直到现在，父亲还说那摇摆机好用。

话说回来，摇摆机公司原来也是"不正当传销"的受害者！

当我看到那些混乱的场景，我开始对国家禁止传销有了理解。作为一个人口这么大的国家，很多人对机会没有一种理智的认识，对营销模式的把握远远跟不上形势的发展，国家做出这样的决定，限制打击一批人违法骗钱，是利大于弊的，当时如果不这样做，全国形势就可能很难控制。

我也面临新的选择。

选择地下，继续做传销，这是我不愿意的。选择转投其他大公司，当时的形势并不明朗。

做这份营销生意，我赚的钱又赔进了华银大厦。而因开溜冰城欠下的数十万，我也没有能力去还。

虽然最后没有赚到钱，但回顾做这个生意的历程，我很感谢那段时间让我收获了成长。我多次在各种场合主持演讲的经历，让我立志成为一个激励型的心灵工程师。

就这样，营销生意失败，我决定留在海口运用我的演讲特长去激励他人，成就自己。

由于我在海口工人文化宫做过大型演讲会，我就找文化宫挂靠合作做成功训练。我用拿破仑·希尔的《成功学全书》作为教材，给那些追求成功的年轻人做成功学培训。

虽然我的培训对那些初出社会的年轻人，特别是那些从事营销保险的业务员，很有励志效果，但是毕竟市场有限，我做了不到三个月，依然是一个负翁，就快要做不下去了。

一天晚上，我做完培训回来，突然几个人冲进我的住处，向我要钱，我说我没有钱，他们不管三七二十一上来就对我拳打脚踢，我打不过他们想跑，但被他们几个人按住，我只好大喊大叫，叫旁边的人赶紧去报110。

很快，民警来了，把我们全都带上警车，来到派出所。

原来，那是一个债主叫他们来的，我在办东方溜冰城的时候欠那个债主一些钱，因为后来溜冰城破产了，没办法还他的债。

那时候已经是深更半夜了，在派出所，民警把我同他们分开，用手铐把我锁在长条木椅上，说等第二天再做处理。就这样，我莫名其妙挨了一顿打，还被扣留在派出所的小房间里眼睁睁地过了一个晚上。

气愤、委屈、痛苦，我的心头就像打翻了五味瓶！我想：

我在教别人成功，然而，我成功的路又在哪里呢？

我成功的路在哪里??

我成功的路在哪里???

我成功的路在哪里????

一整个晚上，同样的话在我心里呐喊了无数遍……

第二天早上我才知道，另外那边打我的那几个人，不知什么时候已经偷偷跑掉了！我真后悔，没有在昨天晚上为自己伸冤，结果挨打也是白搭！

没办法，该我倒霉。

我把事情讲清楚后，民警让我先走。

我刚走出派出所大门，突然看到一个熟悉的人！挨打挨饿，委屈了一整个晚上，我没有哭，但当我一看到那个人，我禁不住鼻子一酸，顿时热泪盈眶……

那个人就是莉莉！

我看到莉莉来了，不知道为什么，我强忍住眼泪，竟然对她说：

"你来干什么？我没有偷没有抢，我只是欠了别人的钱而已，这些事我自己可以搞定。"

莉莉说："我担心你啊，我不来看你，我在顺德受得了吗？"

听了她这一句话，我的眼泪就一下子涌了出来。

莉莉告诉我说，昨晚，我妹妹林 B 听说我被派出所带走了，就赶紧给莉莉打电话，莉莉连夜赶到广州已经是凌晨了，她没有顾得上休息，匆匆搭上最早的飞机就飞到海口。

莉莉说非常担心我，不知我又发生了什么事情，担心这里没有一个人来照顾我。

看着她憔悴的样子和红红的眼睛，如果不是在大街上，我真想一下子抱住她……

由于派出所离住处不远不近，为了省钱，我挽住莉莉的手，两个人一路走回自己的住处，那时已经是中午 12 点多钟了，我们都还没有吃早餐，我拉莉莉走进了一个做海南粉的小店。

我点好海南粉，莉莉坐在餐桌边的长木凳上，我到外面去找洗手间，还没等我洗完手，突然有人对我大喊大叫，我心中一惊，预感到发生了什么事，赶紧撒腿跑回小店……

好多人围在小店里，原来，莉莉晕倒在餐桌边！

我不知道发生了什么事情，赶紧背起莉莉，搭上一辆的士，把她送到最近的海南医学院附属医院急救。

原来莉莉连夜赶汽车，搭飞机，担心和惊吓，一路上没吃没睡，终于精疲力竭晕倒了。

时间一分一秒地过去，莉莉睡在急诊科的观察室打着点滴，我默默握住她的手，守候在床边……

看着她那圆圆的脸，我想起在我最落魄的时候，只有她还愿意跟随我；我想起那次在海边承诺一定要给她住别墅、开宝马车，可是现在我还是一无所有！

想着想着，我耳边仿佛响起当时流行的崔健的摇滚歌曲：

"我曾经问个不休你何时跟我走

可你却总是笑我一无所有

我要给你我的追求还有我的自由

可你却总是笑我一无所有

噢……你何时跟我走

脚下的地在走身边的水在流

可你却总是笑我一无所有

为何你总笑个没够为何我总要追求

难道在你面前我永远是一无所有

告诉你我等了很久告诉你我最后的要求
我要抓起你的双手你这就跟我走
这时你的手在颤抖这时你的泪在流
莫非你是正在告诉我你爱我一无所有

噢……你这就跟我走！"

不知道过了多久，天黑了，莉莉终于醒了过来，她看着我，我看着她，她握紧了我的手，第一句话就对我说：

"到顺德去，到顺德去，我们在顺德一起创业。"

"到顺德去！"

"到顺德去！！"

"到顺德去！！！"

……

这是莉莉的呼唤！这是爱的召唤！这是我的唯一选择！

那天晚上，守护在莉莉的病床边，我想了很多很多：

海南虽然是大特区，但对我来说，大特区的优势已经不在，创业的天时地利已经不在。

我在海南失败了两次，我也没有了多少"人和"可言。我在跌倒的地方再跌倒了一次，我不能再在原地跌倒了。良禽择木而栖，我干吗非要在一个干塘里钓鱼？

时隔多年，我现在回想起来，那次的选择是非常正确的。要想百花齐放，那就要选择春天，要看银装素裹，就等冬天到来；无论你多么努力，企鹅要想在沙漠生存是很难的！同样的天时，选择不同的地利，就会造就不同的人生。

《孙膑兵法·月战》说："天时、地利、人和，三者不得，虽胜有殃。"创业和打仗一样，不得不信奉这一条至理名言。

最近我们组织了一次毕业20年同学聚会，更加印证了"地利"的重要，同样的时间毕业、同样的专业、同样的年龄，20 年后，选择回到内地的同学比选择沿海地区的同学，平均生活水平相差甚远。

我们都知道"选择决定未来"，但一个选择是否正确，往往要等到很多年后才能验证。

1998 年 7 月，莉莉帮我一起收拾了简单的行李，我们坐船过海安，然后坐上了最便宜的长途客车，为了选择新的"地利"，我踏上了人生新的创业征途。

心灵感悟：一个人不要害怕跌倒，但也不要在同一个地方重复跌倒。因为，失败不一定是成功之母，检视才是成功之母！道法自然，我们无法改变天下雨，但我们可以打伞，我们无法改变地利，但我们可以选择！

发掘自己：

（1）不管你现正在做什么，请你认真分析一下你当前的天时、地利，有什么优势和劣势？

（2）如何扬长避短去选择最适合你的天时、地利？

第四幕
人生剧本轮回——顺德历险

　　除非改变人生剧本，否则命运总是在重复同样的模式，这就是轮回。

　　从海南到顺德，虽然我的人生翻开了新的一页，在外资教育集团一年内从普通员工升到总经理，最后却悻悻离开；两次合伙创办企业风风火火，后来也是虎头蛇尾。最后破釜沉舟，让妻子买断工龄投资自办公司，从三个人发展到近百人，然而，事业上有些起色，家庭却面临破裂……

第32场　生存与发展——卖掉大白鲨装修爱巢

莉莉单位的一位科长来看我们的新居，第二天莉莉回来，她明显的不高兴，她说，她不知道为什么要选择我，为什么要跟我一起过这么苦的日子。

1997年7月，香港回归祖国。1998年7月，我身负数十万债务来到了顺德。一段时间，我很迷茫，在这人生地不熟的顺德，除了莉莉，我一个人都不认识。那时候，我觉得自己没有什么脸面去见莉莉的家人。

莉莉单位通过集资建房，她在容奇分到了一套一百多平方米的毛坯房，除了入口的不锈钢门安装好了，其他什么都没有。

为了装修爱的小巢，莉莉卖掉了自己心爱的大白鲨摩托车。可这点钱也只够简单地装修厕所、门窗和客厅地板，墙面刷了一层灰，连防盗网和卧室地板都没有安装。

客厅里没有饭桌，我在外面捡了一块大理石回来，那是一块人家装修时

1998年7月我身负数十万债务来到顺德，除了莉莉我一个人都不认识

崩坏一角的大理石，我用砖头垒起来当餐桌，然后买回来两个幼儿园小孩子坐的塑料凳，有了简陋的桌椅，我对莉莉说：

"真好，最起码吃饭不用站着吃了。"

没有电视机，莉莉拿回自家一台旧的日立 18 英寸彩电，我再用砖砌成台，用布铺在上面，再把电视机放在上面……

新居尽管如此简陋，但毕竟是自己拥有的独立空间，应该说，我们还是有幸福的。

白天，莉莉去上班了。我一个人躲在家里发呆，总在思考下一步怎么办？等莉莉回来，我们一起做饭吃。傍晚，我们去河边散步，我觉得和心爱的人在一起，是最开心的事，吃饭也特别开心。

有一次，我和莉莉正坐在大理石"饭桌"前吃晚饭，突然有人敲我们的房门，原来是莉莉公司的科长，他说，经过这里的时候，看到我们房子里有灯亮着，就顺便过来看看，我们连声招呼科长，但连可以坐的地方都没有，我发现科长有种惊讶的眼神，他在房间里转了转，没说几句话就走了。

第二天，莉莉下班回来，我看到她的样子很不开心，我问她发生了什么事，她没有说话，默默地转过身去，眼泪先流出来了。我哄她把不快说出来，到底是因为什么。

莉莉说："我不知道为什么要选择你，为什么要跟你一起过这么苦的日子。"

我轻轻地从后面把莉莉抱住，静静倾听她为我所受的委屈。

原来，昨晚来的那位科长，把在我们家里看到的那一幕跟同事讲了，大家听了都笑她，或许那笑声里并没有恶意，但确实也让她难受。

顺德人一向敢为人先，一直走在改革开放的前列。到 1998 年，当时顺德人已经富裕起来，很多人开小车，住洋楼，而莉莉跟我在一起，不但一无所有，还欠别人数十万债务，想起这些，莉莉的心里是什么滋味呢？

来到顺德，我很迷茫，但我并不消沉。

我没有忘记，我曾许下要送宝马小车和豪华别墅给亲爱的莉莉的诺言，我也没有忘记在香港红磡体育馆回来，在笔记本上写下的梦想，我要东山再起，我要成为一个激励大师，我要做激励型的企业家。

然而，要实现梦想，我现在一无所有，我该怎么办？

千里之行始于足下，万事开头很重要！我来到这个地方，首先要找一份工作，最起码要能养活自己，只有先吃饭，再来谈发展。

"先生存，再发展！"我的心里升起一个信念，"我要先找一份工作，在养活自己的同时，也要考虑我的工作必须符合我将来发展的方向。"

默默地听完莉莉的话，我沉默了很久，然后，我对她说：

"这一切都会过去的，请你相信我，你的选择不会错，我一定会证明给你看。"

于是，在顺德，我的生命开始了新的里程。

心灵感悟：先生存，后发展。要创业，先打工。万丈高楼平地起，千里之行始于足下！

发掘自己：

（1）找一副象棋或军棋，想方设法把棋子叠起来，越高越好，不说话默默做十次。找一个人跟你一起比赛，看谁叠得高。把感受写下来。

（2）假如你遭遇逆境你会怎么办呢？假如你辛苦创下的高峰倒塌了，你还有耐心和勇气再来吗？你要吸取什么教训，如何才能再创高峰？

第33场　要做就做最好——如何从小职员升到总经理

新生的贵族学校遭遇招生困境，我临危受命，而这正是我发挥策划创意和团队激励特长的时候，我变被动为主动，学校招生出现规模效应。

来到顺德，经过一段时间的煎熬，我终于决定从头再来，从最基本的打工开始，我给自己定下策略规划：

"先生存，后发展，先打工，再创业。"

于是，我天天看报纸招聘信息，并积极到人才交流中心去寻找工作。

凭着自己的自信和丰富的经历与经验，很快有好几家顺德的企业同意招用我。我感受到这次找工作，跟几年前在海口睡公园找工作完全不同。原来，那么多年的奋斗，虽然最后我成为"负翁"，但经历和经验却是无法磨灭的财富！所以，我在后来的团队训练当中经常告诫年轻人：

"选一份工作，不要把钱当成第一位，而要把学习成长当成最重要的。"

在多家决定聘用我的单位中，我没有选择给我工资最高的，而是选择了"能让我学习成长、符合我将来发展方向"的一家教育机构——亚加达国际教育集团。

我应聘进入亚加达董事局办公室工作，试用期为三个月，刚进去试用期月薪只有一千多元。但我相信："只要是钻石总会发光。"

我工作非常努力，总是去得很早，回来得很晚。我经常给领导出谋献策，很快被直接上司以至董事长等高层了解，一个月满我就提前转正了。转正后，我立即被提升为宣传部副经理，开始增加了我同管理高层沟通的次数。

亚加达教育集团董事长是加拿大华人，他有很多很好的国外先进教育思想，包括小班制、互动式教学、体验式学习、蒙台梭利教学模式等，但当时在国内老师看来，国外模式如同另类，就算是应聘过来的校长，也不一定能真正理解董事长的教学理念。

亚加达聘请的校长，通常是来自国内名校退休的校长，或者是提前下海的副校长。但那些校长的传统教育理念跟董事长的教育理念常有冲突，所以短时间内，学校换了几任校长。

然而，我对董事长的教育办学理念却是发自内心的理解、欣赏和敬佩。

我虽然没有多少机会直接与董事长沟通，但我以往做直销时曾在香港接受过国外的培训和教育，使我对国外的教学模式很有共鸣。

我特意研究了董事长带回来的很多比较先进的教学方式。然后，我自动请缨，发挥我自己互动式演讲的特长，给全校老师和学生做这方面的动员培训，启发老师多运用创新教育方式，穿插运用游戏、教具，分组讨论、互动，让学生多参与，让学习更有趣味，大力宣传贯彻董事长的先进教学思想。

我这些额外的贡献得到了董事长的认可，于是我更有机会与董事长接触。通过交流，我发现现在董事长最着急、最操心的是学校的招生问题。我想起，刚出来打工的时候，我的人生启蒙老师霍总对我说的话：

"一个优秀的员工，要想领导所想，要急领导所急。"

于是，我想方设法研究我校和竞争对手的招生策略，准备给董事长一个详尽的建议，以加强学校知名度、美誉度，从而提高招生效果。

开办一个国际化的学校，一定要办出跟普通学校明显不同的特色来。亚加达中英文学校，提出从幼儿园开始聘请外教当英语教师，加强英语学习环境，并开设了很多课外兴趣班，这在当时，就是一个国际性学校的亮点。

可是，亚加达作为国内第一批兴建起来的民营学校，就连在敢为人先的顺德，也属于新生事物，其最难、最需要根本解决的问题，就是如何招生。

当时的招生模式，通常是学校设立招生办．招生人员坐在办公室里，等待学生和学生家长走进学校了解、参观、报名。如果只是一般性的学校，招到一定数量的学生，这种模式也无可厚非。但亚加达不同，它是面向全国的民营学校，如果不主动出击，就没有人知道亚加达在哪里，不知道亚加达做什么。招生的规模决定了学校的生死。

亚加达作为一所贵族学校，从幼儿园办到高中，当时的收费方式是：每个学生入学需要一次性缴纳人民币30万元到35万元的"教育储备金"，等到学生毕业，学校无息退还全部"教育储备金"，学校用这些储备金来投资和理财，产生的利润或利息用于学校的开支。

通过调查和研究，针对学校的办学性质，我向董事长提交了一个大胆的扩大招生方案——"打破被动招生传统，采取主动招生模式"。

经过论证，我的大胆建议得到董事长的肯定，学校决定按照我的提议，合并原来的宣传部和招生办，成立了新的拓展部，建立各地区招生拓展网络，以无底薪高提成的方式招聘大批招生业务员，扩大招生队伍。董事长亲自提名，提升我为拓展部经理，我的收入也由固定工资变成底薪加绩效提成。

拓展部成立以后，我们在顺德周边的富裕城市：佛山、南海、番禺、东莞、中山、珠海、江门等城市设招生办，每个招生办设招生主任一名，下面聘用招生业务员，实行提成制，多能多得。拓展部鼓励招生员和别人合作，形成自己的招生关系网络。

这种网络招生模式很快初见成效，配合广告宣传，每天都有大量学生家长到校参观、报名。

董事长松了一口气，原来，我当时是临危受命，由于招生进展缓慢，学校流动资金已经出现不足，学校配套工程建设一直不敢同步启动。

自从成立招生拓展部后，招生效果截然不同。我们仅用不到一个月的时间，通过不断给予招生业务员精神、物质激励，教会他们主动拜访旧家长，发动旧家长带动新家长，让家长现身说法，为招生形成口碑。那时，我天天往返各地招生办，给招生业务员做培训，互通招生经验和信息，发挥我过去的团队激励的特长，招生队伍士气高涨。

为了提高工作效率，我贷款按揭了一辆小车。

刚开始，莉莉强烈反对。那个时候，贷款买车的思想还不被大众接受，人们普遍认为没钱就别买车，别打肿脸充胖子。何况我还欠别人几十万的债务。

其实，我买车不是为了充胖子。我认为，买车是个投资。

我要穿梭多个城市，没有交通工具，不但浪费时间，同时，经常面对老板级的家长，也影响学校和个人形象。我买的是夏利车，用工资收入付清了首期。有了小车，根据学校的规定给我增加的交通补贴，就可以帮我支付每月的汽车油费消耗，而且我开拓的市场更大，对学校招生的贡献更多，因而得到的奖励提成也更多，回报的丰厚远比我付给银行的贷款利息多得多。

虽然这只是一辆13万元的夏利车，但这是第一辆完全由我个人出资购买的小车，我突然发现，我贴在门上的目标板已经有一个实现了！

我在顺德的第一份工作，就如同在海南的第一份工作，我感悟到，不管在哪里打工都一样：

"付出总有回报，要做就做最好！要想比别人成长得快，就要比别人努力许多倍！"

变被动招生为主动招生以后，学校天天有新家长过来参观，形成规模招生效应，1999年暑假，我们新招了四百多名新生，平均每个人收30万元到35万元"教育储备金"，总收入达一个多亿。

我的回报不仅是收到的提成奖励远远超过了买车的投入，还被破格提升为亚加达教育发展公司的总经理。就这样，进入亚加达不到一年时间，我连升三级，从普通职员，升到总经理。

不到一年我连升三级，从普通职员升到"亚加达教育发展公司"总经理，图为我与公司下属在参加滑草活动

心灵感悟：没有没有付出的回报，也没有没有回报的付出。付出总有回报，要做就做最好。要想比别人成长得快，就要比别人努力许多倍！

发掘自己：

（1）找到或在网上搜索《步步高》这首歌，闭上眼睛，认真地听三遍，然后再唱三遍，品味每一句歌词和旋律，把感受写下来：

（2）你要做就做了吗？还是犹犹豫豫不敢做？你要做就做得最好了吗？还是随随便便应付一下别人就算了？想想自己曾经做过的那些事，还有多少是可以努力做到最好的？

第34场　思路决定出路——转制失败　学校解体

正当我在亚加达大展拳脚准备大干一场，一个更大的危机悄悄降临。

民营资本开办私立学校，在20世纪90年代末还是新生事物。教育从来都是政府公办，私人如何办学校，那时还处于摸着石头过河的尝试阶段，所以没有政策规定私立学校应该怎么样，不应该怎么样。

当时顺德有两家大的私立学校，除了亚加达，另一家就是碧桂园学校。

当时，很多老板把自己的孩子送到贵族学校读书，每个学生预交30万元储备金，学校承诺用这些储备金来建校和教育，当孩子毕业，无息退还储备金。那些家长觉得这很合算，住全寄宿制学校，毕业后还可以拿回全部储备金。而学校呢，有了这笔储备金，除了可以用来建校，还可以去营运，就是算利息也不少。

据说，2008年中国首富——碧桂园的老板杨国强，当年就是因为送孩子到广州某贵族学校读书，了解到这种"教育储备金"模式，别人都只是考虑自己是否划算，而杨总却从中看到了商机。

当时碧桂园楼盘由于缺乏资金，还处于半瘫痪状态，杨总估算：每名学生三十多万，如果招生3000名，他们就有十个亿！如果我也搞个碧桂园学校，那碧桂园就可以盘活了。

对于商机，有些人是先知先觉者，有些人是后知后觉者，而有些人是不知不觉者。

对于先机，有些人只会怀疑，有些人只会分析，有些人喜欢高谈阔论，而只有少数人会积极采取行动。

而杨国强就是那种极少数的立刻采取行动的先知先觉者。他立刻申报了顺德第一家私立学校，并邀请当时的新华社记者王志刚策划了著名的"可怕的顺德人"系列宣传活动，就这样，一个威震全国的碧桂园集团在顺德崛起了。

其实，无论一个多么伟大的事业，一开始都是一个想法、一个思路。

实际上，那时碧桂园学校招生最多时将近五千多人，储备金超过十个亿。随着学校的开办，"给你一个五星级的家"系列碧桂园楼盘也相继被策划推出，碧桂园还抓住了香港回归的大好时机，在香港大做宣传推广，碧桂园学校火了，碧桂园的楼盘也火了；碧桂园楼盘火了，学校也更火了。

与碧桂园同时期招生建校的是亚加达，从幼儿园到高中，学校学生人数最多时近3000名，算起来也有近10个亿的储备金。

亚加达有了这笔储备金，学校很快从一张蓝图变为现代化校区，而相应的配套设施、设备也在同时建设和完善，除此之外，学校还有一部分"教育储备金"存到了当年回报率极高的广东省国际信托投资公司。

1998年9月，我来到正在成长阶段的亚加达，开始了一段既有挑战性，又稳定、有序的新生活。

就是那一年的11月22日，我和莉莉经过十年马拉松恋爱，终于缔结姻缘。

亚加达作为一家国际化的教育集团，经营项目包括从幼儿园到大学的学历教育、对外培训、幼儿园连锁、出国留学、投资移民咨询、教具研发推广等。1999年，我升任该集团教育发展公司总经理，校长负责教学管理，我负责除了校长负责的教学管理以外的招生及对外经营业务。

命运轮回，就像我在海南几次事业面临高峰，就遭遇不测风云一样。正当亚加达高速发展之际，我也想大展拳脚之时，又一场不测风云袭来！

1999年底，有一家民营私立学校出了事。那家学校的老板在全国多个地方用租用场地的方式，开了多家私立学校，用收取"教育储备金"的方式招生，但收取大量教育储备金后，由于经营不善，老板就卷款潜逃了。

这件事在全国引起了很大震动，国家通过调查，把这种学校发展模式定性为非法集资。因此，国家对收取"教育储备金"办学的做法下令禁止。

一时间，阴云布满了全国私立学校的上空。

亚加达、碧桂园与当时通过储备金方式发展起来的私立学校一样，立刻面临生与死的考验！如何穿越这场危机，是每家私立学校的巨大挑战！

出路是要么转制，要么破产。转制成功的，可以减少债务，增加收入，迎来更大的发展机会。转制不成功的，就要面临破产的命运。

所谓转制，就是清还学生家长的储备金，改收高额学费。但如果家长同时来提取储备金，学校怎么能够支付起这笔巨额资金呢？这就好比银行，如果客户同时挤提，银行就会破产。

其实，危机危机，危中有机！大危有大机！

碧桂园因为有房地产的支撑，有良好的声誉，加上积极宣传，得到了大部分家长的理解，学校转制成功，不仅甩掉了巨大的债务包袱，还带来了良好的学费收益，为后来的碧桂园发展成为全国著名的上市集团奠定了良好的基础。

杨国强是全国出名的慈善家，碧桂园学校既成就碧桂园，也成就了个人，更多的是造福了社会。

然而面对同样的挑战，亚加达却面临着破产的命运。

当时，亚加达董事长与集团领导层天天开会，冥思苦想，商量对策，我看到董事长白头发一下子多了很多。我那时也天天很晚才回家，使新婚不久的家庭，酝酿了很多矛盾。

虽然亚加达也想了很多办法，无奈之前投资不利，加上大部分的钱存在广东省国际信托投资公司，而该公司倒闭，这笔巨额资金一下子拿不回来，造成现金链断裂。

其实，就算现金链暂时断裂，只要有信心，家长理解和支持，转制成功还是可以的。最可怕的是，广国投破产使学校不能退还储备金的消息，给学生家长造成了恐慌。

恐慌的学生家长立刻要求退学，退还储备金，造成学校一下子无力退还，学校无力退款又造成新的恐慌，新的恐慌又造成新的退款压力，亚加达就这样陷入了可怕的恶性循环之中。

当时，很多学生家长来学校要求退款，退款不成，他们到教育主管部门投诉，或者在校门口请愿，最后发展到在校门口拉横幅、静坐要求退还"血汗钱"。一时间，在社会上造成很大的负面影响。

最严峻的是，很多家长情绪激动，他们要求会见学校董事长。而这时候，董事长不敢也不方便出来面对，只好临时成立一个"清退办"，我又被临危受命，负责来做学生家长的工作，这是一个最危险、高压力，而又吃力不讨好的角色。

学生家长不明白我的身份，他们有的软硬兼施，有的以利益诱惑，要求我为他们率先退款，有的家长以自杀相威胁，可是，在这种情况下，我除了聆听、劝导之外，也没有别的办法。

更有甚者，个别家长还造谣中伤，甚至动用类似黑社会势力来迫害我。还有一个把我的车钥匙给拿走了，扬言扣我的车抵债。

祸不单行，正当我和董事长以及学校高层面临巨大压力的时候，在学校内部也出现了分歧、矛盾、派别，有的也把矛头指向我，甚至连我最尊敬也一直很欣赏我的董事长，也曾经对我产生怀疑。这时候，我的偏头痛又发作了，我想理也理不了了，索性什么都不理了。

蝴蝶效应造成那个时候学校一片混乱，人人自危，草木皆兵。那时候什么人什么事都有可能出现，众说纷纭，有人逃之夭夭，有人趁火打劫。

学校陷入危机，政府开始介入处理，我和我的许多同事不得不含泪离开了亚加达教育集团。

不久，亚加达这家国际化私立学校的先锋，就倒闭清盘了。除了广大家长是最大的损失者，苦心经营的董事长和投资方、数百名员工，以及当地政府都成为了受害者。

亚加达和碧桂园，面对同样的挑战，却得到不同的结局。正所谓：

思路决定出路，布局决定结局！

心灵感悟：面对危机，失败者看到危险，成功者看到机会！思路决定出路，布局决定结局！

发掘自己：

（1）每一次经济危机，都会造就一批新的财富英雄，你看到目前在常人眼里有什么危机？你从这个危机中又看到什么机会？

（2）对于这个机会，你想要的结局是什么？基于这个结局，你要做什么布局？你的思路是怎样的？

第35场　人脉与钱脉——泪洒高尔夫

2000 年，千禧之年，我从亚加达出来，生命中再一次从头开始。

我感谢我所经历的一切。

在亚加达教育集团，我从小职员做到总经理，我通过这个国际性的教育平台，了解到国外的先进教育思想，让我认识到素质教育在广东、在中国有着巨大的市场空间，这为我以后开展素质培训打下了坚实的基础。

那年，我决定还是要走跟教育文化有关的创业之路。于是，我和亚加达出来的同事一起合作，在大良注册了一家"原动力企业管理顾问公司"，当时想从事的就是职业培训、营销培训、素质培训、管理咨询等。

一个偶然的机会，我们认识了强哥，强哥是我生命中一位贵人，在我后来的事业上给了我很大的帮助。

强哥是一位已经移民加拿大的成功人士，我从别人那里了解到，他是一个很高明的投资专家，传说他三十多岁就成为亿万富翁，并移民到加拿大。

强哥这次回国，原因是为了让孩子接受中国文化教育，把孩子送回国内的私立学校读书。强哥对朋友十分豪爽、义气，所以人脉很广。他喜欢运动，特别喜欢打高尔夫球，为了这个爱好，他在顺德投资三百多万，建了一个高尔夫俱乐部。这样，强哥既能发展自己的兴趣爱好，又能招待各方的朋友。

这间俱乐部有一个高尔夫练习场、一个高尔夫专卖店，一个西餐店，一

2000年6月，从"亚加达教育发展公司"出来，我决定还是要走教育文化有关的创业之路

个足浴按摩中心，还有一个射箭场。这是一个新型的综合娱乐场所。

强哥在顺德投资，只是为了爱好和交友，所以他并不想亲力亲为去管理，他看到我们开设了管理顾问公司，于是就邀请我们一起合作，让我们去帮忙管理。

强哥的条件很简单，只要我们投入一部分资金，然后承包经营西餐厅。

我没有做过西餐厅，但很欣赏强哥的为人，很希望跟强哥合作，同时也认为这个项目应该很有前景，于是同意合作。我们很快达成共识，以原动力公司的名义与强哥签订合同，独立经营西餐厅部分。

为了赶在 2000 年 5 月 1 日与高尔夫练习场同时开张，签约后，我们全力以赴，夜以继日，全方位赶工。

这期间，不管多忙，我都不忘帮强哥照看整个高尔夫俱乐部，小到一份文件的打印，大到整体宣传策划，只要强哥有要求，哪怕是深更半夜，我都是随叫随到。于是得到强哥的信任，成为好朋友，这不仅让我从强哥身上学到很多东西，还为我后来的发展打下基础。强哥为人正直义气、人脉很广，跟着他，我也认识了很多高层人脉。

后来的事实证明，人脉等于钱脉！这是后话，按下不谈。

且说我借鉴当年"M 遂道"溜冰城的成功宣传经验，精心策划了一系列的宣传广告，从一开张开始，西餐厅客户天天爆满，生意十分火暴。

然而，别人是恨不得宾客盈门，我们却因为广告做得太好，造成客户爆满而伤透脑筋！

为什么呢？原来，由于我们没有西餐厅经营经验，匆忙赶工开张，员工培训不到位，厨房和楼面配合混乱，一下子客人一多，便出现很多写错单、上错菜、顺序乱、张冠李戴等问题，还有一个更致命的弱点，那就是请的厨师培训不够，经验不足，突然人一多就手忙脚乱，菜品常常不是味道……

就这样，好多客人慕名而来，扫兴而归，来了第一次，再也不想来第二次。我记得，有一个原来认识的教育局领导，一家人高高兴兴点好菜，等了足足半个多小时还没上菜，我连续几次亲自去道歉，他每次都很礼貌地说没关系，但一个小时后，他们一家人终于忍不住，空腹离开了！气得我暴跳如雷，真恨不得把厨房给砸了！

广东话说："做生意最怕开坏了头。"做餐饮更是如此。

服务或产品不过关，广告做得越好，往往死得越快。我们的西餐厅开张时，客满为患，忙活了不到一周，以后就变得门可罗雀了。

短短几个月，我们撤换了两批厨师和楼面，但还是回天无力！

有人告诉我，做餐饮做得好就像天天印钱，做得不好，就像天天烧钱。

最后，我们连工资都发不出，为了确保能给强哥承包费，我宁愿自己亏也不能让强哥这个西餐厅流产，最后我们对外廉价转让了西餐厅的承包权。

就这样，我在亚加达所赚的钱又一次全部亏掉了，并且还增加了新的债务。

然而，塞翁失马，焉知祸福？

其实，人脉就是钱脉，虽然生意失败了，钱亏完了，但是，由于我的为人得到了强哥的认可，从此为他支持我后来的事业打下了基础，这也是我经营高尔夫西餐厅赚得的一笔无形的财富。

这样说来，我没有失败，只是暂时停止成功。我坚信：过去不等于未来！

然而，伤心总是难免的，又一次挫折让我再一次遭遇心灵阵痛。老毛病偏头痛又隐隐作痛，我把自己关在家里不愿出门。

但是，我躲不掉的是，我自己亲手贴在房门上的汽车和别墅目标板！

看着目标板，我记起1996年我承诺十年内要送给莉莉宝马和别墅，现在已过了近五年了，我还是一个"负翁"！

这个时候，我该怎么办？如果我再去打工，每个月数千元的收入，就是不吃不喝，除了还债，我何时才能实现我的承诺？为了我的承诺，我下定决心：

"再次创业！"

只有创业，才是我唯一的出路。

可我的创业之路到底在哪里呢？

心灵感悟：做事先做人，人脉等于钱脉。积累人脉，等于积累钱脉。

发掘自己：

（1）拿出你的电话号码本，看看你有多少每月都经常联系的朋友？有多少你生命中的贵人，有多少你已经超过三个月没有联系？把他们的名字和电话号码写下来。

(2) 一一打电话去问候那些朋友，不带任何目的，只是表达想念、关心、问候和感谢，把感受写下来。

第36场　方法总比困难多——破釜沉舟　前途买断

成功有时是逼出来的。我被债务所逼，被人情所逼，被良心所逼，也被最亲爱的人的心痛所逼。反正已经是数十万的负翁，还有什么可怕可担心的呢？创业，创业，创业，我的脑海里想的全部是"创业"两个字。

莉莉原在顺德一家国营进出口企业工作，单位准备实行改制，如果职工愿意主动离开公司的话，可以得到大约十万元的经济补偿，如果不愿意离开，也可入股投资，再等今后分红。对此，莉莉进退两难，我想了想，极力鼓励她离开公司，获取赔偿。

莉莉听了我的建议，很不开心，她说：

"不管怎样，我这份工作还是很稳定的，待遇也不错，如果我买断了自己的工龄，以后做什么呢？拿那点钱，不就坐吃山空吗？"

"现在是市场经济，我估计以后私营企业将会越来越吃香。"我说，"你们的国营企业已经在走下坡路了，与其在那里吃不饱，饿不死，还不如趁我们还年轻的时候，拿到本钱去创业。"

"我知道创业好啊，但是，我们做什么呢？"

莉莉的话，让我无言以对。当时，我们感觉什么项目和生意都被人家抢先做了，真的不知道做什么好。

于是，我天天在寻找投资项目。

其实，天无绝人之路，机会总是青睐那些青睐它的人！

有一天，我在上厕所时，拿了一本读者杂志去看，我在那里翻看一则彩页广告，看到有个叫"特丽洁"的连锁项目，说的是做室内外专业清洁，我突然眼前一亮，感觉这个生意应该有得做，因为投资不大，利润很好，而在我印象中只有一些很低文化的人去做，好像没有本地人或专业人士去做这个行业，只要我把这个行业做得很专业很大，那还是挺有前途的。

第二天，我邀请莉莉一起到广州去，对那个项目进行实地考察。那家公司向我们详细介绍了合作和发展情况，完全暗合我的投资理想。我一旦认定的事情，就会毫不犹豫，立即行动。当天，我就在广州交了加盟定金。

但回到顺德后，我们发现，原来顺德也有很多人在做这个行业。当时，莉莉就有点怪我，说为什么要这样快就交定金？为什么不在顺德多调查一下市场行情再决定？

我对莉莉说，尽管顺德已有很多人在做清洁服务，但我们跟他们做的完全不一样，我们是做很专业的清洁服务公司，他们将来无法同我们相比。

生米已煮成熟饭。为了做清洁公司，莉莉带着忐忑不安的心情与公司签订了买断工龄的协议，扣来扣去，终于拿到了九万多元补偿金。而我们一次就投资了六万多元，其中包括加盟费，购买洗地机、抛光机、吸水机以及清

为了我们的事业，莉莉买断工龄，离开了国企，既然破釜沉舟，我们已打消退路，唯有成功

洗外墙套装等工具。我们的全部员工，就是从老家请的三个工人，然后我带他们到广州连锁总部去参加培训，我也一起学习。

这真是破釜沉舟，背水一战！我们只能成功，不能失败。我们已经输不起了，所以，我暗下决心，卧薪尝胆也一定要成功。我一边培训员工，一边策划宣传，想方设法、挖空心思去接洽业务。

如何去接洽业务呢？我印了很多漂亮的宣传单张，打着"意大利特丽洁"的国际连锁品牌，亲自走访推销，或去派发给各大单位以及正在装修的工地，我一个单位一个单位地送，还厚着脸皮找单位上的负责人商谈。

万事开头难，时间一天天过去，我还是没有接到业务。三个工人住在我家，整天除了吃饭睡觉，就是把我家的地板和玻璃洗了又洗，当成练习，打发时间。我跟莉莉都没有了工作，没有生意，就意味着连吃饭都成问题！我心里其实也很紧张，但为了安慰莉莉，我总是表现出信心百倍。

成功有时候是逼出来的。只要精神不滑坡，方法总比困难多！

虽然起步艰难，但我锲而不舍，所以坚持就有收获，十多天后，我总算接到了一些小业务。我把那些小业务当成是练兵的好机会。

清洗高楼大厦的外墙，那个时候还不多见，许多人以为很危险，有的感到很好奇。为了鼓励员工大胆去干，我也亲自参与清洗外墙，每当我们的员工从高楼上坐吊板吊下来清洗外墙，常常引起路人的围观，而这时候我们赶紧派发传单，这正是我们所需要达到的宣传效应。

一个月后，我获悉有一宗大的清洁生意，那是在顺德的日本东芝公司，当时，他们准备举行公司成立十周年庆典，要对公司楼面进行全面清洁，需要找一家专业有实力的公司来做清洁，其营业额估计超过30万元。这意味着，只要接下这单业务，我们的投资就能全部收回，甚至还有赢利。

我了解到，竞争这个清洁项目的有五家公司。为了争取这个项目，我亲自到该厂实地勘察，邀请广州连锁公司的专业人员来编写计划方案。之前，我们的公司还没有办公室，为了取得东芝公司的信任，我赶紧租用了一间办公室，找工商局的老乡注册了一间"特丽洁清洁服务部"。

为了写出一个漂亮的计划方案，我亲自趴在电脑前写了几天几夜，改了又改，报价算了又算，我们给出了一个最优惠的价格。

结果，我们的计划书受到东芝的重视，公司负责人找几个竞投人去面谈，而演说正是我的最大优势，我们的承诺包括安全、专业、按时，我们的服务最吸引对方。我曾悄悄地看过别人的方案，他们只是一个简单的报表，而我们的方案是一个完整的计划书。

功夫不负有心人。东芝的项目让我们争取到了，就是这个工程，让我一次性把所有的投资都收回来了。我的员工也从三个人一下子激增到了三十多人。

为了实现我们做同行第一的初衷，从三个人开始，我就注重培训，而且天天坚持军训和早操，我们还有自己团队的队服、队呼口号和统一的掌声文化。这个团队，得到了东芝有关领导的赞赏，很快他们又介绍了其他单位的业务给我们做……

在吃年终饭的时候，我跟我的员工们说，明年，我们公司的职工要发展到一百多人，两年后，我们的公司要成为全顺德最大的清洁公司，三年之后，我们的公司要发展到上千人的规模。当时员工以为我喝醉了酒，说的是酒话，但我很清醒，说的不是酒话，我对自己公司的发展充满信心。

心灵感悟：只要精神不滑坡，方法总比困难多。别对自己说"不可能"，要想"怎样才可能"。

发掘自己：

（1）请你站起来，然后跳起来去触摸天花板的最高处，看看你能不能做到？

（2）现在，让你无论如何一定要跳起来触摸到这块天花板，而且要确保安全，如何做到？请亲自摸到之后，写下感受，同时再想想还有多少种方法，把它们全部都写出来。

第37场　对与错——我也闹离婚

结婚之后，我和莉莉开始为一些琐事而争吵。在亚加达教育集团，我忙于工作，忙于应酬，常常不能按时回家，仅仅是这件事，我们就不知道吵过多少次。

我小时候在海南农村长大，那时看时间不用手表，白天看太阳有多高，晚上听鸡叫第几遍，基本上就能估出一个大概时间，而在顺德呢，莉莉习惯把时间看得很明确，几点几分都得准确无误。

所以，我答应了半小时或一小时后回来，莉莉就按时做好饭菜等我，而往往等到饭菜都凉了，还是不见我的身影。在莉莉眼里，我是一个没有时间概念的人，这已使她很烦心。

在我们海南，天气常年炎热，吃饭的时候，相互之间不用等，饭菜不存在凉热的问题，大家都有自己的事，除了过年过节，通常是先到先吃，谁先吃完谁先走，这是很自然的事情。

但在顺德不同，这里习惯于一家人围起来，热汤热粥、热饭热菜一起吃。如果不等到家人回来，通常先不做菜，怕后来的吃冷饭冷菜。总之，在我们海南就没有等人吃饭的概念，我无法理解莉莉总是要等我回来才吃饭，这点小事确实让我很烦。

于是，莉莉经常问我什么时候回来吃饭，我就随便应付说等半个小时。

1998 年 11 月，就在贫穷的乡下老家，我和莉莉结婚了

半小时后，莉莉又打电话催我，我又说等半个小时。结果等了好几个半个小时，我都没有回家。

害得莉莉一等我大半天，而等到我真的回到家里，看到她等得不耐烦的样子，我更加不耐烦了：

"要吃饭你就先吃，干吗非要等我？你在家里，可以看电视、休息，而我在外面干活，都是为了事业，为了赚钱，为了我们这个家，难道你还不能理解我吗？"

在我心里，我认为事业是第一位的，家庭才是第二位的。但莉莉的想法恰好与我相反，她说，没有幸福的家庭，还要事业做什么？仅仅是因为吃饭这样的事情，我们就经常闹矛盾，我总觉得自己是对的，我感到委屈，感到气愤，觉得她不理解我，而且喜欢小题大做，蛮不讲理，我心里很烦恼，觉得她在拖我的后腿。

做西餐厅时，我们不但把在亚加达赚的钱贴了进去，而且还借了新的债，莉莉开始对我有诸多不满。转让西餐厅后，我一无所有，为了筹集创业资金，我鼓动莉莉买断了工龄，此后她也失去了工作。以前，莉莉在进出口公司做财务工作很舒适，又有不错的收入，现在工作没有了，收入也没有了，她连亲人、同学都不敢去见，我明显感觉到她的失意给我造成的压力。

特丽洁由开张初期的三个工人发展到几十人，为了接业务，我的应酬又多起来。

有一天晚上，为了接到一个公园的管理业务，我陪派出所的人吃饭喝酒，很晚才回家。回到家一看，家里的灯仍亮着，进门就闻到一股浓烈的酒味，地上丢着一地莉莉和我过去的照片，有些已经被撕掉。

我赶紧冲进房间，看到莉莉躺在地板上，旁边有一瓶喝剩一半的洋酒，那还是我开西餐厅失败后，转让不出去的一批开过瓶的洋酒，一看到这洋酒就想起我的失败。

那晚我喝得也不少，看到这一切，这段时间憋在心里的怒气就冲上来了，我把莉莉从地板上拉起来，问她想干什么，是不是发疯了。

莉莉说："这个家我没法过了。"

这时候，我再也控制不住，我气愤地说："不过就算了！"

我接着把另一本相册也甩出去，然后把那个酒瓶也砸烂了。

莉莉也对我怒气冲冲地说："你只要你的事业，你不要这个家了，你走吧，你就在外面，以后你就不要再回来了。"

莉莉的信念冲击着我的信念，我忍不住一巴掌打过去，我说："我这么忙，还不是为了这个家，我这么累是为了谁，我赚钱是为了谁？我所做的一切，还不是为了这个家吗？如果老婆不支持老公的事业，那还要这个老婆来做什么?!"

就是这个事业比家庭重要的价值观让我做出了这个举动。

这一巴掌打过去不要紧，莉莉愤怒起来，说："我们离婚吧！"

"离就离，"我大声说，"我早就不想你再拖我的后腿了！"

"呼！"莉莉眼中打转的泪花涌出来，话也没说，扭头摔门而去。

我正在气头上，不但没拦她、追她，还在后面大喊大叫。

那天晚上，我想了很多，我想我是不是找错了人，我们性格都合不来，这样子一起过下去很无奈。我把莉莉的话当成是真的，我在想，我们离婚以后，我将怎么办？首先我愿意把什么都留给她，我自己可以再重新创业。

新婚蜜月的时光是如此幸福，可是，后来我却为了证明自己对而忘了共同的目标

那一晚和后来的几天，莉莉去了她弟弟家里住，我也没有去理她，我照常上班工作，我们继续冷战。

过了几天，莉莉回来了，她做了一个新发型，穿着漂亮的新衣服回来了，还给我买了件新衬衣，好像什么事情都没有发生。我好高兴，心里想："我赢了，你输了，我是对的，你错了，你以后还是要支持我的工作。"

就这样，因为观念、习惯不一样，我和莉莉经常闹别扭。

还有一次，我们开车在路上也因为一件鸡毛蒜皮的小事吵起来，我要证明我是对的，她也要证明她是对的，我们吵了起来，我又动手打了她，一拳打在她的臂膀上，她愤怒地大喊："停车！"

我把车停下，她下了车，车门一甩一个人走了，我也气愤不已，开车就走了。开出不远，我想了想，又掉转头去接她，她就是不上车。我把车停下来，她就是不理我。好说歹说，她才上车，争吵的事情不了了之。

就这样，点点滴滴的不如意就引发争吵，让我很烦，而工作上的事情，也让我烦心不已。当时公司里，员工来自不同地方，尤以四川、海南和顺德本地人为主，公司员工之间分门分派，相互闹矛盾，还向我打小报告，公说公有理，婆说婆有理，烦死我了。

而我也会把家里不开心的情绪带到工作中来，经常向员工发脾气。我弟弟林C在我公司里上班，连他也不敢单独进我的办公室同我说话。

总而言之，公司里的工作压力越来越大，而家里总是为了争个你对我错，经常吵闹不休。这时候，我不想回家，也没有心思打理工作。"离婚"两个字经常出现在我们的争吵中，我的家庭和事业，面临着危机。

偏头痛又经常发作。我对天长叹：

"偏头痛，偏头痛，为什么偏偏要让我头痛？老天爷，为什么总让我虎头蛇尾？为什么我的命运总是这样？为什么？为什么？为什么？……"

就在这个时候，有人向我推荐一个素质成长课程，我带着困惑和深深的疑虑去参加了。这个课程让我发现了自己的盲点：

在我命运最落魄的时候，莉莉没有放弃我。但我们的生活刚刚好一点，感情就出现了危机。如果不是参加那个课程，让我发现了我自己，也许创业会重蹈覆辙，家庭也会破裂。

其实，事业家庭哪一个更重要，历来是一个引起强烈争议的话题，男人和女人更表现出明显的分歧观点。我总是要证明自己对，而忘了我们在一起的目标是"幸福、快乐"，如果没有幸福和快乐，我争对了又怎样？如果事业成功，但是不开心不快乐不幸福，那事业又有什么意义？谁说事业和家庭不能共赢？这样说来，事业和家庭都重要，而更重要的是我们"幸福、快乐"的目标！

那到底是个什么课程，它是如何改变我的命运的呢？

心灵感悟：为了证明自己对，我们往往忘了自己的目标。其实，对了又怎样？错了又如何？关键是，我们到底要的是什么？

发掘自己：

（1）找一枚1元硬币，"1元"正面对左边，用左手和右手的食指夹着它，然后，先帮左手从左边大声说出："这是1元！"再帮右手从右边大声说："不对，这是菊花！"然后帮左手又说："不对，这是1元！"……不断大声重复说一分钟。

（2）想一想，到底是左手对了还是右手对了？为什么？你感悟到了什么？

第五幕
发现人生剧本——洗心改命

要跳出人生剧本的不断轮回，必须修改人生剧本；要修改人生剧本，必须先找到原来的剧本。

因为一个偶然的机会，我参加了系列生命成长课程，我清洗了心灵垃圾，改写了人生剧本。三个人起家的公司，接受多次生死存亡的考验后，逐渐发展到今天的 2000 人，成为行业内的翘楚，打破了虎头蛇尾的人生模式。

为此，我不只成为金钱的富翁，更立志要成为心灵的富翁。不只是改变自己的命运，还要帮助更多的人改变他们的命运……

第 38 场　信心与信任——选择学习　改变命运

2002 年的一个夏天，一位自称阿芳的女士给我打来电话：

"您是林总吗？我有一个好消息要告诉您，您现在方便吗？"

我一听，猜想肯定是推销电话，但不管她推销什么，我还是想先听听再说。

我认为，不要拒绝你还完全不了解的东西，即使她是搞推销，了解也无妨啊，因为了解以后，选不选择还是由我自己去决定。

所以我先问她，你怎么知道我的？

阿芳说："您这么成功，很多人都知道您啦。"

接着，阿芳向我介绍，有个课程，可以令人士别三日，刮目相看，让我的家庭和事业突破性提升，让我的人生更精彩。我就问她，到底有没有这么好，是什么课程啊？

她说："这是成功人士一辈子一定要上的一个课程。电话中一两句话很难说清楚，具体情况我见面给您一些资料，让您先了解再说，好吗？"

第二天，阿芳又给我打来电话，说她正好过来，想送些资料让我先看看，问我是上午方便还是下午方便？

我一听她这样问，就知道她是在用"二选一法则"，我感到好笑。

我也是做培训的，经常教别人用"二选一法则"。什么是"二选一法则"？打个比方，你想拜访人家，不要问他有没有时间，因为这样问，对方最容易的回答可能是没有空，这样你就没有希望了。所以你要问他："请问，你是上午方便还是下午方便？"或者问今天方便还是明天方便。这两个选择，无论他选择前者还是后者，对你来说都是有利的。

对于选择，人性的共同点就是选择最容易最简单的东西，比如你问他有没有时间，在他看不到预期利益的时候，他通常会说没有时间，因为这是最容易最简单的选择。

当时，我感觉阿芳对"二选一法则"运用得挺好，所以我就说上午吧，她再问上午几点，我就随便说了一下十点半。很快，十点半刚到，一个胖胖的姑娘和一个年轻的小伙子准时来到我的办公室。

小伙子叫陈剑，他拿了一些资料给我看，这些资料无非是一些学员、顾客的见证，谈培训前后的变化。我对阿芳说，我也是做培训的，我参加过多种培训学习，也做过多年的培训讲师，我凭什么要参加你这个课程？

阿芳告诉我，这个课程是一种体验式学习，跟过去完全不一样。

"什么是体验式学习？"

"就像学习骑单车，您必须亲自去体验才能学会，而一旦学会了就很难忘记。"阿芳解释了一下，又问我，"您平时有没有照镜子？"

我说有，阿芳问我照镜子的目的是什么，我说当然是想看看自己，不要留下什么不雅的地方。

阿芳说，照镜子只能看到你的外表，并通过镜子来调整自己的外表，但是，你能看到你的内心吗，你能看清你的心态吗？你能找出你心智模式的盲点吗？

"那当然不行了。"我说，"难道你这个课程行吗？"

"这个课程就像一面镜子，我参加过，我终生难忘，它会让你发现那么多年来，你做得最成功的是什么，你还可以做得更好的是什么，你将来还有什么可能性，你还有什么潜能可以挖掘。"阿芳一口气说了很多，显得自信十足。

她的话引起了我的兴趣，而当她告诉我学费需要 4800 块钱时，我就觉得太贵了。

"是的，不了解这个课程价值的时候，我也觉得不便宜。当我参加完了，我才觉得绝对超值！"阿芳依然很自信地说，"当您参加之后，事业和人生突破性的提升，您一定会感谢我的。"

"A 哥，这绝对是超值的！"在一旁的陈剑也帮腔说，"我可以用我的信誉担保，如果您全程参加完而不满意，我自己花钱帮您付学费！"

陈剑很年轻，一看就知道是那种刚毕业出来的毛头小伙子，但他说话很快，充满自信，他的自信深深地打动了我。

我同他们说："我再看看资料，认真考虑一下吧。"

后来，阿芳和陈剑多次给我打电话，要我去参加学习，我总是说工作很忙，还没有决定。其实，我是觉得价钱贵，担心不值得。我想，拒绝多了，他们就会放弃我。

然而，到了开课的那天上午，陈剑又打电话给我，我同他半开玩笑半认真地说："你真的敢担保我不满意就退钱吗？"

"那当然敢担保啦！"陈剑毫不犹豫地说。

"那你能不能让我先参加，如果我满意我就给钱，如果我不满意就不给钱？"我想他一定不答应我。

"按照规定，这是不可以的。"陈剑想了想说，"但是，Ａ哥您一定要来参加这个课程，您参加完之后，一定会感谢我的，这个钱对您来说不算什么，如果您参加完了觉得不满意，真的可以由我私人赔您钱，我敢担保。"

我说："因为我确实很忙，不是钱的问题，要不，我先参加第一天，如果好我就给钱，如果不好我就不参加了。"

没想到，陈剑答应了我这个特殊的要求，我于是带着好奇走进了这个课程。

就是这样一个选择，我的命运为之改变。

之后回想起来，要不是阿芳和陈剑的信心和坚持，可能我会失去了这次改变我一生命运的机会。好像人越长越大，怀疑的东西越来越多，无论是别人的好心，或者并没有好坏之分，或者别有用心，我们通常最容易采取的态度就是拒绝。

因为怀疑，所以拒绝，拒绝了诱惑，也拒绝了机会和成长。

听了课程后，我才明白：其实，信任是关于自己的，不信任别人，其实是自信不足，自己担心搞不定，所以，越不相信别人的人，其实越不自信；越自信的人，越能相信别人。

心灵感悟：相信自己，信任别人，越相信自己，就越有信心，就越能信任别人，也就越能得到别人的信任。信心带来信任，信任带来信息，信息带来机会。

发掘自己：

（1）信任背摔游戏：a）找至少4位朋友，每次一个人做体验者，其他人做支持者，轮流进行。b）体验者解下眼镜等硬物，双脚并拢站好，蒙上眼睛，双手交叉在胸前互相抓紧；c）支持者弓箭步站在体验者身后，双手向前伸，掌心对准体验者背部，保持约六十厘米距离，准备接住体验者；d）准备好后，体验者大声喊："我叫XXX，我相信自己，我信任你们，我要倒了！"支持者齐声喊："倒吧！"体验者于是向后面笔直地倒下去，支持者在体验者落地前接住他。e）扶正体验者，给他拥抱，嘉许他说："我们相信你！"体验者感谢大家，然后轮换下一个。

（2）全部通过后，大家分享感受，把感悟写下来。

第39场　改变与迁善——我发现我自己

我是这次课程唯一没有先交钱就去学习的学员。

一开始，导师说来参加这个课程的会有五种人：第一种是好奇；第二种是给面子；第三种是被迫；第四种是想证明课程无效；第五种是要自我提升。我举手是第一种：好奇。

这是一套来自美国的课程，培训机构在深圳，由于阿芳和其他同学的引发，第一次来顺德办班。课室设在顺德一个知名的酒店，课室里只有二十多位学员。

我确实是带着好奇心去的，心里想，反正没有交钱，如果好，就交钱，如果不好就三十六计——走为上，我没有一点包袱。其实像我这种心态是很可怕的，现实生活中，很多人不就是这样想的吗？抱着这样的心态，我们又如何能学到更多的东西呢？

当时自以为聪明，后来我才知道，不交费进入课堂，对自己并不好，因为这是体验式学习，不交费往往不珍惜，不珍惜就会不投入，而体验式学习不投入就不会有收获。如果因为自己不交费而没收获，那就是自己误了自己吗？

好在陈剑在课前一再叮嘱我一定要投入、参与，我也答应他：既然来了，就一定会积极参与和投入。我非常感谢陈剑，是他的爱心支持让我有了今天的改变。我不知道陈剑是如何应付我给他设下的难题的。

第一天下来，我感觉不错。虽然还没有刻骨铭心的震撼，但有一定的感受，甚至在其中一个环节还流出了眼泪，第二天早上过来，我就主动把学费交了。

我想，天下没有免费的午餐，只有付费的午餐才能让人珍惜，只有珍惜才会用心投入，我的学习才能有更大的收获。

在第二天的一个分组比输赢的游戏当中，我体验很深。导师的话，一句句像针刺进我的心里。我想起我跟莉莉闹矛盾，我总是要证明我是对的，其实那不过是鸡毛蒜皮的小事，但为维护"事业比家庭重要"等固有信念，我总是跟家人斗来斗去。

我根本没有想过：到底是对错重要，还是我们的家庭幸福重要？

当导师要我们闭上眼睛，音乐响起来，灯光暗下来，往事就像电影一幕幕在我脑海中回放。

我想起，每次答应莉莉半个小时后回家吃饭，却在好多个半个小时以后还没有回家……

我想起，莉莉为我做好了我最喜欢吃的菜，准备了两碗热汤，摆上了两双筷子，在简陋的房子里，一次次热了又凉，凉了又热……

我想起，我每次都说很快很快，可是久等才回的我，不是感谢，而是烦躁，甚至责怪她吃饭不应该等我，不应该拖累我的事业……

我想起，那天晚上我摔破酒瓶时，莉莉眼睛里打转的泪花涌出来以及转身离开的身影，为了鸡毛蒜皮的小事，我一次又一次地伤害她……

"你总要证明自己对，你就算对了，你对了！你对了又怎么样？"导师的声音就像惊雷，震动我的心，止不住的泪水从我的脸上悄悄滑落……

是啊，就算证明了我是对的，那又如何呢？

闭着眼睛，我想起我在海南最落魄的时候，莉莉一个人从顺德坐着最便宜的长途汽车来看我……我想起，在海边散步，送给她玉米棒时我的承诺……我想起，我从派出所出来，见到她憔悴的身影，她那天饿晕了，在医院观察室躺了一个晚上……我想起，我们结婚的那一天，我跟她说过什么……

我的心颤抖了，当我把手捂在心口，触摸到这件衬衫就是莉莉第一次被我赶走，几天后回来时给我买回来的新衣！

灯光关掉了，音乐声越来越大，我禁不住哭出声音，这时候，其他同学也开始哭，于是，我痛痛快快地放声大哭……仿佛要把这些年积压的情绪统统释放出来。

这是我长大以来第一次号啕大哭。

那天晚上，虽然我在酒店里开了房间，但我还是决定回家，我想尽快跟莉莉说出我的心声。

车刚开出酒店门口，我就迫不及待拿起手机打电话给莉莉，那时已经很晚了，一路上好像只有我一辆车在独行，当我一听到她那熟悉的声音，禁不住冲口而出：

"对不起，我错了！"

发自内心的一句话，我说出来的时候，鼻子一酸，眼泪又禁不住流了出来，我哽咽着对莉莉说：

"老婆……这段时间，我……委屈你了，我从来没有去感受你的感受，我总以为事业比家庭重要，总认为你没有支持我的事业……其实谁说家庭和事业不能共赢呢？我这么忙，如果家都没有了，忙忙忙，忙又有什么意义呢？……"

我不知道车是怎样开回来的，我只记得，停好车我就一口气跑上七楼的家！一种迫不及待的感觉，让我第一时间要见到莉莉。

当我跑到六楼的时候，我意外地发现，莉莉已在楼梯口等我！

这是我们结婚四年来，我第一次看到她站在楼梯口等我回家！

这时候，一股暖流涌上心头，我一下子跑上前，第一次在楼梯口和莉莉紧紧地拥抱在一起！

此时，我留着泪水对她说：

"对不起，我错了！今天这个课程，让我知道我心里一直是爱着你的，你是我一生一世最爱的人，但是这段时间，我伤害了你，而我一直连对不起都不肯说一声，总认为是你的错，其实，谁对谁错都不重要，我们的家庭幸福才是最重要的。"

莉莉也哭了，她默默地亲吻着我脸上的泪水……

那天晚上，我们谈了很多很多……

我们 1985 年认识，1998 年结婚，再到 2002 年，17 年间发生了很多很多的事情，我们共同经历了很多风雨，现在生活才刚刚好一点了，终于可以有一个家，竟然为一些小事争论谁对谁错，吵吵闹闹，争来争去，这有什么意思？我们不是去感恩，而是去计较，争吵让我们的感情淡了。

所谓"迁善"，出自《易经》里的一句话："君子见善则迁之，见过则改之。"其实，当我们用一个手指指向别人的时候，最起码有三个手指是指向自己的。当我们一味责怪别人的时候，我们能否想想自己又做得如何，自己存在什么问题，应该承担什么责任呢？

迁善，就是基于我们的目标，决定选择有效的态度或方式，而不是执著于固定的信念或过去的做法。

每个人都有三个时空段，那就是"过去、现在和未来"，而我们的习惯往往是"基于过去，做现在"——也就是说：过去做什么，现在做什么；过去如何做，现在如何做。这样，重复旧的做法，就只能得到旧的结果，这就是固执，就是不迁善。而我们都想"明天会更好"，要想未来更好，那当然就要学会"基于未来，着眼现在"，这就是迁善。

而迁善和改变是不同的。很多人之所以固执不迁善，是由于不愿改变固有信念，

从认识到结婚，我们共同经历了很多风雨，终于有了一个家，然而却时常为一些小事争来争去，赢了又怎么样？

怕承认自己错，其实迁善没有对错，而是负责任的灵活，是向"善"的方向迁转切换，可以"迁"过去，也可以"迁"回来。而改变就不同，改变之后就不一定再改回来，比如木头制成纸张，就是改变，木头一经改变成纸张，就不容易再变成木头了。

既然如此，迁善是善的，迁善越快的人，就越灵活，就越能掌控大局。所以高手过招，就看谁迁善得快。

那天晚上，由于我迁善了，莉莉也迁善了。这是我们结婚以来，第一次认真地反省自己，检视自己，而不是指责对方，改变对方，我发现当我不再指责对方而检视自己的时候，她也不再像以前一样指责我，当她也在检视自己的时候，我们的沟通是那么开心。

原来沟通是可以这么舒畅的！

这个课程，让我发现自己，让我迁善心态。这个课程，挽救了我和莉莉的爱情，不仅如此，更重要的还在后面。

心灵感悟：君子见善则迁之。基于未来，着眼现在。高手过招，看谁迁善得快。迁善越快的人，越能掌控大局。

发掘自己：

（1）上网搜索或准备好《思念谁》、《遗憾》两首歌，找一面大的镜子，一个人默默在镜子前播放这两首歌，边听边用食指指向镜子中自己的鼻子，看着镜子中指向自己的手指，回想起所有曾经因为要证明自己对，而伤害过的人，去体验他们的心，一直到音乐结束。

（2）你感受到了什么？你要迁善的是什么？默默写下来。

第40场 追根溯源清洗心灵——童年剧本

这就是现在《发掘自己》课程的前身，是一套风靡全球的心灵成长的课程，被誉为"成功人士和追求成功的人士，一辈子必须要上一次的课程"，是目前国内最能改变人的心态、最具震撼力的课程之一。

这套课程分为三个阶段，第一阶段是两天半的时间，我还没有上完，就和莉莉冰释前嫌，和好如初了。然而我的收获和震撼远不止这些。

这套课程中多个游戏和冥想，让我觉醒：我创业这么多年，为什么开头总是轰轰烈烈，而结尾却是凄凄惨惨；为什么到了关键时刻偏头痛总是发作，彻底放弃，虎头蛇尾；为什么一遇上当官的人、比我强的人，我就说不出一句话来；为什么我总不愿意同做官的人打交道？

原来，这一切都是我的人生剧本这么写的，所以我的人生就只能这么演！

后来，我再学习了"NLP"、"完形心理学"、生命潜能、智慧之旅、阿梵达、九型人格、家族治疗等系列心灵成长课程，我明白了：

原来，每个人6岁左右就写好了自己人生剧本的大纲；6岁至12岁，是给人生剧本补充细节，而且边演边补充；12岁至18岁，是人生剧本的彩排；18岁开始，这套人生剧本就正式上演；以后，除非经历震撼体验而大彻大悟，否则这套人生剧本就会一直重演下去，直到离开人间，这就是轮回。

正所谓，江山易改，本性难移，3岁看大，6岁看老。因为性格形成了，人生剧本定了，命运也就定了。

所以，我们每个人小时候的经历，跟父母（或者代替父母照看我们的成年人）互动的体验，会影响我们的一生。用NLP（神经语言程式学）的理论来说，那就是身心的体验，在我们心中形成固定程式，就好像电脑编好了程式一样，同样的操作总会产生同样的结果。

所以，既然剧本是我们自己写成的，程式是我们自己编定的，那么，剧本应该是可以改写的，程式应该是可以升级的，命运应该是可以改变的！

解铃还须系铃人，人生剧本既然是通过身心体验而形成的，那么，要改变人生剧本，就必须先发现自己原来的人生剧本，通过体验发现自己固有的模式，然后就有意、故意、刻意地让身心重新经历一系列震撼体验，从内心让我们有一个刻骨铭心、脱胎换骨的醒悟，从而清洗心灵，改变心态。

这样，一个人心态改变了，行为就会改变，命运也就改变了。

就在这一系列成长课程中，我逐渐清晰了我原来的人生剧本。从一阶段到三阶段，越来越震撼的体验，一次次父母亲练习、脱盔甲练习、冥想练习和清洗心灵垃圾的宣泄体验等环节，让我多次回到我的童年，找到了我的人生剧本：

在我的童年，家里实在很穷，一家人住的房子又矮又小，墙壁还是泥糊的。很小就听说，我爸爸小的时候奶奶就去世了，爷爷又当爹又当妈把爸爸和三个姑姑拉扯大。我从小就看着爷爷很勤劳，爸爸妈妈也起早贪黑干活，这就写成了我人生剧本中害怕贫穷，总是勤奋创业、努力工作的习惯模式。

我妈妈没有上过学，她很羡慕上学，她知道上学的重要性，总叮嘱我一定要努力学习。每天清晨鸡叫时分，妈妈就起来干活，经常会把我叫起来读书，我就坐在煤油灯下，一边打哈欠一边读书。学习好就会得到爸爸妈妈的赞扬和奖励，学习不好爸妈就不开心。这些经历造就了我喜欢学习，但总是要追求外面的成就来证明自己，总要别人认同自己才开心，变得虚荣。做 M 遂道赚了点钱那段时间，是最明显的，有了点成绩就自以为了不起，当然失败就不可避免了。

妈妈很善良，宁愿委屈自己也不愿意同别人争论，有一次，不知谁家的牛吃了人家的番薯，可那人偏偏说是我家的牛，就骂我妈妈，妈妈从不争辩，只是强忍着委屈，然后回来告诉我爸爸。而妈妈对我的教育也是一样，不准我跟别的孩子打架，妈妈还有很多禁止令，总想让我成为一个乖孩子，我记得我小时候，村里别的孩子玩泥沙，我却只是蹲在旁边看。

妈妈晚上经常要到生产队记工分、加班或开会，把我一个人反锁在家里睡觉，有一次我从床上摔下来，幸亏地板是泥土的，没摔伤，但醒来很害怕，哭喊着找妈妈，去开门又被反锁了，很恐惧，一边摇着门一边哭，直到妈妈回来。

还有一次，妈妈回来找不到我了，找来找去才从床底下找到，原来我摔下来没有醒，后来滚到床底下睡着了。这些让我写下的剧本是：我不重要，外面的事情才重要。这让我变得害怕孤单，不坚强不勇敢，胆小怕事，遇到困难喜欢逃避。

妈妈很疼爱我们。晚上打稻谷，队上分给她包子，她从来不舍得吃，每次都拿回来给孩子们吃。在海南，不产麦子，农民一般很难吃到面食，要用粮票才能买到面条。那时候面条也是当菜来吃的，吃包子当然更是一种奢侈，早上吃着妈妈留下的包子，很感激妈妈。这让我学到爱和善良，同时也因为妈妈的忍让和懦弱，让我变得常常忍气吞声，没有及时沟通，直到后来忍无可忍又全面爆发，伤害别人也伤害自己，经常玩"捕熊者游戏"。

而我爸爸是村里的小学老师，他是与众不同的老师，他上课讲故事，做的教具也与别人不一样，他编导的文艺节目，常在乡里、县里获奖，他为社员讲课，常常把一些常识编成顺口溜，让大家易学易记。爸爸会拉二胡、吹唢呐、横笛等，在我的心目中，他是一个多才多艺的人。爸爸的影响，让我在人生剧本中写下：要创新、要与众不同。而看到爸爸当老师很受尊敬，我从小长大当老师的梦想，造就了我喜欢做导师的感觉。

在一次父母亲练习中，让我找到了我总是不愿、不敢跟官员打交道的源头，原来那件事让我压抑着很多恐惧、愤怒的能量，虽然我的大脑把它忘了，但潜意识里压抑的能量让我总是无法自控。

那是我四五岁的时候，有一次我在爸爸的学校里玩，我们一帮小朋友跟

爸爸当年教书的小学，也是我的母校

另一帮小朋友玩游戏，双方通过一堵围墙扔瓦片、土块来打仗。那个时候搞阶级斗争，就连小孩也分成敌我双方两派。不知怎么搞的，对面有个小孩的头被打破了，流血了。那小孩的爸爸把他拉过来找我爸爸，要求我爸爸找出肇事者。大家都不知道是谁闯的祸，这时候，一位新来的女老师，她只认识我，别的小孩都不认识，于是她就随便问了一句是不是阿 A 啊，结果那小孩的爸爸就认定是我。

就是那位女老师随便的一句话，结果把我害惨了，因为那个小孩的爸爸是大队革委会主任，比我们生产队的队长还要大，是我印象中最大的官。既然他一口咬定是我闯的祸，爸爸也就没话说，一巴掌把我打倒在地上，还用脚踢我，我远远地摔出去，而革委会主任还在旁边说着风凉话……

那时，我感觉到极度恐惧、委屈和愤怒，但没有力量去反抗，也没有能力去辩白。这件事之后，我有几次经过革委会主任家门口，那个主任都会故意吓唬我，有次还拿出菜刀来追赶我，这是我童年生活中最害怕的事情，以致很长一段时间，一想起那个人我心里就发毛。因为这件事，我内心就形成了一个基本信念，心理学上叫"童年判断"，那就是：当官的人是最坏的，是最惹不得的。

当我在课程练习中突然回想起那一幕，我感到非常恐惧、愤怒和委屈，当时的感觉油然而生，我终于大声、痛快地对着枕头把压抑了几十年的恐惧、愤怒等能量完完全全地宣泄了出来。后来，我突然发现，我再跟官员打交道，竟让我变得应对自如了。

除了妈妈的很多"禁止令"让我不坚强、不坚持立场之外，还有一件事，让我找到我总是不坚持、容易虎头蛇尾的剧本源头。

我生日是 10 月份，1975 年 9 月 1 日，我未满 6 周岁，因为爸爸是老师，就让我提前上一年级，由于年龄小又没有兄弟老受人欺负，学习也跟不上，当时劳动多，也很累，压抑了很多不愉快。后来，刚好生产队成立幼儿园，我就干脆放弃上学，自己跑去上幼儿园了。当时爸爸也不管我，我的体验是：放弃是很开心的解脱。以后碰到困难，就经常容易想到放弃。

这些 6 岁以前的经历，让我形成了这个剧本模式，再经过 6 岁到 12 岁添加剧本细节，以后就不断重复。

心灵感悟：人生剧本是我们自己写成的，程式是我们自己编定的，所以，人生剧本是可以改写的，程式应该是可以升级的，命运应该是可以改变的！要改变人生剧本，必须先发现自己原来的人生剧本。

发掘自己：

（1）根据读书的启发，认真详细写下自己小时候的人生剧本，留意这些经历是如何影响自己的人生的。

（2）自己一个人用心去读自己写下来的剧本，如果读到哪句话感受到有情绪上来，就不断大声重复那句话，把情绪宣泄出来。

第41场　重塑剧本重塑心灵——少年补充剧本

到6岁左右，人们就说这个孩子"懂事了"，其实所谓"懂事了"，就是基本信念形成了，人生剧本的大纲形成了，接下来的时间，就是给这个人生剧本添加细节内容。

小学三年级，我被选去参加全县的数学比赛，全公社学区初选十多个同学强化训练，公社学区包吃包住，每天有干饭吃。那个时候，在家里通常只能吃番薯饭，喝稀粥。吃干饭这种待遇，只有干部才能享受。父母经常对我们说，要好好读书，将来长大了当干部，当上干部就有干饭吃。所以我少年时读书的目的是将来可以吃到干饭，不要在农村受苦。

那次集训，是我第一次离开父母去外面，每天吃干饭，觉得特别香，觉得学习好就有实实在在的好处。那次比赛，我认识了很多朋友，见了很多世面，我考到了全县的第七名，因此，我成了全公社比较出名的学生。因为这样的关系，我的人生剧本添加了细节：性格变得喜欢被别人表扬，喜欢表现自己，喜欢引人注目。

小学没有读完，我转到县城读书。开始的时候，我住在姥姥家，跟舅舅舅母一家住。姥姥对我很好，但是，舅母一家孩子多，我总觉得跟在家不一样，很多时候总觉得被舅母歧视，很不舒服，晚上我自己睡在厨房的床上，总是悄悄落泪，很想家。第一个星期六，我就悄悄收拾行李，偷偷地跑回家。后来不管妈妈怎么劝说，我就是不肯再到姥姥家住，爸爸只好同意我在家住，给我买了一辆旧单车，每天往返。这给我的遇到困难就喜欢放弃的模式添加了细节。

转学对我影响很大，因为到了县城那里，我的成绩相对就不再那么突出，得不到老师的重视，印象最深刻的是，副校长兼教毕业班数学，他要求每个学生提前做练习题，有个刚转学过来没有做完作业的同学，被副校长严厉批评。那个同学坐在我旁边，他被批评时哭了。我很同情他，多看了他几眼，副校长看出了我的心思，他转过来就批评我，把我骂了一顿。我当时很委屈，又不敢说话，这件事再次印证了我的"童年判断"：凡是当官的都是不好惹的。

我初中上的是临高重点中学重点班，当时班级编排，是把全县升初中考试第 1 名到第 50 名，编入重点中学重点班。读初中时，我开始喜欢看杂七杂八的书，经常去县图书馆借书，除了当时流行的言情、武侠书，还包括气功、相声、魔术、曲艺等各种各样的书，我的好奇心造成我的兴趣比较杂。

初中有件事让我很伤心，学校举行大合唱比赛，因为我个子小，不能参加合唱，那次我们班只有三个同学不能参加，我是其中之一，当时我很头痛，一个人坐在操场上流泪。在乡下读书时，我一直成绩第一第二，一直当班长，结果上了重点班，根本没有名次，个子小，有一次打篮球被撞到头部很痛。于是，我就借故请假不上课，造成因病休学的事实，放弃了重点班。第二年再重读初一，当然名次总在前几名了。从那时起，我一遇到困难挑战，就会偏头痛，就很想放弃……

这一系列课程，让我像福尔摩斯侦探到自己的人生模式，再慢慢地拼图出自己过去的人生剧本，发现了自己的盲点，发现了我的固定行为模式的源头，找到了人生剧本的诱因。

课程让我重现从小到大的遭遇，我终于明白了：

明白了为什么一直害怕同官员、上司沟通，每遇到与官员面对的场合，心里着急，压力很大，原来想好的话，经常说不出来。

明白了为什么体力比我强的同学找我打架，我不知道怎样同他和解，我中专拿不到毕业证，却不敢向校领导提要求。

明白了为什么当分公司老总时，我没有足够的自主权力，我不敢同总公司老总沟通。

明白了为什么做 M 遂道时，做总经理不能好好跟董事长沟通，压抑到最后一拍两散。

明白了为什么开东方溜冰城的时候，我花了钱却不会与派出所所长处理好关系。

明白了为什么事业一次次一遇到挑战就放弃，总是虎头蛇尾，以失败告终……

也明白了为什么经历多年风雨才好不容易建立起来的家，却一次次面临着散伙的挑战！

凡事从头开始，找到源头就可以从源头处理。就好比一个人裤子拉链没拉上，还泰然自若，那是因为他自己不知道，当他发现自己裤子拉链没有拉上，自然就会马上拉上。

课程用体验式的方式，让我找到一直阻碍着我的干扰点，同时再通过体验的方式，让我宣泄、清洗掉这些心灵垃圾，让我重塑积极的、健康的心理模式。

在二阶段，我们通过回应发觉自己的盲点，通过体验演练进一步发现自己的固定模式，通过冥想和父母亲练习找到小时候的剧本大纲，通过公开秘密去宣泄心灵垃圾，通过团队暴风雨去挑战自我……把一阶段的发现，通过二阶段去深挖，在充分发觉了自己过去的人生模式之后，课程用角色扮演的方式，让我过去的人生剧本"死去"，然后通过"相反形象"和"蜕变形象"去体验重生后的全新自己。

就是这次二阶段的"蜕变之旅"，让过去的我"死去了"，我完全投入到体验死去的过程，然后重新演出新生的自己，那个蜕变夜，我完全进入潜意识状态，去到生命很远很远的地方，这种刻骨铭心的体验让我打碎了过去人生剧本的体验，重塑出新的"勇敢、付出、爱心"的自己，因为心灵深处，我有一个声音，那就是：我是一个勇敢、付出、爱心的男人！

到了三阶段，我重新画出了新的人生愿景蓝图，定下了全面的新人生目标，通过教练、死党、团队的支持和挑战，去改变过去的模式，通过 100 天的历练，去打破旧的习惯，逐步养成新的人生习惯，包括心智思维习惯、性格习惯、工作和生活习惯。

就这样，通过系列体验式课程，我一步步找到一段段人生剧本的源头，让我一幕幕去重塑心灵体验，也就一步步改写了我的人生剧本。

三个阶段之后，不知不觉中，我的人生改变了，我仿佛变成了另一个人。

心灵感悟：凡走过，必留下痕迹，生命就像下过一场新雪的田野。

发掘自己：

（1）根据这一场的启发，认真详细写下自己从小学到初中的人生剧本，哪些经历是你最难忘的。

（2）自己一个人独处，准备好枕头，用心去读自己写下来的难忘经历，如果读到哪句话感受到有情绪上来，就不断大声重复那句话，通过拍打枕头把情绪宣泄出来。之后，听听音乐或到环境优美的地方散步，之后把感受写下来。

第42场　有用就有用——课程出来　立马改变

每个阶段课程结束都有一个隆重的毕业典礼。

我在一阶段毕业的时候，导师提醒学员邀请亲戚朋友过来见证自己的成长。于是，我邀请莉莉参加我的毕业典礼。

在典礼开始前，当导师要求所有同学闭上眼睛，等待亲朋好友过来，我就满怀期待地等待着，我相信莉莉一定会过来。上次讲到，前一天晚上我几乎没睡，跟莉莉谈了一宿，所以这一刻最想见到她，跟她分享我的改变。

这时候，我闻到了一缕玫瑰花的芳香，一股暖流涌上心头，莉莉可从来没有给我送过花！我恨不得导师快点让我睁开眼睛，我好快点把她拥抱在怀里。

好不容易，才等到导师数"1、2、3"让我们睁开眼睛，可是，站在我面前的只有陈剑一个人！陈剑捧着一支玫瑰花站在我面前，我不知道发生了什么，一下子拥抱着陈剑，泪水止不住又涌了出来。

每个阶段课程结束都有一个隆重的毕业典礼

我开发的"发掘自己"课程毕业典礼

我百感交集，我很感谢陈剑。然而，莉莉没有来，我确实有些失望，但奇怪的是，我却一反常态，心里一点都不怪她，反而觉得这是我的责任，反过来我反思自己，过去我同莉莉约会，时间总是不准时，迟到的常常是我，所以今晚约她的这个时间，她可能认为也是不准时的，我不能怪她。我自己感觉到，这种心态是过去没有过的。

到毕业分享会开始的时候，莉莉穿了一套很漂亮的晚装走了进来，她还盘了头发，捧了一束大大的鲜花，原来她精心准备，就是为了专门参加我的毕业典礼。我从心底感到很幸福。

我学习过很多课程，也做过很多培训，但我认为，那个课程是我一生震撼最大的课程，那个课程是我人生中一个新的里程碑。现在，我就是用这个课程和其他心灵成长课程结合，来帮助更多人发掘自己，成长心灵。

从第一阶段出来，我立马改变自己，首先是融洽了家庭关系，其次妥善处理好我和主管、员工以及员工内部之间的关系，加快了企业和谐文化建设。

我为特丽洁公司设计了队呼，开会的时候，我们要大声呼喊：特丽洁，特丽洁，真诚合作更团结；特丽洁，特丽洁，营造世界更清洁。队呼一喊，团队的精神状态为之一振。我们每天开早会，员工发言，大家都有统一的掌声。所有的员工都要参加军训，军训由我亲自来督导，实行军事化管理。我们的员工穿着统一的工服，我们的队伍不管开赴到哪里，每次开工和收工都要列队，都要喊队呼，都要唱队歌。

为什么清洁行业很难做大呢？我认为一个主要原因是，这是个低文化劳动力密集型行业，工作地址不固定，因为员工很多，如何监督员工的工作是个难题。我从篮球比赛中发现，每个球员都有编号，有了这个编号，既方便裁判执法，也方便观众欣赏。我从中受到启发，就为每一位员工编号，包括衣服、帽子、工作证，包括他自己用的工具车，每个员工都有自己的统一编号。这就便于监督管理，员工在外面服务，受到客户的表扬、批评，人家一说编号，我们就可以查出来，所以每个员工对待自己的编号就像对待自己的名字一样尊重。

让一个清洁公司注入这样的企业文化，在行内是个创新。于是，不管我们的服务做到哪里，不管是本地企业，还是合资、外资企业，顾客总是对我们刮目相看。

参加完一阶段出来，我又做了一系列改革，决定把小企业当大企业做。

我们每个星期一晚上都有培训，包括礼仪、军训、心态等方面，这让管理人员提升很快，大家经常盼望着周一快点到来。所有新员工都要参加军训，我们全体人员每天早上起来跑步，做队形队列练习，解散集合都是军事化的。

公司很小的时候，我就同我的员工讲公司的发展目标和理想，所以公司虽然很小，但大家都很团结，过得也很开心快乐。

我非常注重公司宣传。我专门编印了广告宣传单张，刊发分类广告，我们在当地电视台做过不少有创意的特约广告。我受一个日本公司的创意启发，专门到邮局选定了一个服务电话号码，这个号码是6624428，它的广东话谐音是"路路易洗洗易发"（当年电话只有7位数）。于是，我所有的宣传都用这个谐音的电话号码，不仅仅是宣传单张，我们的名片、队服、车辆、网站都运用这个营销概念，力争让人过目难忘。很快，顺德很多人都知道我们这个路路易洗洗易发。

我向员工提出全员营销的概念，开工的时候，每个工人出去都要顺便散发传单，没有工开的时候，我们就去单位派发传单。这些工作我都亲自带头去做。

有一次，我看到报纸报道了中国农业银行顺德支行的先进事迹，我就写了一封祝贺信，随信寄了一张清洁服务宣传单张。一周后，该银行基建科一位副科长打来电话回访我，因为有这个由头，后来我多次和银行负责人接触和谈判，我从顺德农行那里获得了巨大订单，包括全部营业网点的门面清洁、地板打蜡，仅这间农行的全年业务就有过百万的营业额。以顺德农行为突破口，后来，我们公司还承接了中国银行顺德支行、顺德信用社的清洁服务。

我的员工每到那些企业去服务，我就派专人去拍照，做成宣传资料。以后，我去拜访大型企业或外资企业，这些资料照片最有说服力，通常我们只需要简短的沟通，生意很快就能成交。

当时的清洁服务成本不高，就以清洗外墙为例，我们每平方米的收价是两块八到三块，而直接成本只有六毛钱左右。第二年，我们的小小特丽洁服务部就发展到员工近200人，利润近百万，超额实现了预期目标。

有了经济条件，公司购买了一辆五十铃汽车，车身张贴着公司的宣传广告，增强了公司实力，也增加了员工的信心。

我经常在课程结束时告诉大家，不管你学的东西有多好，只要你不去用就一定没有用。所以说："有用就有用，没用就没用，关键看行动！"

就这样，学以致用，我把课程感悟运用于生活，让我带领着特丽洁公司逐步步入正轨，初具规模。但，这离我的理想，还相差得很远。

心灵感悟：不管你在这本书里学到什么，一切都是"有用就有用，没用就没用，关键看行动！"

发掘自己：

（1）总结一下，这本书你看到现在为止，你用过哪些？你用过最有用的是什么？还是你根本没有用？

（2）不管你是从事哪个行业或者还是学生，下一步，这本书里的哪些启发，你决定要采取行动？什么时候开始？

第43场　一定要就一定行——零管理费承包公园

随着市场的扩大，我从调查中发现，承包政府工程同样具有可观的利润空间。

那年，容桂有个政府工程要招标，就是疏通下水道。为了中标，我对这个工程做过很多调查，因为我们广州连锁公司没有下水道疏通这个项目，所以我只得自己学习。我相信只要想方设法，什么都可以学会。

竞投这个标，原则上是以价低者得，我完全可以报一个低价去竞争。但最关键的是竞争的资格问题，我从招标办打听到，按我当时的"服务部"资质，还不够格参与政府工程投标。怎么办？这时候，有一个声音：只要我一定要，我就一定行！

这种情况下，我想起了一个重要的人物，他就是曾经与我合作经营西餐厅的强哥。结果，强哥帮我向有经验的人士请教，他们教我一个方法，那就是借用总公司的资质，结果我就获得了竞标资格。

当时，我所谓的公司，其实只是一个小小的清洁服务部，是一个连锁清洁机构的小店，但我们有很好的技术。当我们获得投标资格后，我想的就是如何志在必得。我去那个地段做实地勘察，找来以往被别的公司聘去做下水道工程的师傅，一方面，我向他们请教具体操作过程；另一方面，我向他们承诺，如果我竞标成功，我也会聘用他们，同他们商讨合作条件，之后与他们签好合作协议，一旦竞标成功，协议自动生效。到了投标的时候，我根据市场调查得到的数据，就投出一个比以往任何一次中标价都要低的一个价格，结果，我理所当然地中标。

这次中标以后，我把原有的一百多名员工带过来，另外再聘请了 200 名临时工。300 名工人会战下水道，开工前，我为他们组织了两天的军训，才让他们正式入场开工。我的员工大部分是农民工，在军训中，他们感觉到很新鲜，很好奇，通过军训，我要求他们重视这份工作，重视这份收入。军训不仅是纪律教育，同时也是一次思想动员和技术培训，这样的效果不言而喻。

两个月的工程期，我们只做了一个月，就漂亮地完成了这个工程，300 名员工，人均得到近 3000 块的工钱。那段时间，他们开工、收工时列队，觉得很开心，而颇为丰厚的工资待遇也让他们兴奋不已。

那次中标，我们公司不仅获得了超过十万元的利润，而且最重要的是，开始同政府有了合作，这让我看到，政府有很多项目是可以外包的。不过承包政府工程首先需要一个资质，认识到这一点，我赶紧把特丽洁清洁服务部重新注册为特丽洁物业管理公司，还把经营范围从室内外清洁，增设了物业管理、环卫清洁、垃圾处理、市政管道疏通服务等项目。

但是，扩大了经营范围，要申报物业管理资质，还必须有管理项目。怎么办？

我想，只要我一定要，我就一定行。

这时候，我听说容桂海尾有一个物业管理项目要招标。

容桂海尾是顺德有名的村办工业区，因为工业区内有广东格兰仕集团、金纺集团、顺威集团等大中型企业，新建成的海尾村委会大楼，甚至比广东某些县委大楼建得还要气派。

海尾村办了一个公园，这是顺德村委会办公园的首创。按惯例，政府来管理这个公园，必须拨款，如果政府发包给企业，政府就要向企业支付管理费。作为这样的项目，很多比我们规模大，又有资质的公司都很想拿下来。我作为一家没有资质的公司，如何在竞争中获胜呢？

我又想，只要我一定要，我就一定行。

我想，作为村委会，他们一定最希望既把公园管理好，又能做到最省钱。于是，我亲自做了一个详细的管理方案，向村委会提出，我可以用零管理费包下新建成的海尾公园，也就是说，我公司请保安负责治安，请工人打扫卫生，所有的经费都由我们公司自己承担，不要村委会掏一分钱管理费。很快，我们以零管理费承包了海尾公园。

承包海尾公园的管理，如何实现公园的收支平衡呢？我又有自己的创意，我除了出租公园的几个铺面，还在公园内经营烧烤场、露天溜冰场、足浴中心和游泳池，结果我不仅不亏本，还略有赢利。

更重要的是，我们因此拿到了物业管理资质和绿化资质！从此，我们可以参与政府相关的投标。我们还把公司办公室搬到了海尾公园，特丽洁公司有了一个上档次的办公场所。有了这个海尾公园，我们公司的利润、规模和形象马上得以提升。

进驻海尾公园那年，是特丽洁的一个重要发展历程，这一年，公司员工发展到300人，增购一辆小车、一辆五十铃工程车和一台洒水车。

随着公司的资质提高，资产增多，我对投标政府工程越来越有兴趣，越来越有信心。

心灵感悟：没有做不到，只有想不到。凡事都至少有三个解决方法。只要你一定要，你就一定行！

发掘自己：

（1）想想最近你有什么事情很想做或有什么目标想达成，但又有障碍而一直没有行动，一一写下来。

（2）告诉自己："凡事都至少有三个解决方法。只要我一定要，我就一定行!"——针对上面的障碍,每件事情都想出至少三个解决方案_____。

第44场　榜样的力量——一次中标三家公园

创业之路充满坎坷,特丽洁公司的发展也不例外。然而,在关键时刻,我参加了系列成长课程,心态改变了,处理事情的行为也就改变了,结果当然就不再重复那种虎头蛇尾的模式。这段经历,有几个重要的环节是不能不说的。

作为劳动力密集型企业,我对特丽洁的发展思路,当时确定的是先做大,再做强。

在课程里,我当时学到一句话:读十年书,不如行万里路;行万里路,不如名师点悟;名师点悟,不如跟随成功者的脚步。我想,要成功,就要跟成功者学习;要做好企业,就要跟企业做得最成功的人学习。

于是,我买了一本《李嘉诚传》,认真研究学习,感受很深:

为了做塑胶花生意,李嘉诚竟然跑到意大利去学做塑胶花。中环地铁中标是李嘉诚进入房地产创业的开始,这次中标极富传奇色彩,对我也颇有启发。

从中标顺德容桂下水道工程起步,我开始参与政府工程。我一定要扩大公司规模,首先要增加工人数量,我提出特丽洁的第三年人数规模要超过一千,而当时员工只有一两百人。如何增加工人数量,这就要求公司去承包更多的政府工程。有了这种目标和思路,我开始有意识地与政府办、财政办的官员朋友、老乡打交道,向他们讨教,请他们一有工程投标就第一时间通知我,告诉我承包某个工程需要什么资质条件,以便我能提前做好应对准备。我发现,通过课程体验,我跟政府官员的沟通模式改变了,不知道从什么时候开始,我变得游刃有余。

为了确保我的注册资金达到投标要求,我又把公司的注册资金从50万元提高到100万元。等到招标通知书出来的时候,其实我已经做好了充分准备。

2002年底,号称"中华第一镇"的容桂镇,推出文塔、狮山、凤岭等六个公园和四个环卫路段，面向社会招标，招标规定，价低者中标，但其中六个公园，一家公司最多中三个公园，四个环卫段，一家公司最多中两个段。

招标书一出来，特丽洁公司全部报名参加竞标，并为每个标的预交了押金。在开投标会的时候，我坐在后面，那时没有人认识我。开完会后是去现场勘察，在面包车上，我也坐在人群后面，下车走路，我跟在城建办领导的后面，我听那些竞争对手和城建办领导谈笑风生，我知道没有谁会把我这个外地来的、不知名的人物放在眼里。可是，我心中暗暗认定，这是我志在必得的机会。

然而，天机不可泄露。和竞争对手一起勘察时，我故意表现得漫不经心，但等大家勘察过后，我就再悄悄地去勘察，去找市民了解原来管理的情况，去找老工人了解原来公司的情况，还去找政府方面的朋友询问以往中标的价格。我想，我只有做到知己知彼，才能百战不殆。我去暗访保安、清洁工，了解他们的工资待遇、工作时间、生活要求，然后我决定亲自来写每个标的标书。

为了把标书写得最精美，我专门买了彩色纸和彩色打印机。当时，标书还没有标准的格式，我在标书上印上我们公司在大型企业开展清洁服务的大彩照，把过去做过的系列项目编成表格。这个标书做下来，就变成了一本很生动、很有创意的规划书。

当然，这些只是表面的东西，我们最大的工夫是下在如何降低报价上。那年投标的规则很简单，就是价低者得标，所以如何报出一个既有竞争力，又能实现利润的标价是非常重要的。我同莉莉和公司的业务副总为标价算了几个晚上，一直到投标前晚上 12 时，我们才把标书全部打印好，贴上封条，盖上公章。为了确保绝密，我们把标书抱回了家。

第二天就要投标了，那晚，我和莉莉回到家里已经一点多钟了。可是我仍觉得不放心，躺在床头，我随手拿起《李嘉诚传》翻看，一眼就看到，他在投标香港中环地铁上盖项目时，采取的特别策略。书中写道，李嘉诚当时的竞争对手很强，但他却志在必得，他当晚没有睡觉，最后他决定，让地铁公司占 51% 的股份，而他个人方面只占 49%。结果一标中的，震动了整个香港地产界，从此奠定了李嘉诚在房地产业的辉煌。

我反复思考李嘉诚的策略，觉得他做得太巧妙了。我想，这次能不能中标，都是特丽洁面临机遇与挑战的生死一搏，只有中标，特丽洁才能上规模、上档次，才能进一步提升资质，做大做强。想到这里，我同莉莉说：

"我们一定要赢，走，跟我回办公室去！"

当莉莉抱着标书，随同我再次来到办公室，已经近两点了。我们把封条打开，把所有标的价格都调低3%左右，再重新封装。

当我们把那些标书重新抱回家，东边的天空已经出现了启明星，我忽然感觉到，清晨的空气格外清新宜人。

早上，我同莉莉和业务副总都去参加投标。开标的时候，我的心在咚咚地跳。

主持人首先宣布封顶标价，凡超过封顶标价的算作废处理。然后请公证机构来验看所有的标书是否符合程序要求。我们的那些标书通常是一式五份，即正本一份，副本四份，分别交由党委办、政府办、财政部门、招标单位等各部门掌管。

现场当众开标，听到第一个中标的是特丽洁，现场很多人哇地一声叫出来，因为中标价格让大家出乎意料，中标的公司也让他们出乎意料。在那次招投标会上，我们特丽洁公司一次性中得三个公园、两个环卫段，中标率为100%。

值得一提的是，其中一家最有利润的公园，我原来写好的是"零"承包费，后来深更半夜回去改成了 - 66244.28 元/年。我猜测有人也会想到"零"承包费。果然，开标中有一位承包商就投了"零"！好险，对方公司资质比我们高，如果价格一样，我就中不了这个标了。

全面中标，大获全胜。可是公司怎么能一下子同时应付那么多公园，那么多环卫工作呢？特丽洁迎来了发展历程中最严峻、最艰难的考验。

心灵感悟：读十年书，不如行万里路；行万里路，不如名师点悟；名师点悟，不如跟随成功者的脚步。

发掘自己：

（1）你的理想是什么？你行业中的第一名是谁？或者你最想成为一个什

么样的人，最成功的榜样是谁？

（2）找到上面这些成功榜样的书或资料，认真研读，记下他们成功的思维模式、策略方法和灵感。

第45场　纵容与包容——摆脱陷阱　自订新工具

我记得，当年在海南找工作的时候，我白天去应聘，晚上睡在公园里，经常被保安赶来赶去。那时我心想：如果我将来有一家公园，我爱怎么睡就怎么睡，那该多好啊?！而现在，我一次性中标就可以管理三个公园，加上海尾公园共有四家公园，当然现在也不需要睡公园了。

特丽洁不过是一间小公司，凭什么能中标，而且一次中下5个标的呢？这在招投标会上引起轩然大波。我成了大家注目的焦点，我尽量把头低下来。

这时就有老前辈说起风凉话来了：懂不懂做，懂不懂行啊？到底还想不想赚钱，还想不想活命啊？哼，外行人也想做内行人的事情，真是自不量力！除了说风凉话的，更多的人是等着看我的笑话。他们以为，一个根本做不下去的价格，我一定会惨败而归，到那时，他们看着我干不下去而毁约，然后他们再来投一次标。反正那时说什么想什么的人都有，我也没有分辩，尽快办好相关手续就回来了。

招投标会过后，还有三天时间的询标和公示时间，如果没有发现什么问题，招标方才能发出正式的中标通知书。

我从招投标会场回到办公室，没有我预想中的兴奋，一下子中下五个标的，我们公司需要投入大量的人力和资金，还有很多很多的关系要去处理，这对于我这样一个外地人、外行人和一个小公司，是多么大的压力和挑战啊。

招投标会结束的当天下午，我突然接到通知，说城建办主任要到特丽洁公司来看一看。我赶紧通知全部保安集合，从海尾公园门口到办公楼五步一岗，列队欢迎。城建办主任来到我们公司，保安们一路行标准军礼，以最隆重的礼节予以接待。

然而，一路上城建办主任表情凝重，我明白，他最担心的是，我们这间新公司一下投中五个项目，到底有没有能力做下来。

于是，我向领导介绍了我们的方案，并拿出我们以前同各公司签订的合同，把更多的资料相片给他看，介绍我们公司的经营管理理念和发展情况，然后带他到海尾公园实地走了一圈，城建办主任经过公园石凳和石桌旁，他用手摸一摸，经过不锈钢垃圾筒旁边时，也特意伸手去摸了摸。

临走时，城建办主任变得有说有笑了，他说：

"保安列队敬礼都是虚的，搞形式主义，别人也可以搞，但我看到你海尾公园的绿化管理、清洁做得还不错，连垃圾筒都擦得干干净净。这段时间你们要好好干，你干不好就是我干不好，有什么困难来找我们。"

城建办领导走后，我才松了一口气。别看我在召集保安讲话时表现得胸有成竹，但要一时处理这么多招标工程，我确实还没有全部准备好，心里很紧张。

2003 年 1 月 1 日，五个标的项目我们要同时全面接手，而时间只剩下半个月。现在我们要解决两个最紧迫的问题，一是添置工具，二是招聘员工。工具和员工，原来承包的公司里都有现成的，如果那些公司配合的话，这就不成问题。但我们是他们竞标会上的对手，他们极不愿意配合，不但不配合，还有拆台的危险。

我们首先要添置的是环卫三轮车。当时我们要订购 100 辆环卫三轮车，可厂里没有那么多现货，如果要定做，至少需要十天时间才能拿到货。这个信息，我早在开招投标会前就了解清楚了。但订货不是最理想的方式，最理想的方式是转让原承包公司的三轮车，这样，我们就可以节省一些投资，而且原来的公司也可以获得一些折旧收益。

所以，中标以后，我赶紧去找那间公司商谈，他们说要考虑考虑，等几天给我答复。等到第三天，那些公司还在拖着不肯同我签订转让合同，可我已心急如焚。

如果我再不去工厂订货，我就不能按时拿到工具，这样拖下去，那间公司可以有两个打算：一是抬高价格，甚至比新工具还要贵；二是不卖，等我的环卫工作交接不上。我不敢想象，当时容奇和桂洲两镇合并为容桂，号称中华第一镇，据说是工农业总产值全国最高的一个镇，每天产生几百吨垃圾，假如一两天完全不清运垃圾，那个城市将会是什么样。想到这个后果，我不寒而栗。

在这个时候，面对紧急问题，我想起：

"我是一个勇敢、付出、爱心的男人！"

于是，我当机立断，对他们的负责人说：

"这是一件共赢的事情，你好我好大家好。我们是很有诚意的，行不行今天确定，如果可以我们今天下班前就签合同，如果今晚不签合同，明天我就不要了。"

但是他们还是含含糊糊，说再等一天，就同我签合同。

在这种情况下，下班前我明确告诉对方，我们不等了，我们自己去找新的三轮车。

就在那个晚上，我当机立断，去三轮车生产厂家预交定金，定做一批新三轮车。好险，这离我们接管新标的只剩下12天了。

后来，那间公司一位高管来我们公司应聘，我才知道，他们是故意想刁难我们，如果我当时不当机立断，后果不堪设想。

而当他们得知我们定制了新三轮车，再主动来找我们转让，就算承诺价钱优惠，我们确实也要不了，再到后来，听说他们找了一个大仓库来堆放这批旧三轮车，因为仓储很贵，最后只好当做废品处理了。

我想，这就是社会，这个社会中充满机会，而每一个机会也都带着社会的特性。机会来了，往往挑战也来了。商场自然有商场的游戏规则，该竞争时要竞争，只要不是损人利己，不搞恶性竞争，而是懂得保护自己，甚至适时还击，优胜劣汰这也是对自己、对别人，以及对社会的负责任。

心灵感悟：包容不等于纵容，共赢不等于不赢。该竞争时要竞争，优胜劣汰是对自己，也是对别人、对社会的负责任。

发掘自己：

（1）请亲自查词典，将"包容"和"纵容"的解释亲笔抄到下面。

（2）想想自己是否有过把纵容误作包容而付出代价？感受如何？

第46场　先做人后做事——招聘员工打一场硬仗

招聘员工更是一场复杂的斗争。

一下子要招聘五百多名员工，我们到哪里去招聘？即使招到了，五百多名新手，他们怎么可以顺利接手别人的工作呢？显然，我们的员工只能从原来的公司那里聘过来。

就在我们同那间公司洽谈工具转让的同时，我们也要求公司协助我们转聘员工。按照惯例，一个对员工负责的管理公司，他们自己没有中标，原本有责任把老员工推荐给新公司，但是，他们不但不推荐，反而从中设阻，就连员工的名单都不给。

"员工名单是公司的商业秘密，也是员工自己的秘密，我们没有权力向别人公开这些秘密。"听起来，拒绝的理由是够冠冕堂皇的。

原来公司摆明不愿意配合，为了这件事情，我们去找城建办反映，城建办领导说，你们一下中了那么多标的，他们一个也没有中到，他们肯定不舒服，现在人家不愿意配合，我们也没有办法。

我赶紧另想新的招数，连夜印制宣传单，向那些公司的员工派发，要求老员工及时来报名登记。第二天下午，就有原公司的员工过来报名，可到了第三天，原公司不但没有人继续来报名，连那些已报了名的人也要求退出，他们说我们公司投标价太低，肯定福利不好，要谈条件。

当时，我们向那些老员工承诺，福利待遇不低于原来的标准，而且每个月还增加50元。但经别人一煽动，那些本来文化不是很高的农民工，说不干就不干了。按照他们提出的要求，平均每人要增加两三百块钱的工资，这样，公司每个月就要增加十多万元成本，每年要增加一百多万元成本，这对我们来说，是根本无法承受的。但是，如果不答应他们的要求，元旦那天假如真的没有人来干活，我们就无法顺利交接，那我们的后果就不堪设想了。而此时，如果我们到外面去招，即使能招到，用新手来交接，肯定是困难重重。

怎么办？课程告诉我，突破思维，找到出路。这是关于"人"的问题，当然用"人性"的方法去解决。先做人，后做事，只要把"人"做好了，"事"自然就会解决的。

首次招聘失败，我赶紧召开一个紧急会议，那次开会开得很晚，我们决定打一场硬仗，因为我们不能让别的公司等着看我们的笑话。我们决定采取三条措施：

第一条，凡事从头开始：争取主管部门的支持；

第二条，得人心者得天下：争取基层环卫工人的民心；

第三条，不拘一格招人才：多种渠道多种方式进人。

当晚，我们就把自己的员工分成几个工作小组，要求他们亲自去找环卫工人谈心。在与员工谈心的过程中，我们了解到，大部分员工想来干，因为他们不干就等于失业，但受了一些人的挑拨和煽动，现在是干也不好，不干也不好。

在这种情况下，我们一方面大张旗鼓，大贴招工广告，造成很多员工要来我们公司应聘的影响；另一方面，我们派人去做部分老员工的思想工作，让一部分人先来报名，并答应先报名先签合同优先安排工作，还有增加工资，不过报名时间必须在限定时间之前。

我们将心比心，语重心长地去劝导那些老员工，说他们的老板没有中标，但老板还可以做其他事情，可老板不会带清洁工走，你们不做这份工作，现在一下子能找到什么工作？你们不先去报名，等到公司员工招满了，你们再去报名可能就不要了。

部分老员工一听，认为我们说得有道理，就赶紧过来报名。报名的地方，我们搬了几台大彩电放在门口，播放公司的宣传录像，做一些宣传招式，我们公司的全部工作人员都穿统一的制服，现场还拉出招聘横幅，准备了矿泉水和饮料。还有，所有来报名的工人，我们都给一小袋洗衣粉等日用品做礼物。

就这样，我们想方设法给前来应聘的员工一个很隆重的招聘场面和一个很专业的公司形象，让他们感觉来这里报名，是一件受尊重很光荣的事情。有些人一番观望之后，终于坚守不住也过来报名。

为了确保 1 月 1 日能顺利交接，我们又向城建办提出，要求提前一天交接，我们宁愿多做一天，结果在 12 月 31 日，我们号召本公司的专业清洁工人支持环卫部门的工作，特别要加强主要路段、繁华路段的清扫保洁工作。

刚接手的 31 日和元旦那两天，我们批发了大量的面包和菊花茶，我和管理人员亲自给那些在路面上工作的环卫工发放，深入基层鼓舞士气，还给每位工人发 30 元开工福利。虽然钱不多，但大家觉得受到尊重，果然士气高昂。

那两天，城建办的同志也来到现场，对我们的提前圆满交接非常满意，而且还表扬我们元旦假期清洁做得比以往还好。

就这样，我运用课程中所学的心态原理，通过一系列举措，使本来还有一些犹豫的员工，也都纷纷回来报名，要求分配工作。这一关我们就过去了。

心灵感悟：得人心者得天下。先做人，后做事，只要把"人"做好了，"事"自然就会解决的。

发掘自己：

（1）两天内，想方设法用送花，或写心意卡，或神秘礼物等你过去没有用过的方法，给你的每位家人或身边的团队队友一个惊喜，让他们感受到你对他们的爱和尊重。

（2）然后，跟他们分享你对他们感谢的心里话，把感受写下来。

第 47 场　放弃和坚持——不屈服威胁和困难

有人说："不是猛龙不过江。"

我作为一个外地人，当时在顺德被称为"捞仔"，要想跟本地地头龙竞争获得发展，其实非常不容易。

特丽洁要想发展壮大，确是一路坎坷，不断经历困境和挫折，但课程学习不断给我信心和力量。

　　当一个又一个严峻挑战袭来时，我不再偏头痛，不再想放弃，不再说不可能，而是越挫越勇，总是想怎样做才有更多创造可能的机会。是这个课程改变了我，打破了我人生轮回多次的虎头蛇尾，这一回我一定要成功。

　　刚接手环卫管理那段时间，我每天早上 3 点起床，开上一辆夏利车，跟我们环卫主任去检查，去鼓劲，去加油。为了要赶在早上 6 点大家起床之前，把整个城市打扫得干干净净，我们的环卫工人凌晨 3 点就起床开工了。

　　就是在与环卫工人工作的那段时间里，我才知道，我们的环卫工人是多么的辛苦，才知道打扫街道卫生也有许多学问奥妙。比如说：环卫工人住的地方是分散的，他们两三个人负责一个路段，打扫的时候，要分清风的方向，如果风从南方起，就要从南端扫到北端，如果没有刮风，就要从垃圾远的地方朝垃圾站的方向清扫。碰到下水道的沙井盖，要绕过去，不然垃圾掉进沙井会造成堵塞……

　　交接初期，城建办的领导也没有休息，他们天天到街上来检查，之后，他们告诉我，我们的环卫工人做得不错，交接工作顺利通过。

　　然而，环卫管理刚刚解决，公园里面的问题又出来了。我们交接公园的时候，原来的公司是照样不配合的，有些人故意搞破坏，如撬坏门窗，砍倒树木。有一家公园，他们把很多树木挖走，挖不走的，他们也要把树木砍死，我们劝他们不要这样，他们就说，这是他们自己栽的树，本来就不属于公园的，他们要怎样就怎样。这点，由于之前的合同没有写清楚，就连城建办的人也拿他们没有办法。

　　当时我接手的公园里有两个游泳池。交接游泳池的时候，那些原来管游泳池的来找我，要我把游泳池承包给他们，但他们开出的条件很苛刻，让我难以接受。

　　我以前承包的海尾公园，那里也有游泳池，我知道游泳池是公园里的赢利项目。现在我承包的这两个公园，我用的是最低的竞标价，就是想利用游泳池来赢利，当然没有办法满足原来承包者的要求。结果，那些人就威胁我说：

　　"你不给我们包，你的游泳池肯定办不下去！"

　　还说："你知道游泳池里死过多少人吗？如果你发生一起死人的事件，你的游泳池还能赚钱吗?"

虽然他们的威胁很凶,但课程让我锻炼了勇敢和坚强,我不能也没有办法满足他们提出来的条件,我决定不管多大困难,我们也要自己接管游泳池。

可是,我想聘用原来游泳池里的救生员,他们一个也不愿意受聘。幸亏我在这方面早有准备。海尾公园开游泳池的时候,我就对保安进行了培训,我的保安人人可以当救生员,也可以在关键时候当清洁工。我对员工的要求是通用、通才。这样,别的公司救生员不来,我就把保安换成了救生员。

还有一点,那就是没有了原来的救生员,泳池里的水如何处理干净呢?

其实我已经在海尾公园悄悄做好了准备,培养了水处理师傅。于是,我又当机立断,用自己的人上。

有些经营游泳池的人标榜说,他们泳池里的水两三天就换一次,或者一周换一次。其实,这是不可能的。正常来说,游泳池里的水,全部放干要一天,而要再放满需要几天,所以换水的可能性是非常小的。

而泳池水处理的方法是,每天晚上等游泳池休业之后,管理师傅根据水的 pH 值酸碱度,在游泳池里面投放专业沉淀剂,再用抽水机搅拌,按照化学反应,把水中的杂质沉到水的最底层,大约凌晨四五点,由救生员用水底吸尘机,将最底层的沉淀物和水抽走,再补充一定的水,然后投放氯丸、氯粉,确保水的含氯量符合标准,含氯量不能少也不能多,少了起不到消毒作用,而如果太高了,就会对眼睛黏膜有影响。经过一番这样的工作,水变清澈了,尤其是早上的水看起来最清澈。

然而,强龙压不过地头蛇,他们一计不成又生一计,那段时间游泳池和公园发生的事情几乎让我做不下去了:从泳客丢东西、泳池发生玻璃事件,再到市民投诉,最后严重到政府发出"整改通知书",因为根据承包合同,限期整改意味着随时收回项目,特丽洁面临着扫地出门的考验……

面临如此多挑战,若是以往模式,估计我可能又会偏头痛,又想着要放弃了。幸亏这段时间,系列体验式课程给我的震撼和心灵力量,让我不断告诉自己:

"愿意向任何难度挑战,自律和坚持!"

"愿意向任何难度挑战,自律和坚持!"

"愿意向任何难度挑战，自律和坚持！"

因为第三阶段一开始，课程告诉我，做任何事情必然成功的"十大警句"：

一、承诺于事情的发生而不是它如何发生；

二、承诺于得到预期的结果而不执著于常规；

三、愿意向任何难度挑战；

四、愿意修正行动；

五、愿意放下现在我所拥有的；

六、客观事实是最终的权威；

七、清晰的目标与理想，焦点集中于计划；

八、计划要求完整且细致；

九、行动是迫切的，而不是孤注一掷的；

十、自律和坚持。

这十大警句对我一生影响很大，深深地刻在我的脑海里。遇到那么多问题，我内心总是告诉自己：成功者永不放弃，放弃者永不成功。只要精神不滑坡，方法总比困难多。知难而退就没有机会，自律和坚持要相信自己！

承诺于事情的发生而不是它如何发生，愿意迁善行动！一个人可以同时做好几件事，一个问题可以有很多种解决的办法。所以在我全面中标之后，同时面对许多的困难和问题，我都在想办法去解决，我不再偏头痛！我不再想彻底放弃！！

但是，巨大的困难和挑战还在向我袭来，我能躲过这一劫吗？

心灵感悟：自律和坚持。只要精神不滑坡，方法总比困难多。知难而退就没有机会，自律和坚持要相信自己！

发掘自己：

（1）在下面把"十大警句"亲手抄下来，再找十张 A4 纸，边抄边诵读至少十遍，一句句弄懂它。

（2）把自己亲手抄下来的"十大警句"贴在你经常可以看到的地方，经常诵读。

第48场　意愿与方法——同样难关　不同心态

别的公司承包公园，要求政府支付管理费，而我承包公园，不但不要求政府支付管理费，反而向政府上缴管理费。

在上次竞标会上，我猜测到有人会想到零管理费，而我更想到了负管理费，这就是我志在必得的理由。果然，开标时原来一位承包商就投了"零"，幸亏我深更半夜又回去改成了"－66244.28元/年"。我不仅大爆冷门中了标，而且还不忘做了一次广告，因为中标金额还是我们的广告词：路路易洗洗易发！

但是中标了，我并不被别人看好。后来我才知道，政府管理公园，本来就有预算投资公园管理费，而现在我一中标，进行负管理费，他们的钱就没有地方花了，所以就算是政府部门也有人对我有意见，说我把市场搞乱了。

游泳池接手以后，有段时间竟然出现顾客刺破脚的事故。我发动保安调查，他们说不可能的，因为他们不准带坚硬的东西进游泳场，后来保安终于在泳池里找到啤酒瓶碎玻璃。

一波未平一波又起，玻璃刺破脚的事情还没有完结，游客存物柜被撬的事情又接二连三地发生。很明显，有人故意在捣乱。我告诫保安一定要严密看守，不让别有用心的人有可乘之机。

为了把游泳池经营搞活，我在游泳池旁边增加彩篷，在小卖部里增售泳衣泳裤，还增加了饮料种类，在泳池周边还增加了烧烤项目。我还对那些长期来的顾客给予优惠，实行月卡、年卡制度，同时把散票的价格提升，由五元提升到八元。对泳池的装修布置，我也费了一番心思，主要是重新安装霓虹灯，设计时尚广告招牌，通过一系列活动策划经营搞活泳池，每天的生意比原来好了一倍。

就在这时候，新的麻烦又来了。一天，城建办领导来到我的公园，直接叫我们停业整顿！

原来城建办收到了很多投诉，有的说我擅用保安员当救生员，没有专职的救生员是违规操作；有的投诉我保安管理不力，泳客物品被盗；有的投诉我游泳池卫生出现严重问题，多位泳客被玻璃刺伤；有的投诉我擅自提价，增加顾客负担；有的投诉我占用公园空地，把小卖部变成酒吧，把公园变成了赚钱的工具；还有的对环卫路段也提出投诉，还拍了一大堆垃圾遍地的照片为证，说我公司做的清洁不够好，居民意见很大……

城建办领导听说我公司有这么多问题，就向我发出整改通知书，要求我限期整改，不然就解除合同，停止营业。

按照政府招标书和承包合同规定，只要有市民投诉造成限期整改，接下来他们确实可以解除我的合同。这对我是一个严重的警告，如果真的解除合同，不仅我所有的投资会付诸东流，而且特丽洁和我必将面临破产！

我知道很多不中标的人正在等着看我的笑话，我知道谁在投诉我们，我更知道为什么游泳池里会有玻璃碎片……

其实，这些投诉全部是我的错吗？先拿环卫清洁来说，不管谁来管清洁，我要用相机拍到几个不干净的地方，当然是非常容易的，谁知道那是不是刚倒下来的垃圾？而且清洁分时段，即使我们的员工做到最好，总有一段时间有些垃圾，要不然就不需要去扫了，所以那些专门要投诉的人，想要拍照片抓把柄是很容易的。

至于说我占用公园空地，大搞公园酒吧，这是合同里没有规定不行的，何况这样做，大受游客欢迎，客流量成倍增加就是明证。

而擅自提价的问题，其实，我只是对那些偶尔来的散客提价，这是我的营销策略，我管理公园还要交管理费给政府，不是为政府省钱吗？况且，提价的同时，我的服务环境和服务水平也在提升，而大部分长期顾客，我实行了优惠制度，其实是没变的。

那些玻璃刺脚和物品被偷就更明显了，难道玻璃和物品会长脚吗？……

可是，客观事实是最终的权威，以结果论英雄。确实就是有那么多投诉，我有满肚子的道理，没有哪个领导听我的解释，就算我有十个嘴巴也讲不清。

我面临着可能做完这个月就要走人的绝境！

按照我以往的模式，我就要头痛，就要放弃，可这时的我，想起了课程的体验，想起了导师同我说的：

不是"我无法"，只是"我不愿"。不要说不可能，要想怎样才可能。假如我不能，我就一定要，假如我一定要，我就一定能。

既然我要做政府工程，我就必须同政府搞好关系。应该说，顺德政府非常开明，管理规范，但是，我们也应该明白，如果你有好的关系，你才能有说话的机会，如果你没有这个好的关系，你就连说话的机会都没有了。

怎么办？怎么办？？怎么办？？？

我想起，一阶段里一个重要体验：意愿决定人生！只要我的意愿足够强烈，只要我的意愿是100%，我一定能想出无穷的方法。

就在我面临被解除合同、停止营业的困境时刻，我想起了一个人，我想他一定能帮我渡过难关。

心灵感悟：意愿决定人生！不是"我无法"，只是"我不愿"。只要我的意愿足够强烈，只要我的意愿是100%，我一定能想出无穷的方法。不要说不可能，要想怎样才可能。

发掘自己：

（1）"我无法"练习：定时两分钟，自己不断去说"我无法不××"，如：我无法不上班，我无法不学习等，根据录音或记忆，一一写下来。

（2）把上面全部的"我无法"变成"我不愿"，再重新不断说说上面的话"我不愿不××"，感觉有什么不同？哪个说法会让自己有内在的力量？哪个说法让自己无奈无力，而哪个说法让自己负起责任，去觉察到自己"不做"这件事的动机是有自己的原因？

第49场　舍与得——中标项目　柳暗花明

就在我面临被解除合同、停止营业的困境时刻，我想起了一个人，他就是强哥。

上次讲到，强哥乐善好施，人脉很广，跟各级政府的领导关系很好。当初他在顺德办高尔夫俱乐部的时候，就是为了让朋友们有一个锻炼场所，活跃当地高尔夫文化。开张时，当地省、市、区领导也过来剪彩，前广州市市长黎子流也过来给他题词，香港艺人谭咏麟、洪金宝、曾志伟等为他送来牌匾。俱乐部开张以后，各级领导也常来他这里打球联谊，可见强哥是个很有人格魅力和广泛社会关系的成功人士。

我曾同强哥有过一段时间的合作，尽管后来的生意流产了，但我仍然与强哥保持着密切的联系。我经常帮强哥的高尔夫俱乐部做一些义务工作，比如打印一些商业性的资料，几乎是强哥逢叫必到的。为此，强哥还特意送了一套价值过万的高尔夫球具给我。

我想，做政府工程，我的管理和技术都不成问题，问题是公关沟通方面我很欠缺。

通过课程学习，我学会凡事要善于"区分"，每行每业都有自己的游戏规则。作为管理项目，如果管理100分，而公关沟通50分，那最后只是50分；而如果管理50分，而公关沟通100分，那最后就会有75分；当然，如果管理100分加上公关沟通100分，那肯定就是200分了。也就是说，公关做不好会把分数拉下来，而公关做得好，会把分数拉上来。

于是，为了提升我与政府部门公关沟通的短板，我决定再次同强哥合作，请他做我们公司的股东并担任董事长。

可是，强哥是大公司里的头面人物，他怎么可能答应做我这间小公司的董事长呢？这时，我又想起了李嘉诚，他为了争取中环地铁上面的建筑权，他提出地铁公司占51%股份，他个人方面只占49%。就是李嘉诚这种出人意料的"舍"，才使他"得"以成功。

我想：与强哥合作，让他做我们公司的董事长，这能保证特丽洁公司再上一个新台阶，但为了"得"到这个结果，我必须先"舍"！

想到这里，我决定向强哥提出，只要他答应做董事长，我就送给他50%的股份，他不需要交任何钱来入股，而且我承诺，如果赚了钱我们对半分，如果亏本，则由我一个人承担。

我提出这个优惠条件的时候，莉莉急了，她说，如果每年获得100万利润，等于要送给别人 50 万，但如果我们亏了 100 万，那就要由我们自己独立承担，合作本来要共担风险共享利润，现在只让别人分享利润，不担风险，这太不公平了。

莉莉的担心我是理解的，我们辛辛苦苦做了两年，现在每年赢利都不错了，就这样白送人股份，一般人都会不舍得啊。

其实，要是以前，我也会舍不得。幸好我刚刚上了这套心灵成长课程，在课程中悟到：舍得舍得，先舍后得，小舍小得，大舍大得，不舍不得。我想大得，就必须大舍。

所以，我说服自己，也坚持说服了莉莉。我对莉莉说：凭强哥的地位、魅力，这就是不小的无形资产的投资，"心有多大，舞台就有多大"，"境界有多高，事业就有多高"，我们要把事业做大，现在我们不仅要舍得，更要学会"喜舍"，"喜舍"就是喜悦开心地去"舍"，而不再考虑"得"，那才是真正的大舍。

强哥是个很讲义气、乐于助人的成功人士，他听了我的请求，我感觉到他被感动了，他说：

"这虽是一个小生意，但你在这里创业不容易，只要我帮得上，没有股份我都乐意帮你。"

"那不行，如果公司跟您没关系，您愿意帮我，但别人不一定会给我面子呀。"我说，"但是，如果您是董事长，那就不一样了。您不仅可以帮到公司，而且我还有机会向您多多学习呀。"

后来，强哥考虑再三，他决定接受我的邀请成为特丽洁董事长，但是，他说："既然你认为我可以帮到公司，我愿意支持你，但是你们辛苦努力了那么多年，我不能白要你的股份，你就按现在的评估价出让 50% 股份，我愿意用以后分红的钱来购买股份。"

强哥果真做事光明磊落，他的想法确实公平得体，大家共赢。于是我们一拍即合，强哥成了董事长，我做总经理。

合同签订后，我为强哥印制了新名片，上面就是特丽洁公司董事长的头衔。然后，强哥运用他的公关关系，邀请了相关领导一起吃饭，席上他帮我一一介绍，并要我当面向领导保证，一定要干好各项工作，不能再给领导添麻烦。就这样，我有足够的机会对我们的管理工作做了详细的汇报和解释，并阐述我们的企业使命和管理思想，承诺一定要做得比以前更好。

回来后，我们的整改通知书被撤销了，领导们还为我提供了很多新方法。我们的工作更上一层楼，那年，容桂先后被评为"全省卫生镇"和"全国卫生镇"。

从此，我们特丽洁公司走上了稳步发展的健康之路。

心灵感悟：舍得舍得，先舍后得，小舍小得，大舍大得，不舍不得。心有多大，舞台就有多大。境界有多高，事业就有多高。要把事业做大，先学会"喜舍"。

发掘自己：

（1）两只手各端满满一杯水，走到桌边，一只手继续拿着，无论如何坚决不放下，而另一只手把水杯放下变空手。随意走动两分钟，看两只手的感受有什么不同？

（2）继续上面的练习，让这两只手各自去拿钱或值钱的东西，看哪只手能拿到，哪只手拿不了？你悟到了什么？

第50场　物质与精神——用课程理念建设企业

参加完一阶段课程出来，我让莉莉接着到深圳也上了一阶段，之后特丽洁全部管理人员也都先后参加了课程。

这段时间，我的人生轨迹仿佛经历了一个大转弯，一切都向上走：同事员工团结如一家，做事的热情高涨，我的工作明显轻松了；同时，事业顺了，我跟莉莉的感情也不知不觉恢复了结婚前的恩爱亲密。霎时间，物质提升了，精神也提升了，生活变得越来越开心快乐。

特丽洁是我和莉莉破釜沉舟白手起家，从零做起的公司，那里沉积了我们的心血和汗水，我热爱这份事业就像热爱自己的生命一样。一有好的管理理念和机会，就恨不得全部拿过来用。

所以，参加完一阶段课程，我就开始建设学习型企业文化。军训是我们企业文化的特色，开工收工，员工要列队喊队呼，互相激励。当时，环卫工人穿着统一制服在大街上列队开会，常常引起围观，给员工一种很引以为荣的感觉。原来文化不高的环卫工人对我们企业文化感到新鲜好奇，由衷生发出一种自豪感。

公园和环卫项目全面中标后，企业逐步壮大，我们策划的文化活动也越来越多。过年时，我们举行了一个千人团年饭活动，摆了近百桌酒席，邀请曲艺社来唱粤曲助兴，同时穿插员工表演，最后举行大抽奖，人人有份，皆大欢喜。

元宵节、三八节我们还举行游园晚会活动、卡拉 OK 大赛、拔河比赛等，游园晚会每人还发两张入场券，让员工邀请亲友参加。特丽洁是劳动力密集型企业，以环卫、清洁工、保安员等文化较低的员工为主，以前大都没有参加过这些活动，所以员工凝聚力加深了，大家有一种很受尊重的感觉。

因为有了多家公园做场地，我们还组织出版墙报，部门举行劳动竞赛，每周组织检查互评，还定期开办安全讲座、学习班等，提高员工素质、融洽和谐关系，让员工生活在一个温暖的大家庭里。

从第一阶段出来，我发动高层管理员都去参加这套课程，还请来导师组织中层干部进行集体内训。通过学习培训，我们公司越来越充满积极向上的文化氛围。每周星期一晚上，中层以上干部都会自发回到公园大会议室，这是我们固定的集中学习时间，大家跳舞、唱歌、做游戏，学习各种理论知识。

每隔一段时间，我们还组织管理层团队和优秀员工去郊游，无论鼎湖山还是七星岩，无论泡温泉、滑草还是漂流，我们所到之处，总留下欢声笑语，一路上，团队歌声不断……

这就是我们团队的精神生活！《珠江商报》记者采访我时，我曾经提出过：企业管理中，精神奖励和物质奖励要平衡。我认为：只讲物质而不讲精神的团队是行尸走肉，而只讲精神不讲物质的团队是狂热分子。作为劳动力密集型的特丽洁团队，工资收入的提升是有限的，然而精神上的提升却是金钱无法衡量的。

正当我们踌躇满志，团队士气高昂，员工感情越来越融洽的时候，转眼两年的承包期到了。2004年底，我们遭遇重挫，原来投中的五大标段到期后，竞争对手用更低的价格竞标，特丽洁竟然全部不中标！

人生总会有坎坷，事情往往不会总是一帆风顺、万事如意的。

这个消息传出来，意味基层员工和部分中层干部，将不得不离开公司！而公司也必须要在十天内全面撤出公园场所。

第二天，我们在每星期一做培训的大会议室，召开一个全体中层以上干部会议。

我还没有宣布，大家都知道发生了什么事。一进入这间两年来一直见证着我们快乐成长的会议室，大家自发地把手放在旁边人的肩膀上围成一个大圈，谁也不说话。看着墙壁上熟悉的标语和每周培训课程表、看着活动园地上贴着我们一起漂流、一起滑草和一起爬山的照片，还看着我们不久前开集体生日晚会时，留在天花板上的彩条……

想到我们就要离开这里，想到一起欢歌笑语的同事就要离开团队，很多同事和我一样，忍不住的泪水在眼眶里打转……

"我们唱歌吧！"不知是谁的提议，团队很快唱起我们最经常唱的歌曲——《真心英雄》：

> 在我心中，曾经有一个梦，
>
> 要用歌声让你忘了所有的痛。
>
> 灿烂星空，谁是真的英雄？
>
> 平凡的人们给我最多感动。
>
> 再没有恨，也没有了痛，
>
> 但愿人间处处都有爱的影踪！
>
> 用我们的歌，换你真心笑容，
>
> 祝福你的人生：从此与众不同！
>
> 把握生命里的每一分钟，
>
> 全力以赴我们心中的梦！
>
> 不经历风雨，怎么见彩虹？
>
> 没有人能随随便便成功。

把握生命里每一次感动，

和心爱的朋友热情相拥。

让真心的话和开心的泪，

在你我的心里流动。

歌声里每一句歌词，这时候仿佛都专门为我们而写，我永远不能忘记！我们就这样，在经历风雨的时候，我们用歌声换笑容，和心爱的朋友热情相拥，任凭真心的话和真心的泪，在我们的脸上和心里流动！我们放声高歌："不经历风雨，怎么见彩虹，没有人能随随便便成功！"

"团结就是力量，这力量是铁，这力量是钢……"唱完《真心英雄》，又有人自发带头唱起《团结就是力量》，"比铁还硬，比钢还强！……"

"一支竹篙呀，难渡汪洋海；众人划桨哟，开动大帆船！一棵小树呀，弱不禁风雨；百里森林哟，并肩耐岁寒，耐岁寒！一加十，十加百，百加千千万！你加我，我加你，大家心相连！……"

一首接着一首我们熟悉的歌声，在我们熟悉的公园里回荡。

我流泪了！莉莉流泪了！同事们流泪了！整个团队紧紧地拥抱在一起……

我说："我们没有得到我们想要的，我们将会得到更好的！我们一定要把伤心化成力量，我们要借此机会，走出容桂，走出顺德，走出佛山，我们要开辟更多的渠道，涉足更多的项目，我相信：有大家齐心协力，两年内，我们一定要成为全顺德行业第一！"

当行政部朱经理宣布：由于编制减少，舅母、根叔等几个环卫主任和朱志宏等几位公园保安队长，要跟随基层员工离开团队。这时候，舅母哭了，她说：

"我来特丽洁两年了，这是我最快乐的两年，我老公几年前去世后，我一直没有开心过，是特丽洁让我找回了家的感觉，我很喜欢大家叫我舅母，特丽洁就是我的家，不管家里发生了什么，我不离开，我宁愿不领工资，我都要跟着特丽洁……"

这时，另外几位主任和队长也纷纷表态，无论如何都要跟着特丽洁！

这是我最感动的一刻，我过来一一拥抱着他们，然后说："谢谢你们！我也非常舍不得你们。可是，分别不等于永别，我们曾经带领过的兄弟们也很需要你们，就算到了别的公司，我们也要把特丽洁良好的传统发扬下去。等我们先开拓了其他市场，大家再回来……"

就这样，我们积极配合交接，让曾经的特丽洁员工们有一个新公司。我带着剩下的几十位元老走出了容桂，走向顺德中心城区——大良。

这就是参加课程后的改变，面对失败，我毫不气馁，反而越挫越勇！

为了开拓领先优势，除了原来的清洁、环卫、物业管理，我计划拓展园林绿化、市政工程、河道疏通、污水处理等项目，为此，我决定把公司变更为"环境工程公司"。申请的时候，工商局说以前都没有这种公司，不能批准。我就亲自去找工商局长，向他解释，请他支持，结果局长特批了！于是，我们就成为了全国第一家"环境工程公司"——佛山市特丽洁环境工程有限公司。

很快，我们参与了全佛山各市镇的工程投标。功夫不负有心人，我们先后投中了大良环卫管理、北滘绿化维护、龙江公园管理、陈村环卫管理和三水环卫管理等各大工程项目，公司不断扩大，后来发展到两千人的规模，最多的时候管理顺德各镇二十多家公园，公司设备大为改善，洒水车、吸粪车、扫地车、垃圾清运车、工程车等逐渐增加到近三十辆，后来还开设了中山、三水、北滘、陈村等分公司或办事处。

通过努力，公司的物业管理资质从四级上升到三级，园林绿化资质也顺利通过三级，我们的质量管理还通过了 ISO9000 认证，多年被评为"重合同守信用单位"。

我们的服务项目几乎涵盖了跟环境有关的工程。比如绿化，我们从原来仅能浇水施肥的绿化维护，发展到现在的农场种植、工程设计、绿化施工、常年维护等一条龙服务。公司的注册资本也从 100 万升到了 500 万，后来升到了 1000 万。

可喜的是，特丽洁公司的成长，还带动很多家"环境工程公司"如雨后春笋般在顺德涌现，而主要的领头人许多都是特丽洁培养出来的。

后来，我在第三阶段毕业后，我给自己的定位是做"心灵企业家"，所以，我把特丽洁交给原来的副总去管理，让他升为总经理，而自己则到全国各地去讲课，公司到目前为止照样稳健发展。

心灵感悟： 精神和物质要平衡。要讲金，也要讲心。只讲物质而不讲精神的团队是行尸走肉，而只讲精神不讲物质的团队是狂热分子。

发掘自己：

（1）准备两张白纸，一张写上"精神"，另一张写上"物质"，用大头针分别订在自己的两边裤腿上。先弯曲"精神"这条腿，只用"物质"行进一分钟，再反过来只用"精神"行进一分钟。再用两条腿行进一分钟。

（2）把这两张纸取下来，各自写上一个大大的"人"字，一撇注明"物质"，一捺注明"精神"。你看到了什么？把感悟写下来。

第六幕

创造人生剧本——心灵导师之路

　　人生剧本是后天形成的，也可以修改和创造。找到旧的人生剧本，就可以刻意创造新的人生剧本。

　　我创造的新人生剧本是：不只是金钱的富翁，更要成为心灵的富翁。不只是改变自己的命运，还要帮助更多的人改变命运。我立志成为心灵成长导师，我花巨额学费学习世界顶尖的心灵成长和励志课程，整合首创系列"发掘自己"课程。我们的目标是打造百万生命成长工程。

第51场 结缘与惜缘——走上心灵成长之路

上完第一阶段的课以后，我觉得收获很大，就介绍莉莉也到深圳学习，然后我们决定送公司的管理层也去学习这个课程。

这时候，有个做广告公司的同学来找我说："既然有这么多学员去深圳上课，还不如我们在顺德来组织学习。我公司是做文化传播的，我来负责，你会支持吗？"

我一向是个热心人，就马上响应，很快推荐了六个人，都收了钱。

可是，临开课时，负责组织的同学在推广过程中遇到阻力，他们只招了几个人。人数不够，他们决定推迟时间，然而，一个月后，虽然后来又报了几个人，而原来报名的那几个人却退学了。

课开不起来，而我又已经收了六个人的钱，我不想浪费他们学习的机会。就打电话问导师何时何地有课。

导师听说我已有六人报名，就说："阿A，既然你已经感召了那么多人，为什么不努一把力，够30人我们就可以把课开起来啊。"

我根本没想过要自己组织课程，就回答说："那……我试试看吧。"

导师说："试试是做不到，除非是你一定要。"

我听到导师的挑战，想了想，就说："那我就一定要吧！"

导师问我："这是你的承诺吗？"

我说："好！这是我的承诺。"

就这样，我立即行动起来，写了一百多个名单，里面有我的客户，以及我客户的客户。然后，我亲自开车去找人，告诉他们这个伟大的课程，同他们分享我的收获。还发动了公司员工和其他同学一起帮忙。

一个多星期以后，我们的课程按时开起来了，36个人走进了课室。那是在中山一家大酒店开的课。那一期之后，那些毕业的同学又有人要介绍自己的亲戚朋友来上课，我们又约好开了第二期。

开过两期之后，有人建议我，不如自己开一间公司，专门代理这个课程。有两个同学听了我的介绍，他们认为这是一件很有意义的事业，愿意与我合作。就这样，我们成立了德才公司。

常言说：有心种花花不开，无心插柳柳成荫。其实，这是个缘分，如果没有缘，我就不会见到柳树，见到柳树也不一定要折柳枝，折了柳枝还不一定会插入地，插入地还不一定成活，成活了还不一定成荫……

所以，说是无心，其实冥冥中有一个注定，那就是潜意识里自己认同这件事，不知不觉就做成了。这就是"缘"，既然有缘、结缘，我们更要惜缘，也就是，相信自己的直觉！

万事开头难。我们开始代理这套课程的时候，要不断请导师。但当时全国知名导师很少，每次出场费都不低，而且全国都很抢手。素质培训课程当时还是一种新生事物，不少人对培训有误解，他们不接受，不认同，因而招生遇到许多困难。

我们的课程开到第三期、第四期的时候，每期还只有二十多人，甚至只有十多人。由于每期学员不够，我们付给导师的讲课费之后，连场地出租费都付不起。

虽然我们都相信，到非洲卖皮鞋也可以发财，但我的合作伙伴看不到要卖到什么时候，非洲人才能学会穿皮鞋。每次开课，每次赔本，我的两个合作伙伴终于顶不住，他们不得不先后退股，他们说，不能把课程当成慈善事业去做，没有商业利润，就不能长期坚持下去。就这样，刚刚出世的德才，不到一年就停了下来。

我是德才的发起人，又是德才的最大股东，德才陷入困境，按照我以前惯常的思维模式，就是放弃不干了，但那时我刚学完了课程三阶段——

一阶段让我发现了自己的盲点、固定的模式、固定的信念，让我觉醒。总而言之，一阶段让我发现了我原来的"人生剧本"模式。

二阶段让我打破固定模式、固定信念、固定行为、固定形象、固定情绪，找到真的自我，蜕变成为一个全新的自我，去创造一个理想的自我，让我活出我的美好特质，做到我原来所不能做到的。总而言之，二阶段让我改正我原来的"人生剧本"模式。

而在三阶段，通过三个月的实践学习，让我在一阶段发现自己和二阶段蜕变的基础上，养成一个全新的习惯，形成一个全新的模式。总而言之，三阶段让我重写了新的"人生剧本"，并不断彩排练熟新的模式。

当我的模式改变了，也就是我的人生剧本改变了，我的命运也改变了。

所以，当德才遇到困境的时候，我想的不再是不可能，而是还有什么可能性，我没有忘记自己的承诺，我要成为心灵企业家，我要成为心灵激励大师，德才课程不正是为我铺垫了这样一条心灵成长之路吗？想到这一切，我决定一个人买下德才全部股份，正式开始我的心灵激励和企业教练的发展新路。

然而，重复旧的做法，只能得到旧的结果。21世纪，唯一不变的就是变！只有变，才能应变！

所以，要德才发展，我要继续学习改变自己，我要改变经营模式成为心灵企业家，我还要把课程改良成为更适合国情、更符合人性的课程！

为了求发展，我还要跟更多导师合作，请国内外大师来讲课，甚至做大型激励演讲。2004年，我重组的德才公司，邀请澳洲无腿激励大师约翰·库

2004年5月，我们组织的"别对自己说不可能"慈善激励大会

缇斯来顺德，做《"别对自己说不可能"慈善激励大会》，在顺德体育中心连讲三场，参加人数 1.3 万多人，破了全国连续在体育馆做演讲的场数纪录，创造了"别说不可能"的奇迹。而我为约翰·库缇斯策划的美誉称呼——"无腿超人"，从此在国内外广为流传。

这次活动，我们共筹募了 366666 元，全部捐献给了顺德残疾人联合会。

心灵感悟：缘分是潜意识的冥冥安排，既然有缘、结缘，我们就要惜缘。相信自己的直觉。

发掘自己：

（1）准备一张 A3 纸和彩色笔一盒，自己一个人独处静坐 10 分钟，想想自己的人生，然后，凭直觉用左手（平时不惯用的手）画一幅画。

（2）好好观赏这幅画，感受一下你的直觉要告诉你什么？有什么要你去珍惜的缘？

第52场 兴趣与使命——帮个人成长帮企业成功

早在德才成立之前，我已经做了多年的培训工作。

在海南，我做过销售激励培训；来到顺德亚加达，我又搞过招生激励培训，还带着招生主任到深山老林做过五天四夜的野外求生特训营。

培训一直是我所热爱的一项工作。

德才公司歇业后，我决定把自己锻炼成为导师。

那时候，我规定特丽洁公司在每周一晚上都要进行培训，我亲自为员工们上课。所有的新员工，都必须参加我们的军训和我的团队训练课程。这样，同学和朋友来到我的公司，总是说我的公司特别有团队氛围，好多企业家朋友纷纷要求我在业余时间帮他们培训员工。

深圳有家 IT 企业叫泛太集团，年产值过亿元，职员多是高级知识分子，那是一个精英云聚的企业。也正因为他们都是精英人才，随时都有猎头公司等着他们，所以不少精英存在明显的个人英雄主义，团队凝聚力不强，人才就像走马灯一样来去匆匆，极大地影响了工作效率和企业效益。

泛太集团女董事长斌斌是我的同学，我们曾在深圳同一个班学习专业教练技术。斌斌听说我可以做团队训练，就找我为泛太设计一个团队培训方案。我答应了。

当时，我们最担心的是，这些精英员工一开始不适应，可能会跑掉，因为他们最不怕的就是被炒鱿鱼。

为此，我绞尽脑汁想出了一个方案。我们的计划是，离开深圳，集中飞赴贵州黄果树瀑布，进行为期四天的旅游研讨会，即把团队训练与户外旅游结合起来。一天中，半天是训练，有半天是旅游，在旅游中加入团队训练和比赛。

研讨会结束时，整个团队紧紧拥抱在一起，员工的反响好得完全出乎我们的意料。

为了巩固成果和进一步提升团队，紧接着，我们又设计了第二阶段。把团队拉到中山一个大酒店举行，那是一个团队蜕变之旅，培训结束，团队仿佛发生了脱胎换骨的转变。

回到工作当中，我又为泛太集团设计出第三阶段，把在一、二阶段收获的成果学以致用，要求人人都定下目标，包括事业目标、家庭目标和健康目标，把目标细化到每月、每周、每天，每天要写行动计划、行动总结。

比如一位业务精英，原来每月个人业绩为50万，现在目标要提升到65万，这样，他每天就要去开发新客户，回访老客户，增加拜访量，尤其要对老客户用尽心思，争取更多的重复购买和转介绍，他所有的行动计划，都要确保他达成目标。除了个人事业目标，他每天还要支持死党，挑战团队，要确保人人按承诺达成目标。

那100天，他们每周必须开小组会，必须打教练电话，这些工作，他们通常在晚上汇报检视，做得好的就主动分享，做得不好的，要接受大家的回应。

100天之后，每个学员都比以往有了明显的提升，整个团队平均每月创造业绩比以往提升了35%。更重要的是，三阶段之后，他们的团队养成了新的企业文化。他们习惯每天工作前都跳跳舞、唱唱歌，每周开小组会。

工作开心了，业绩提升了，收入增加了，精神快乐了，原来好多想离开的职工，不但没有离开，还成为团队中的骨干。

这个业绩提升不只是在三阶段，之后成为了一种习惯。最让董事长高兴的是，她竟然不用天天去公司，只是偶尔去开开会，看看报表，而更多的时间用于学习和思考，同时更加关注家庭生活。

董事长以前一直忙于工作，像很多女强人一样，对于家庭也忽略了不少，结婚多年一直都没有要孩子。直到泛太团队走完三阶段之后，有一天，董事长突然打电话悄悄地告诉我："我有了。"董事长怀上了孩子，全家人和整个泛太团队都很高兴，为此，她特意给我写来一封感谢信。

我真为斌斌这位董事长同学开心。一年之后，我去深圳办事，特意去董事长家里拜访，看到他们一家人过得很幸福，我心里感到特别欣慰，我觉得这份工作的意义不是用金钱可以衡量的。

泛太的课程结束时，我被学员抬起来，大家拥在一起把我高高举起来，在课室里不停地转圈走动，顿时我的眼泪"刷刷"流出来，我知道，这是激动的泪，这是幸福的泪！

当我闭上眼睛，突然一个熟悉的场景浮现在我眼前：一群天真活泼的农村小学生，拥围着一个慈祥的老师，不停地喊："林老师，再讲一个！林老师，再讲一个！……"

这位慈祥的老师就是我父亲，小时候，跟随父亲在乡村小学生活，每次仰望着爸爸跟学生们讲故事，做游戏，看着同学们开心快乐的样子，我心中对爸爸充满了崇敬和爱慕。那时候，每当别人问我长大了干什么，我都毫不犹豫地回答说："我要当老师！"

虽然长大以后，社会变了，毕业时我放弃当老师的心愿而要去做"万元户"。现在我已经是"万元户"了，内心深处有一个内在的我告诉我：

"我要当老师！"

"我要当老师！！"

"我要当老师！！！"

当大家把我高高地抛起来，我陶醉了！这么多年兜兜转转，我终于找到我内心深处的使命，它当然也是我最最感兴趣的事业：

走上心灵导师之路，鲜花掌声无数，图为我在顺德华侨中学演讲，校长给我赠送锦旗

"我要当一名真正的人类灵魂工程师！我要成为一名潇洒的心灵企业家！"

为使命而工作，而不是为金钱而工作！一个人只有找到自己内心的使命，去做他潜意识里最感兴趣的事情，他才是最快乐的。

因为有泛太集团这样的成功案例，更多的同学和朋友都请我去做培训。我从此开始了帮助更多个人成长、帮助更多企业成功的心灵导师之路。

这也是我最开心、最快乐的一条路。

心灵感悟：找到内心使命，为使命而工作，做开心快乐的自己！

发掘自己：

（1）童年梦想游戏：找六到十个朋友，每人一分钟分享自己的童年故事。然后，轮流做体验者，其他人做支持者，体验者讲出自己小时候的一个梦想，支持者用三分钟时间无条件支持他实现梦想体验，比如说：体验者梦想做老师，支持者们就扮演学生支持他；体验者梦想做明星，支持者就扮演"粉丝"支持他等，想方设法让他开心快乐。

（2）联系自己的人生经历，回想童年梦想，回忆自己最开心最快乐的体验，找到内心的使命，并把自己的使命和目前的工作联系起来，写下你这辈子要成为一个怎样的人？

第53场　钱袋与脑袋——数十万投资在脖子以上

以前总说："大鱼吃小鱼，小鱼吃虾米。"

后来常说："快鱼吃慢鱼！"

现在则说："大变吃小变！"

重复旧的做法，只能得到旧的结果。从德才歇业那天起，我加快了我的学习，决心挑起德才培训课程的导师职责。

三阶段之后，我继续到深圳、广州、上海、香港等地学习，不仅继续学习专业教练技术、九型人格、NLP 等配套课程，还参加系列心灵成长课程：

投资脑袋，我参加了系列心灵成长课程，这是我参加 NLP 执行师课程时与著名导师李中莹合影

包括台湾生命潜能中心的智慧之旅、领袖精髓，完形心理学、TA 心理学，香港效能学院的 NLP 执行师，美国的阿梵达课程、Mony&You 和 BSE，以及财商谈判、赢利模式等课程，我还学习观摩了安东尼罗宾、乔吉拉德、陈安之等国内外激励大师的课程，学习的同时，我又连续为各课程做义工、当助教。所有这些课程，在当时是最热门、最昂贵的，仅是学费就高达 30 多万元。

在参加台湾生命潜能中心心理学大师许宜铭的完形心理学课程中，我进一步觉察到，小时候曾经受过的心灵创伤，会影响我们一辈子，而通过一次次心灵清洗的体验，可以重塑我们的心灵，从而创造新的人生剧本。

印度文的"佛陀"，翻译过来就是"觉察"。原来，自我觉察是一种智慧，所谓知己知彼，百战不殆，人最难知的就是自己。正如孔子所说：知人者智，自知者明。

投资学习，就是投资在自己脖子以上的部分，把钱袋里的钱投资到脑袋里，让自己的智慧提升，这样，脑袋充实了，钱袋自然也会更充实了。

脑袋变了，心态变了，人生也就变了。当我通过课程发现了自己的模式，我就可以运用课程的工具处理掉我的消极思维，换成积极思维，从而改变小时候留在内心深处的创伤，改变那些创伤对我一生的影响，即改变人生模式。

通过清洗心灵，改变了心智模式，不管是特丽洁还是德才遇到困难，也不管是家庭还是事业遇到挑战，我都会想到还有什么资源可以利用，还有什么人可以支持我，还有什么方法可以想出来。只要精神不滑坡，方法总比困难多，以前不是我找不到方法，而是我的精神已滑坡。

在学习中，发生过不少趣事。

我上许宜铭老师的"领袖精髓"课时，只有六位同学。下课后，大家坐我的商务车去吃饭，上菜的时候，大家发现端上来的一斤半白灼虾肯定不足秤，于是我叫服务员喊来餐厅经理，说：

"我们是经常来这里吃饭的，你看这盘虾肯定不够秤，请你帮忙处理一下，要不下次我们怎么再来啊？"

于是餐厅经理立刻向我们赔礼道歉，还吩咐再送了一盘虾上来。

我自己觉得在老师、同学们面前表现不错，正暗自得意。可是，餐厅经理一走开，许老师问我说："阿 A，你经常来这里吃饭吗？"

我一愣，说："没有啊，我也是第一次来这里……"

"那你为什么说你经常来这里？"

"噢，"我感觉到老师话中有话，自己声音一下子变小了，"我是为了解决问题嘛，那也应该是一个善意的谎言吧。"

"那可不可以既解决问题，又不说谎呢？"老师又问。

"可以！"我突然恍然大悟，"我可以说，我们是第一次来这里吃饭，别让我们的第一印象留下阴影呀。谢谢老师，我明白了。"

在课程中，我们都要体验"诚实"，只有对自己说的每一句话"诚实"，自己的内心才会有力量。因为，我们可以骗得了所有人，但永远骗不了自己。

许老师让我感悟到：作为一个导师更要"表里如一"，以身作则。所以，以后我说每一句话，都要自己"诚实"，除非我不说。

许老师的课让我得到很多启发，我把他的理念跟我原来所做的一二三阶段做了很多整合，各取所长。

因为我原来所学的一二三阶段课程，原版来自美国。这个体验式课程由12位心理学家和行为学家设计出来，我发现课程原理来自最新西方哲学流派、行为心理学，而跟完形心理学和NLP有很多渊源，该课程先后进入日本、中国台湾、中国香港等地，并发展出雅尔康、亚洲行、汇才等体系，由于不同体系的发展和整合，课程手法和引导方向有了很大不同。

课程能达到帮助学员心灵改变的效果，那都是很好的，但是有些课程手法机械模仿美国的模式，为了达到课程效果，手段很强硬，很容易给部分学员造成二度伤害，甚至造成迷茫。

比如说，有个系统反对"上脑"，只要求学员体验，完全不讲原理，仿佛不需要用脑才是最好的，造成有些学员不明不白，反而很容易想歪了。其实，我认为，用心体验不等于不用脑觉察。理论就像地图，而体验就像亲自去旅游：只看地图不去旅游，那是明白了路线但没有体验；而只是旅游不看地图，那是有体验但可能不知道那是什么地方。

而我最反对的是，有些所谓训练师，只是上了一两次课，只模仿了游戏的招式，并不明白内在原理，就去当导师开课。这样的课程是关于心态、心灵的课程，随便乱上课，极容易误人误己。就好像一个人，去看了几次病，就回去当医生，那当然很容易误人性命了。

我学习美国世联"专业教练技术"时，三个月学习和实践通过之后，考试还要分笔试和身试，笔试过关还要即兴抽题演讲，由全体导师、教练和同学一起打分，那次有三十多个学员参加学习，结果只有五人通过该项考试，拿到专业教练证书，我是其中之一。

我参加的美国阿梵达课程和中国的禅修、内观等课程都是自我修炼的课程。阿梵达一位导师只能带三个学生，那位导师带着我们，九天时间就在海边练习"觉察"、"开悟"，让我的洞察力迅速提升。我在山西五台山和广东罗浮山等参加禅修、内观课，让我参悟国学的精髓和感受心灵的力量。我还参加印度奥修的静心课程，让我进一步感悟生命的无限能量。原来，西方完形心理学的根，还是在咱们东方。

学无止境，为了成为真正的"心灵导师"，我到处拜师学艺。当我学完NLP执行师和完形心理学治疗师，通过运用完形心理学理论和NLP手法，结合体验式教学的精髓，我将原来的一二三阶段课程进行了整合，开发了"发掘自己"系列课程。

我认为："学员的心灵大于课程的效果"，我们的"发掘自己"更关注学员的心灵，注重理论清晰和体验结合，手法上尊重学员的个体，重视心灵滋养，讲究以人为本。

心灵感悟：投资在自己脖子以上的部分是最聪明的，"脑袋"大于"钱袋"。脑袋变了，心态变了，人生也就变了。

发掘自己：

（1）盘点脑袋：列出最近一年，自己投资在自我提升的学习上的金钱是多少？

（2）盘点钱袋：列出最近一年，自己从钱袋里消费过的金钱是多少？这个数据与上面一个数据比较，你看到了什么？你如何令你的钱袋变得更充实？

第54场　整合与超越——海纳百川　发掘自己

我一边学习提升自我，一边培训帮助别人，在这个过程中教学相长，我感觉收获很多。

为了进一步向更多同行学习，以帮助更多的人。听说深圳有家全国著名的体验式学习培训公司，但收费很贵：一阶段5300元，二阶段9300元……但几乎场场爆满。

我想，成功者一定有他成功的原因，我于是去上了一阶段，发现他们的课程很多内容与我们一样，同时他们的商业运作和服务系统做得更好。于是又报了二阶段、三阶段和其他系列课，可是，当我上完二阶段那天，他们公司一位经理通知我退学费，不让我继续参加培训。我问为什么，他说：

"我们得知你也是搞同类培训的，我们公司规定，竞争对手不能参加我们的培训。"

"你这么说，我感到很愤怒。"我平静地说，"你们的课程讲的理念是共赢，即使是我不学你们的，我也做培训，我如果学了你们的做得更好，那不也是共赢吗？而且我是交钱来学的，你们怎么不共赢呢？"

"这跟理念没有关系。"我感到那个经理也有些无奈地说，"这只跟商业操作有关。"

虽然我收回了后面的学费，但我个人感觉，这家公司因为太在乎商业操作，感觉绝对不是我学习的榜样。怪不得我上他们的一二阶段课程，总觉得他们几乎不为学员理清课程原理，所以部分学员出现理解上的偏差和误会，而且由于课程流程快速复制，显得训练手段过于强硬、刻板，甚至给个别学员造成二度伤害。

据说，这家公司每年能做到三个亿，号称中国最大的体验式培训公司。但由于种种原因，该公司经常被传出负面消息，网上和媒体的负面报道几乎年年不断。2008年上半年，该公司被政府有关部门要求停业，原因是巨额偷税漏税。就这间公司在心灵素质教育所做出的探索和贡献来说，我个人觉得，那是非常可惜的，我感叹："有果必有因，有因必有果啊！"

我决定走自己的路，要做就做最好。我学得越多，就越觉得自己需要学得更专更深。我打听到，这套课程的美国创始人和主训导师JONH HERRY有位亚洲直系弟子，他是香港一位心理学博士。为了向他学得更专更深，我高薪邀请他来给我们的学员授课。

然后，为了进一步学到原版和正宗的技术，虽然我当时已经成为一位很受欢迎的导师，但我还是跟这位博士签订了超过10万元的培训合同，成为他的弟子之一，跟他在课程里认真学习。

由于我博采众家之长，又有了名师的点拨，加上我自己心灵成长的感悟和创业经验，"发掘自己"很快得到越来越多学员的认同。

在学习中，我经常听到，不同流派的导师经常互相攻讦，总认为自己的才是最好的。比如：

心灵潜能导师批评成功学讲师太浮躁，认为成功学的东西不持久，是自我催眠，不是真正的成功；成功学讲师又批评心灵导师太阴柔，认为这类课程让人放下就会不思进取，让学员以尊重自我为借口不努力，是对社会不负责任。

体验式导师批评理论式导师太枯燥，水过鸭背，学过即忘；理论式导师又批评体验式导师太疯癫，认为这类课程只是感性煽情，不理性。

市场实战派导师批评学院派纸上谈兵、空有理论；而学院派教授批评市场派是墙上芦苇，根基浅，太功利。

而我的态度是，既然存在，就有道理，海纳百川，有容乃大。只采一朵花的蜜蜂，比不上采百花的蜜蜂酿出来的蜜甜。于是，我以兼容的态度，学习各种课程。

我认为，成功学课程有很快的激励效果，给人一个积极的信念，并给他们有效的方法，对需要成功的人，特别是年轻人很有帮助；而心灵潜能课程能走入人的心灵深处，探索生命的根源和意义，排除心灵干扰，让人放下，对有所成就的人找到真正的开心快乐很有帮助。学院派有学院派的理论功底，市场派有市场派的实战经验。

美国课程讲求原则和技巧；日本课程注重团队精神和力量；类似宗教的课程让人心灵释放、焕发爱心；国学课程底蕴深厚，让人顿悟。

所有这些课程，都各有所长。我把德才课程的理念定位为：

"德才兼学，道术双修；启迪心智，强我中华。"

现在是个整合的年代，整合更多，才能超越更大。我整合的课程注重以人为本，把人的心灵成长放在第一位。

我以来自美国的体验式课程一二三阶段为原版，在实践中做了修改和整合，设计出一套与中国文化紧密结合的"发掘自己——突破性领导力体验式研讨会"系列课程。

设计出这套课程的脚本之后，为了确保成功，我先免费在外地帮朋友做了几场，还组织特丽洁的几百名员工又做了几场，反映都很不错。

2003年8月，我们组织到中山开的一场公开课，那是德才学友戏称为"德才第零期"的训练，当时还当记者的平哥参加了，他成为那个班的冠军队领袖，结束时，他对课程给予很高的评价，鼓励我全力把课程开起来。

2003年9月，德才公司重新复业了。我们决定开第一期正式公开课。

2003年9月，德才公司第一期正式公开课在顺德举行

为了一炮打响，我专门去番禺大夫山住了三天，闭门准备每个细节，冥想灯光、音乐、游戏怎么配合，我把所学过的那么多课程的优点进行整合。还请莉莉和助教来回应我，指出我课程中的不足和提出改善建议。

通过闭关苦练，自我感觉进步很大。我相信，带着对课程的感恩，把我自己的成长改变分享给更多的人，是一件非常有意义的事。

就这样，第一期"发掘自己"公开课程在顺德开课了，三十多名学员走进课程。泛太集团董事长特地开着敞篷奔驰车过来，义务当助教，课程结束，很多同学在分享时泪流满面，课程获得了学员们的充分肯定。

从此，越来越多的生命通过"发掘自己"走上了成长之路。

心灵感悟：海纳百川，有容乃大。只采一朵花的蜜蜂，比不上采百花的蜜蜂酿出来的蜜甜。现在是个整合的年代，整合更多，才能超越更大。

发掘自己：

恭喜你，这本书你看到这里，我相信你已经吸收了很多"发掘自己"的互动技巧，本章的"发掘自己"就由你自己整合设计，我相信你一定会超越我！若有得意的创作，也请 E－mail 给我分享：a22664488@163.com。

第55场　投资与理财——财商提升　财务自由

第50场讲到，我认为，精神和物质要平衡。

原来的体验式课程，"只讲心不讲金"，很多学员学习完课程，精神很兴奋、信心十足，可是，如果赚钱能力不提升，物质生活还跟以前一样，精神上的兴奋还是难以持久的。

而有些成功学课程或销售课程，则片面夸大了钱的功能，让学员为了赚钱往往不择手段。

在我学习成长的过程中，我觉得心灵成长是必要的，而投资理财也是必需的。

在我真正学会投资理财前，我的财务状况是还了借，借了还，拆东墙补西墙，直到2001年，我才还清我在海南、顺德的全部债务。今天，我心怀真诚地感谢老天让我欠了那么多债务，让我在不断还债的过程中感悟到投资理财的重要。

2001年的一天，我到中山南头镇去拜访一个朋友，偶然听说南头收费站很快就将取消。南头是中山最靠近顺德的一个镇，与当时号称"中华第一镇"的容桂只有一桥之隔。当年，南头的地价相当便宜，顺德企业逐渐向南头扩张，但因为有收费站阻隔，顺德人还是多不愿意到南头去住，两地房价悬殊。我当时听到这个消息，第一个涌上来的念头就是，赶紧去南头投资房产，这里肯定会升值。

我很快了解到，南头有个著名的别墅小区，是由华宝集团投资兴建的，小区环境优美，交通便利，规划和设计都非常不错，而售价比顺德同类别墅便宜得多。别墅建成，原以为容桂人多会到那边去投资置业，但实际上销售不旺。

就在那个花园别墅区，我找到了一个别墅，包装修售价只有三十多万，这是一个极好的投资机会。这时，我想起在海南对莉莉许下的承诺，我想，买下这幢别墅，一来可以自用，二来用于投资。可当时还负债累累的我，怎么能拿出三十多万元呢？

他山之石，可以攻玉。银行就是一个商店，李嘉诚说，投资理财一定要懂得利用银行。可那时，银行怎么愿意给我贷款呢？

我找到了在银行工作的朋友，用莉莉分的房改房做抵押，我只付了八万元首期，通过按揭供下这幢别墅。随后，我赶紧派特丽洁工人把别墅清洁一新，对外招租。南头一位工程师租了下来，每个月的租金，抵消了银行的供款。就这样，我没花自己口袋里一分钱，就拥有了一栋别墅。

不到一年，南头收费站拆掉了，更多容桂企业向南头转移，更多的顺德人到南头消费置业，那里的地价、房价纷纷看涨。于是，我把别墅转手，还清银行贷款，还赚了近十万。如果按投资八万来算，投资回报率是120%左右，而这八万元还是借银行的。

买下南头别墅不久，听说顺德市政府将搬迁至新城区，由政府主持开发的新城区金桂花园开工。这个依山傍水的别墅小区环境优美，设计布局富有前瞻性，当时地价每平方米只有 1000 多元，我预感这里有巨大的升值潜能。于是我就在报纸上刊登征地公告，恰好一个包工头有开发商抵偿给他的几块地皮，急于出售。我感到这是一个好机会，当即决定要了两块地皮。

我通过信用社按揭 30 年，拿下了这两块地皮。一块留作自用，另一块后来转让给别人，转让价格把首期款都赚回来了，现在这块地皮当然已比当初买进的时候涨了好几倍。

你不理财，财不理你。为了学会理财，我也参加了很多课程，并且在理财中学习，在学习中理财。接触了罗伯特·清琦的系列财商课程后，我把赚钱的四大象限和现金流游戏等投资理财理念，添加到"发掘自己"系列课程中，让学员学会正确、先进的投资理财理念。受到了学员的欢迎。

创立 80/20 法则、教导投资创业的投资专家 Richard Koch 说：

"金钱不能平均分配，是因为大多数财富来自投资而非工作收入。因为投资的复利效果，所以你最好尽早开始……"

有一次，我在课程中说："生活中，很多人总以为：等到我有钱了，我就去投资理财。这就好比说，等到我有孩子了，我就去结婚！"

这时候，学员们笑了。我接着说：

"要先结婚，才能生孩子。只有先投资理财，你才会有钱。"

"可是，"有个学员反驳我说："林老师，现在的社会不是有很多人，先有孩子才结婚吗?"他的话，引得学员们都笑了。

我笑了笑，说：

"那也是因为，在他们有孩子之前，一定做了结婚该做的事情。"

需要声明的是，投资不等于投机。投资是为了获取稳健的回报，一般考虑的是长期的投入产出。而像我那种买别墅、买地皮的投资，其实风险是很高的，因为变现力很差，也就是说要卖出去不容易，往往有价无市。只不过当时我是打算要么自用，要么投资而已。

简单来说，投资是让钱变成更多钱的行为。我除了投资经营企业，是一个比较好的投资以外，那时候，我还知道，股票、证券是个投资赚钱的好工具。

然而，对于证券投资，如果自己不懂行，风险是很高的。莉莉有位好姐妹在银行负责投资理财业务，当时她为我们提供信息，帮助我们去抽签，购买新上市的原始股，由于那几年新上市的股票往往供不应求，而这个方式，几乎每次稳赚不亏。

当然，股市毕竟存在风险，2008 年 6 月 18 日，中央电视台《经济半小时》栏目做了《70 万股民大调查》节目，共有 764588 名投资者参加调查。调查显示，从 2007 年 1 月 1 日起至今，参与调查的投资者中亏损者的比例达到了 92.51%，赢利的投资者仅有 4.34%，勉强保本的投资者为 3.15%。

那怎么办呢？那是不是股市就不能投资了呢？其实，有亏就有赚，这些钱又是谁赚走了呢？

著名投资理财畅销书《理财鸡汤》、《投资理财心法》作者陈茂峰先生是我的好朋友，他也是北京财商理财顾问有限公司董事长，是香港三大投资理财公司之一的香港御峰投资理财公司的董事总经理，作为清华大学的国际金融博士，他对我说的一句话点醒了我，他说：

"股市这个游戏，是资本主义社会设计出来的，它的规则是让有智慧的人去赚没有智慧的人的钱，让钱流进有智慧的人口袋里，才能扩大生产、推动社会发展。所以每次股市跌升之后，都是那些有智慧、有专业经验的人赚了钱。"

我有自知之明，我知道股市我并不专业，又没有时间、精力去经营，于是我就去找他们这样的国际性专业投资专家帮忙理财投资，这样，就把我们这些没有时间也没有经验的散户，联合起来，通过有智慧有经验的专业机构，变成有实力有智慧的投资者，去实现共赢。

香港是世界金融中心之一，那里的投资市场规范，全球投资渠道选择丰富，证券管理法律严明。作为这样一个国际金融超市回归了祖国怀抱，对我们其实都是机会。近两年，我在香港的投资都交给御峰公司代理，或者参考他们的意见处理，回报确实稳健而可观。

所以，为了帮助更多"发掘自己"课程的学员，2008 年 11 月 18 日，德才公司与北京财商公司签约合作，以强强联合，帮助更多人精神和物质共提升。

2008 年 11 月 18 日，佛山德才商务咨询有限公司与财商人生理财顾问有限公司签约合作，以帮助更多的人精神和物质共提升

不管你是老板，还是打工仔，你想要财富自由，必须学会投资理财，也就是说，要想方设法提升你的"非工资收入"，即现金流，只有当你的"非工资收入"大于你的"总支出"时，你才真正拥有财富自由。

因为通过各个不同渠道投资理财，我再次从数十万"负翁"变成一个实现了财富自由的"富翁"。2001 年，我还清了所有的债务，2003 年，我住进了金桂花园别墅，也把父母从海南临高贫困山村接到了顺德，2006 年，正好是莉莉生日的那天，我亲手把一辆全新的宝马车送给了她。

记得 1996 年莉莉生日那天，是我在海口创业破产最落魄的时候，我用口袋里仅有的一元钱，买了两根玉米棒送给莉莉过生日，当时我许下承诺，十年内要送给她别墅和宝马。时间刚好过去十年，我全部兑现了自己的承诺。

为了奖励我自己，也为了实现我上三阶段时的愿景，我也买了一辆奔驰车送给自己。

心灵感悟：你不理财，财不理你。投资有复利效果，所以要尽早开始。

投资不等于投机，投资要有智慧。只有"非工资收入"大于"总支出"，才是真正的财富自由。

发掘自己：

（1）列出你每个月的各项支出，合计出"总支出"，再盘点你每个月的"工资收入"和"非工资收入"，对比一下，你是否已经做到了财富自由？

（2）把你每个月的"工资收入"减去每个月的"总支出"，计算出你每个月的"正现金流"，想想怎样用这笔钱做稳健的投资理财，以帮你赚到更多的"非工资收入"？

第56场　危与机——发掘自己　情系顺德

本书第八稿修改到这里，刚好美国雷曼兄弟银行倒闭，引发了全球金融海啸，这是一场百年难遇的大危机。面对危机，我创编了一条短信群发给"发掘自己"的学友们：

"危机危机，危中有机。面对危机，消极者看到危险，积极者看到机会；成功者在危机中理智行动，失败者在危机中消极被动或者盲目冲动。"

这条短信一时被转发流行，后来我自己甚至还收到了几条别人转发给我的！其实，这就是我自己切身的体会，我的人生多次面临"危机"，我曾经因消极被动或盲目冲动而失败，也有过理智行动而成功。

面对德才公司亏损关门的危机，由于我学完了课程一二三阶段，我看到了机会，做出了理智行动，从此"发掘自己"课程在顺德发展成长，然后到全国各地推广成熟。

可以说，顺德是课程的根据地，在其成长过程中，许多的往事令我难以忘怀。

在开第二期的时候，有位老板苏先生来参加了学习。苏先生是做物流企业的，年营业额超过一个亿，可事业上的成功并不能弥补内心的缺憾，他在外面潇洒风光，但每次回到家里就不开心，原来他跟父亲已经三年没有来往了。

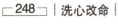

"发掘自己"课程在顺德成长

三年前，苏先生的弟弟在他公司工作，因犯下一个不可饶恕的错误，根据公司规章制度，苏先生把跟他一起创业的弟弟开除了。这件事惊动了他的父亲，父亲出面为弟弟求情，但苏先生认为应该坚持原则，越是兄弟越要严格要求，不可带头破坏公司制度。父亲求情不成，一气之下挥手打了儿子一巴掌。

"好，你打我？那你跟他在一起，你要他这个儿子，我不是你儿子，我也没有你这个父亲了。"从此，苏先生不再认父亲。

苏先生说，他那么多年为了这个家，作出了很多牺牲和贡献，为全家盖房子，买车，为弟弟张罗婚事，把父母接来顺德安享晚年，他做了那么多事情，都是为了这个大家庭。而现在弟弟自己犯错，作为公司的老板，他要开除一个违反纪律的员工，这本来就是他的权力，而父亲竟然蛮不讲理，无端打他一巴掌，他咽不下这口气。

三年来，苏先生不同父亲打电话联系，节假日也不回去见父亲，在父亲生日的时候，他派人给父亲送钱，而他自己就是不去看父亲。可是，不管苏先生送多少钱，父亲总是全部退回来。

苏先生参加了我的课程，在一个亲情体验游戏之后，我要求同学们闭上眼睛，当灯光暗下来，音乐响起来，苏先生就开始哭，哭得越来越大声……

他跟同学们分享他的故事，他流着眼泪说：

"父亲将近70岁了，我今天才想起爸爸小时候怎么把我带大，爸爸从小对我很严，希望我将来有所作为，为了我上学，他每次背着我过河，而现在我长大了，有本事了，能赚钱了，我却忘记了爸爸的好，只记得爸爸的不好，爸爸把我养得这么大，如何计算爸爸的付出和贡献？我如何计算爸爸的付出和贡献？"呜呜……

说到这里，苏先生大声哭出来："我不跟爸爸说话，无非是要证明爸爸的错，但爸爸错了又怎么样，我自己对了又如何？我自己对了又如何？"呜呜……

苏先生痛痛快快地哭了一场，课程结束，他迫不及待地开车回去见父亲。毕业典礼的时候，苏先生把父亲邀请到现场，当着大家的面，给父亲跪下叩头，当他大声叫出：

"爸爸，我已经三年没有叫你爸爸了，儿子不孝，是我错了。"

这时我马上送上音乐："那是我小时候，常坐在父亲肩头。父亲是儿那登天的梯，父亲是那拉车的牛。忘不了粗茶淡饭将我养大，忘不了一声长叹半壶老酒。等我长大后，山里孩子往外走……"

父亲把儿子扶起来，紧紧地抱住儿子，老泪纵横。全场同学都为之感动，上前把他们拥抱在中间。我站在后面，也想起了我的父亲，热泪一下子涌出来了。

开过两期之后，学员们自发地介绍更多朋友过来参加课程。第三期有个同学叫许兴龙，他是山东人。当时，许兴龙在一个汽车修理厂打工，做业务员，但生意不好，他的工资才1200元，这点工资要养老婆、孩子，还要交房租，他想回家，路费也没有，更不用说交一千多块钱的学费。

朋友对他说："你一定要来，我先替你交钱，如果你觉得好，以后你慢慢还给我，如果不好，那你就不要还了。"

就这样，许兴龙走进了这个课程。课程中有个体验环节，是教学员宣泄情绪，清洗心灵，排除干扰，取回能量的。许兴龙在那个环节里痛痛快快地宣泄了一场，之后，我们分享了他的故事，那是我在课程中见过的最感人的一次分享。

许兴龙家里很穷，很小就离开了家，肚子饿的时候要过饭，他爬火车来到南方，露宿过火车站，偷过东西吃，也不断被人欺侮。许兴龙一路坎坷，一路风雨，辗转来到顺德，想不到多次找工作都不顺利，空有一番理想抱负，总是抑郁不得志。

参加课程学习，许兴龙知道自己也是"九牛之人"，他相信自己有无限的潜能，他要突破自我设限，寻找无数的可能性，立志在南方创下一番事业，才回老家见父母。

许兴龙的分享，引得全班同学都哭了。我在课程中规定，放音乐的助教无论如何不能哭，因为他一哭，就可能放乱音乐，结果这位助教使劲地咬住手腕，以致手腕咬痛了，也没有止住他的哭声。

许兴龙上了第一阶段回去，承包了一间破破烂烂的汽车修理厂。当历经艰难，刚有起色，由于同行的竞争排斥，有人故意投诉他整他。有一次，一天来了五个部门来调查他的问题，他的修理厂面临倒闭，而他本人也接近崩溃……

幸好那时许兴龙刚从三阶段走出来，课程让他打破了过去的固定模式，让他改写了人生剧本，他知道自己是一个勇敢、自信、负责任的男人，既然接手了，就不能放弃，他只有选择做，而且要做到最好。

那个时候，很多课程中的同学死党来支持他，有的送钱，有的送业务，有个女同学死党给他打电话鼓劲，一连40分钟，反反复复只问他一句话："你是谁？你是谁？你是谁？……"

许兴龙在电话中也只回答一句话："我是一个勇敢、自信、负责任的男人！我是一个勇敢、自信、负责任的男人！我是一个勇敢、自信、负责任的男人！……"

许兴龙没有放弃，他赢在坚持，风雨之后见彩虹，现在他扩大了汽修厂的规模档次，最近被多家保险公司、政府部门和企业指定为定点维修厂，他自己也开起了奔驰、宝马。

发达了的许兴龙并没有忘记回报课程，回报社会，他经常回来分享，还积极参加公益活动，向社会奉献爱心。多次的媒体采访报道，让许兴龙成为顺德学员中的名人之一。

像苏先生和许兴龙这样的学员在全国还有很多，当学员在用心感谢我的时候，内心欣喜的我，也默默感谢德才当年的亏损危机，有了那次的危险，才有了现在的机会。

心灵感悟： 危机危机，危中有机。面对危机，消极者看到危险，积极者看到机会；成功者在危机中理智行动，失败者在危机中消极被动或者盲目冲动。

发掘自己：

（1）2008年金融海啸，在这场百年难遇的金融危机中，你看到了什么机会？

（2）对于这个机会，你是先知先觉者，还是不知不觉者？你如何采取理智行动？

第57场　利他则无惧——不求回报的"神经病"

课程在成长，学员在成长，成长起来的学员，他们反过来回馈课程，争当课程的助教、教练，不拿一分钱报酬，支持更多的人成长。

课程连续在顺德开出几期之后，2004年初，我们与顺德总商会合作组织了一次总裁培训班，地点选在海南博鳌。四十多人参加，其中有三十多人是亿元企业的老板。

万和集团的董事长卢楚其先生和伟雄集团的林伟雄先生，以及香港著名的景鸿移民顾问公司董事长关景鸿先生等商界名人都参加了这次课程。

林伟雄董事长参加完课程后，回去开了个集团高层干部会，要求高管层所有人都必须参加这套课程。很多人都以为林董事长要么疯了，要么被洗脑了。

第 16 期一阶段，伟雄集团来了十位高层参加，当我问大家参加课程的目的是什么时，几个举手说是"被迫"，更多的是"给面子"，而还有一个也是集团董事的举手"想证明课程无效"！而就是那位想证明课程无效的董事，后来成为了那一期课程中的领袖，他最后分享感触很深、收获特别多。于是，伟雄集团引发介绍了近 1000 人来参加了课程。

参加过课程的同学，他们或者通过介绍更多朋友来学习，或者自己争当助教、教练来回馈、支持这个课程。

在顺德开"发掘自己"第十期的时候，有位姓雷的律师走进了课程。到课程第三天，雷律师来问我："我想邀请太太参加今晚的毕业典礼，你说我该怎么办？"

我心里想，这个问题还需要问我吗？于是就反问他说："你为什么这样问呢？"

雷律师说："我又不敢打电话给她。"

我问他："发生了什么？"

雷律师说："我骗了她。"

"骗了她什么？"

"她反对我来参加课程，我就说去出差，其实我是来参加课程的，但参加这个课程后，我觉得骗她不应该，我欠她太多了。"

"那么，你现在想怎么样？"

"我很想邀请她来参加我的毕业典礼，想当面同她说清楚。"

"噢，你是想，还是要？"

"是要。"

"是要，还是一定要？"

雷律师想了想说："我是一定要。"

"如果你一定要，你就一定行。"我说。

"哦，我明白了。"雷律师说完就走了。等到晚上毕业典礼的时候，雷律师完全变了一个样，他穿了一套晚礼服，打着领结，头发梳得光亮，更奇怪的是，他旁边还跟上一位穿着婚纱的新娘，晚妆化得很专业，新娘还牵着一个孩子。

毕业典礼一开始，雷律师就抢先上台宣布，他说："今天晚上，我宣布两个好消息，一是我一阶段毕业了，二是请同学们见证我们的婚礼。"雷律师深情地说，他跟太太结婚九年，孩子已经八岁，但他们没有举行过婚礼，没有照过婚纱照，也没有请朋友吃过一粒喜糖。

"那么多年，我欠太太很多很多，她一直默默地跟着我，从来无怨无悔。"雷律师说着，声音哽咽起来，"但我常常欺骗太太，太太每次要求照婚纱照，我就骗她等下次再说，这样一拖就是 9 年，今天我要当着所有同学、嘉宾和儿子的面，向我的太太承诺：老婆，我一辈子永远爱你！"雷律师郑重单跪，向妻子献上了玫瑰花。这时我们的音乐《爱你一万年》响了起来，大家都为他们流下了欢喜的眼泪。

我的心颤抖了，泪水哗啦啦流下来，有什么能比得上生命的改变更让我们震撼呢！

我为什么要说这个故事？这样的故事是很多的，这个故事只想说明，在课程中有收获、能醒悟的同学，他们后来又会走进课程，或当助教，或做教练，支持这套课程。同时也通过当助教，让自己进一步成长蜕变。雷律师一口气学完了三阶段，后来就多次当助教。不管别人怎样误会他们，他们还是默默去做他们认为值得做的事情。

当助教、教练是志愿行为，他们放下自己的工作，离开自己的家人，却没有一分钱的收入，就算吃饭，他们也是和同学实行 AA 制。尽管如此，助教、教练还要通过严格的竞选，不是想当就能当的。

利他无惧，无欲则刚。当这些助教都是怀着付出的心态，来支持新同学的时候，他就可以把焦点放在学员那里，而完全豁出去挑战和支持教学，这样新同学肯定能收到他的真心，学员收获越大，助教也就收获越大。

老子《道德经》说："既以为人己愈有，既以予人己愈多。"

特丽洁公司管理凤岭公园的时候，那附近有个发廊，我和莉莉每次洗头剪发都到那里去，认识了他们的老板戴军。戴军又做老板，又搞管理，还亲手剪头发，忙得不亦乐乎。

莉莉见这个小伙子挺努力，有理想，建议他来参加我们的课程学习，戴军说："我每天都要自己剪发，哪里有时间去学习？"

助教们无私的付出赢得了广大学员的拥戴与感谢

莉莉让戴军先去参加一个分享会，在分享会上，戴军很受启发，当场决定豁出去，参加了一阶段，接着又参加二阶段，再接着参加三阶段，后来，他还让自己的姐姐、弟弟，以及团队的其他成员分期分批地参加学习。

三阶段是戴军的丰收期，他同时做好事业目标，完成家庭目标，实现社会目标，在高要求、高挑战、高压力的情况下，他像绑上沙袋去跑步，而当他跑完这100天，他发现自己仿佛会轻功了，不管怎样跑都轻松自如。

从第三阶段出来，戴军由一家发廊增开到三家分店，现在他又发展到六家，并开发出管理软件和相关产品，被选为顺德美容美发协会副会长。最近，戴军先后买车买房，还开起了酒店，开始实行多元化经营。

原来戴军忙着理发，连谈恋爱的时间都没有，三阶段毕业不久，他结了婚。北京奥运期间，他给我发短信："今天中国喜添8金，其中一金是我家贡献的……"原来，戴军生了个奥运千金。喝满月酒的时候，很多宾客都曾经是德才的学员。

通过学习，戴军感悟到，要成功不能仅靠自己努力，而且还要带动团队努力，如果只靠自己一个人忙，那生产力一定是有限的，只有建立系统，加速复制，那才是最大的共赢。

戴军坚信，要承诺于事情的发生，而不是它如何发生，要承诺于得到预期的结果，而不执著于常规。

一阶段之前，戴军生意好，我等他为我理发；一阶段后，戴军店里生意更好了，我只能指定他给我理发；二阶段之后，戴军很少给人理发，我要约他给我理发；三阶段之后，戴军想给我理发我也不给他理了！为什么？因为他已经很久不理发了，我不知道他的技术还熟不熟，要是理出个差错，那叫我如何面对众多学员啊?!何况，他已是大老板，手下诸多精兵强将，都够我慢慢消受的啦。

戴军受益于课程，也支持着课程，他经常回到课程做助教，他跟着我去各地讲课，没有得到一分钱收入，而每次总是争着要去。第七期三阶段，戴军还做了教练，整整100多天的付出，戴军说真是受益匪浅。

戴军只是一个例子。2007年11月18日，我为一批金牌教练、优秀助教颁发奖牌，戴军是金牌教练之一。正因为有一大批助教、教练的默默支持，"发掘自己"这套课程才能从顺德走向全国。

心灵感悟：利他无惧，无欲则刚。既以为人己愈有，既以予人己愈多。

发掘自己：

（1）到附近老人院或孤儿院做一次至少两小时的义工活动，想方设法让那里的老人、孩子和工作人员感到开心快乐。

（2）把感受写下来，如果方便的话，请放到互联网"林A"博客留言上或"德才"论坛上，让我和更多人分享。

第58场　离与合——新疆奇遇记

从顺德出发，我的"发掘自己"课程开始走向全国。

这些年，我在海南、新疆、贵州、四川、山东、重庆、河南、河北、湖北等地讲课，至本书发稿时已开了"发掘自己"一阶段101期，二阶段30期，三阶段15期。学员超过20000人次。课程帮助学员成长，学员口碑也支持着课程发展。

有位新疆学员在重庆上了一阶段，她说一定要把课程带到新疆去。说到做到，这位学员真的在新疆组织了多期课程，我先后几次去新疆讲课。

那是2005年初，我第一次去新疆，走出机场，漫山遍野成了银白色的世界。开课的地方是一家宾馆，我们上了三天课，毕业典礼结束后，我们走出宾馆，晚上12点，发现外面还是白天。原来，地面已被大雪覆盖，灯光映照雪地，就像白天一样。地面上有很厚的雪，我们跑到雪地里打雪仗，大家非常开心。

毕业典礼，我要求大家穿正装出席。有位学员身穿军装，肩章有两杠四星，原来他是现役军官，难怪开课的时候，还有勤务兵替他在外面拿手机，他说他的手机不能关机，如果随便关机一天，中央军委可能都会知道。课程中，这位开明的军官多次泪流满面，他觉得这课程对人的心灵成长帮助太大了，后来他又推荐了很多军官和各界人士来参加这套课程。

新疆人豪爽开放，对学习认真投入，很能接受新生事物。有个开矿业公司的唐老板，经营很成功，年营业额达到数亿元，他们一家兄弟姐妹五人都来参加了学习。大哥六十多岁，在毕业分享的时候，他主动检讨了自己的问题，同妻子冰释前嫌，而之前，他的四个弟妹怎样劝解，他都听不进去，执意要离婚。之后，唐家兄弟姐妹又各自发动他们的爱人来参加学习，其中小弟做老总，他虽然和妻子离了婚，但也感召了前妻来听课。

这期学员中，还有一位郭女士，她已经跟老公办了离婚手续，但为了孩子还没有分开，她的内心很痛苦。学习课程后，她哭得很厉害，她终于明白自己也有不少过错，也有很多责任。课程结束后，她回去跟离婚的老公做了很多沟通，在第二次开课的时候，她老公放下生意走进了课程，而郭女士则做了助教。郭女士的老公是一位才子，能填词作曲，自己开酒业公司，全国有连锁店。

课程结束的第二天中午，大家请我和一班同学吃饭，分享收获。

饭桌旁，郭女士的前夫当着大家的面，拿出事先悄悄准备好的鲜花跪下来，请求郭女士原谅，并向她求婚："老婆，请你再次嫁给我吧！"在场的同学为之感动，连忙把他们紧紧地拥抱在中间。

在新疆，我发现有很多离婚的优秀女性。为此，我听了郭女士之所以离婚的故事后，就问："你们知道一走进佛家寺庙，首先看到的第一个佛是什么？"

她说："应该是弥勒佛。"

"那为什么弥勒佛要摆在最前面呢？难道是因为他最靓仔吗？"

大家愕然。我说：

"当然不是，我自己认为，那是因为弥勒佛代表着接受和包容。不管你想求什么，都必须先接受现在所发生的。"

我在纸板上板书："接受 = 智慧"，继续说："你们记得弥勒佛两旁有一副著名的对联吗？上联是：大肚能容，容天下难容之事；下联是：开口便笑，笑世上可笑之人。"

板书写好后，我说："不过，今天我想给这副对联再添加几个字，送给郭同学，也送给在座的各位同学，上联是：大肚能容，容天下难容之事——何况家事；下联是：开口便笑，笑世上可笑之人——并非别人。"

我指着纸板，问："横联是什么？"

大家都一起大声念出来："接受等于智慧！"

我不知道郭女士夫妇如何理解这副对联，但我知道，此后，郭女士同老公和好如初，不久，他们夫妻来到广州做生意，又在珠海买了房子，过上了恩爱幸福的生活。

新疆人是性情中人，这餐午饭同学们一边喝酒，一边分享，还一边唱歌跳舞。在场另一位女同学，多才多艺，她还是一位企业家，事业上做得很成功，但老公一年前意外去世，自己生活很孤单、不快乐。她跟唐家小弟同在一个班，她是女领袖，唐家小弟是男领袖。

在大家的推波助澜下，唐家小弟当着大家的面，就向这位女企业家求婚，顺其自然地，我被同学们推举为媒人。因为在课程中有共同的生命体验，再经过一段时间的接触，他们真的建立了新的家庭。女企业家成为矿业公司的高层，唐氏家族和企业都更上一层楼。现在过年过节，我还能收到唐氏夫妇问候与祝福的短信。

还是在那次午餐分享中，突然另外几个同学气喘吁吁地跑过来告诉我们，说大事不好了。我们在分享时，都习惯把手机关机了，同学们找不到我，还以为我出了大事。

原来，我们所开课的那间大酒店着火了，大火从二楼烧到顶楼，同学们都知道我和助手住在那间酒店，他们自发地来找我，但打不通我的手机，担心我遇到危险，直到找到我们吃饭的地方才松了口气。

我们回到酒店门口，那里已被警戒，只见酒店门口还挂着一条横幅，写的是："热烈欢迎香港德才国际素质训练集团林Ａ导师下榻本酒店"。

第二天，我和助理再次回到酒店，他摸着烧得乌黑的楼梯爬上16楼，还好，我们那两间房都没有烧着，房间里的资料和行李一切完好。于是有的同学说我把酒店搞火了，也有的同学说，我们的课程积了德，唯有我们的房间没有被烧毁。

那天坐上飞机离开新疆时，报纸都头版头条报道那次火灾，火灾是由厨房失火引起的，还有一张报纸上的大照片，明显还看到那条挂着的横幅。

我离开了新疆，而新疆好几对分飞燕又变成了同林鸟。其实大家都是：因为争斗而分，因为接受而合。

心灵感悟：大肚能容，容天下难容之事，何况家事；开口便笑，笑世上可笑之人，并非别人。接受等于智慧。分合之道：争斗而分，接受而合。

发掘自己：

（1）写下你跟别人关系不好的现状（如"我跟我老公关系不好"）。

（2）在前面加上"我让"两个字（如"我让我跟我老公关系不好"），觉察一下自己如何造成这种现状（如"我跟老公沟通不好造成老公误解"）？自己应该如何负责任去解决（如"我要跟老公积极沟通"）？

第59场 诚实与信任——豪爽在山东

在顺德，我刚成立德才时，曾代理过深圳导师的课程，而当我做了导师以后，全国各地也有人代理我的课程。

山东一家培训公司组织课程，邀请我去主训。山东人很高大，很豪爽，我到那里，他们非叫我喝酒不可。好在我是导师，我以上课为由谢绝，他们才不至于把我灌醉。

与其他地方的学员不同，山东学员一旦有不认同导师的观点，就直接说出来，甚至敢于同导师争辩。

那天，课程一开始，我们做了一个"诚实与信任"的游戏。

总结分享时，我说："诚实是先对自己诚实。"大家都认同。而我说："信任是无条件的。"结果好多同学不认同，有位同学带头大声说："信任怎么可能没有条件？你要是无条件信任我，那我现在要跟你借一百万块钱，你借不借给我？"

这位同学的话引起了一片掌声和笑声，他很得意地回头反问同学们对不对，底下呼声一片："对！"掌声又起。见到他们人多势众，以为难倒了导师，显出一副更得意的神情。

在许多人看来，信任是有条件的，不是什么人都可以信任，理由是担心随便信任会遭到欺骗、伤害。他们认为如果你信任他，你就可以借钱给他，如果你不信任他，你就不能借钱给他，如果你借钱给他，你就是信任他，如果你不借钱给他，你就是不信任他。

这个时候，我就让那个带头顶撞我的同学站起来，要他自己在同学们中，找出他最信任的三个同学也站起来，其中有两个女同学，一个男同学。我指着第一个女同学说："你信任她是不是？"

"是！"他的声音很大。

"是不是真的信任？"

"俺们山东人说话一是一，二是二！"看来他还拉扯上了地方主义，毕竟这是在山东的地盘啊。

"那，既然你信任她，假如现在她要求嫁给你，你娶不娶她？"

那同学想了想说："娶！"看来自己还是不能打自己的嘴巴。

我又指着另一个女同学对他说："你同时也信任她是不是？"

他声音小了一点，说："是。"

"现在她也要求嫁给你，你娶不娶她？"

他想了想，还是说："娶。"

我接着指着另一个男同学对他说："你还信任他是不是？"

他有点疑惑说："是。"

"现在他也说要嫁给你，你娶不娶他？而且就在今晚，你们就住在一起。"

那个同学毫不犹豫地说："不娶不娶，我可没有那种爱好。"

"那你刚才不是说信任他吗？信任他为什么不娶他？那是不是你不信任他？"

这时候，同学们交头接耳、骚动一片。那个同学被大家提醒说："信任他不一定就要娶他嘛，那我信任那么多男人，个个都娶那还得了？"

"那你的意思是说：信任不一定要娶他，不娶他并不等于不信任他，是不是？"

他点头说："是！"很多同学这时也纷纷点头。

"也就是说，信任是一回事，娶不娶他是另外一回事。是不是？"我这样为他做小结，他马上说："是的！"

"那么，信任跟借钱也一样，信任一个人是不是就一定要借钱给他，是不是不借钱给他就是不信任他？"

"谢谢老师，我明白了。"他很爽快地说。

"明白了什么？"轮到我不放过他了。

"我明白了，信任是一回事，而具体要做什么事，那是另外一回事。"看来这个人还是挺有悟性的。

"所以说，信任是无条件的，但做事要有什么？"

"做事要有原则！"他反应很快，赢得了大家的掌声。

"是啊，信任是无条件的，而做事要有原则，"我一边板书一边说，"也就是说，信任不等于什么任？"

大家都说："放任。"

"当我们无条件去信任任何人的时候，我们就有了更多的可能性，我们就拥有更大的个人魅力和影响力，也就是我们的非权力性领导力更强了。"

"谢谢老师！谢谢老师！"当我叫那个同学坐下时，我感觉到他的眼神完全不一样了。

同学们听到这里，全场掌声雷动。为什么无条件去信任任何人就会有更多的可能性呢？我接着讲了一个真实的故事。

有一次，在美国，有一对穿着破旧衣服的老年夫妇，没有提前预约，他们来到哈佛大学找校长。秘书一看，这对不知从哪里来的夫妇，神情有点拘谨，他感觉他们对哈佛大学不可能有什么好事，就说校长很忙，没有时间见他们。但这对老夫妇还是不走，一直等到下班，直到见到校长。

校长面无表情地听那位女士说："我们有一个儿子在哈佛读了一年，他非常喜欢哈佛，在这里过得很愉快，可是一年前，他意外身亡，我们很想念他，所以我们想在校园里为他建一个纪念物……"

"那可不行，"校长没听完就说，"我们每一年都有学生意外身亡，如果每个人都要搞一个什么纪念碑，那我们的校园岂不就变成墓地了？"

那位女士赶紧说："我们并不是想建纪念碑，而是想给哈佛捐建一栋大楼。"

校长扫了一眼他们身上的破旧衣服，摇摇头说："一栋大楼？不可能！你们知不知道建一栋大楼要多少钱？至少要过百万美元，你们就别费那个心了。"校长以为，肯定是他们想儿子想疯了。

女士还想说什么，她的丈夫看到校长不信任的样子，就拉拉女士的手说："那我们走吧，就几百万美元嘛，我们为什么不自己建一所新的大学呢？"

这对夫妇离开哈佛大学，他们去了加州，并在那里以他们自己的名字建立了一所大学，这就是美国著名的斯坦福大学。

你不信任别人，你以为就不必要冒任何风险，你可以躲在一个安全角落里，但你戴上这个不信任的有色眼镜，你肯定会错过很多朋友，丧失很多机会。我让大家一起做一个动作，用双手模仿把有色眼镜摘下来，丢到地上，再用双脚使劲踩烂它。这些山东同学，都踩得很起劲。

就这样，第一天他们跟我顶撞，第二天，他们就很起劲地投入，第三天远远见到我就鞠躬打招呼，原来山东是孔子的故乡，历来是个礼仪之邦，鞠躬代表他们的尊重。

山东课程结束以后，同学们邀请我去喝酒，那时天气热，男同学们就脱光上身喝，我与他们一醉方休，真是爽极了。

心灵感悟：诚实要先对自己诚实。信任是无条件的，而做事要有原则，信任不等于放任。

发掘自己：

（1）用纸做成一个眼镜的形状，写上"信任的条件"几个字，戴好后做一个动作：用双手使劲把有色眼镜摘下来，丢到地上，再用双脚使劲踩烂它。

（2）把感悟写下来。

第60场　我为人与人为我——重庆经销商的新礼物

去重庆上课，是伟雄集团属下的重庆顾地塑胶组织的。自从林伟雄董事长要求高层领导都来学习了课程以后，大家又回去组织了各自公司的中高层，做了几次内训，效果很好。

当时，刚好重庆顾地塑胶成立十周年，要开经销商订货会。他们决定，打破以前给经销商游览观光或送些值钱物品的惯例，改为给经销商准备了一份特别的礼物，那就是送他们参加"发掘自己"课程。

就这样，为庆祝十年庆典，一百三十多位来自全国各地的顾地大经销商，受邀参加了在重庆璧山宾馆举行的一阶段。

这些经销商都是不小的老板，课程开始的时候，很多人带着怀疑走进课室，他们不知道顾地公司安的是什么心，很多礼物可以送，干吗莫名其妙送课程？甚至有些人进来了还想走掉。

这次课程是重庆顾地塑胶公司送给当地经销商的新年礼物

当时很多经销商认为，他们的利益跟生产厂家是有矛盾的。经销商希望厂家多让利，把价格降低一点，多做一点销售广告，不断提高售后质量服务。但是厂家呢，只希望价格抬高一点，经销商自己去做广告，并且配合厂家做好售后服务。经销商与生产厂家存在利益之争，有矛盾是不言而喻的。有经销商说，厂家表面上与经销商一起吃吃喝喝，但代表各自的利益，甚至为了自己的利益，而不考虑对方的利益，这种现象实在太多了。

课程中，有一个换位思考的游戏，要求经销商与厂家都站在对方的立场思考。我把经销分成几个小组，让他们想方设法比赛，以赚取更多的钱。游戏中，他们为了自己赚更多的钱，不惜损害对方的利益，他们都想别人赚少一点，自己赚多一点，游戏结束，他们双方亏得很惨，因为大家只顾着自己赢，都想方设法把别人搞输。

游戏结束后，很多经销商结合他们的生意，分享自己的感悟，他们说收获很多。有位经销商说，他过去的模式让他伤害了他的家人，也伤害了他最好的合作伙伴，最后搞得大家都不快乐，都不开心，其实大家都没有赢，都在输，他只是赢得了一口气，但大家都输掉了朋友，输掉了合作。从合作伙伴变成竞争对手以后，他们加快了恶性竞争，他恨对方，专门搞对方，故意压低对方的价格，结果生意上他们两败俱伤。

这位经销商决定：要亲自向那位合作伙伴赔礼认错。于是，我叫他当场打电话，他诚心诚意向伙伴认错，说出了自己内心的真实感受。那位合作伙伴听到他的电话，一开始很惊讶，但他的真诚终于打动了他，他们冰释前嫌，和好如初。这段分享，感动了在场很多经销商，他们有些人悄悄地流下了眼泪。

大家终于悟到，要自己赢，并不等于要别人输；让别人赢，也不等于自己输；让别人得到，不等于自己失去；要自己得到，并不等于让别人失去。只有共赢的游戏，才是长久的游戏，只有大家好，才是真的好。

这时候，我问大家："所以说，人人为我，我为人人。大家说对不对？"大家都异口同声地说："对！"

我又再问一次："人人为我，我为人人，对不对？"

大家更大声地说："对！"

我说："认为对的请举手！"

"刷"的一声，绝大部分的同学都把手高高举起来。

"举手的人都——错了！"我说。

很多人都愣了一下，有人问："为什么？"

我说："人人为我，我为人人，是错的！谁知道为什么？"

这时候，还没等我点，马上有人迫不及待站起来说："应该是：我为人人，人人为我。先我为人人，才能人人为我！"

"好！大家明白了没有？"我情绪激昂地说："只有先付出，才能有回报啊。像你们刚才做这个游戏一样，如果都想着别人先为我，我再为别人，最后谁都没有等到。就好像，我要先从榨汁机里面吃到苹果汁，我才会放苹果进去；或者你到银行去说，你让我先取更多钱，我才会存钱进去。那不都是神经病吗？"

见到大家都很认同地看着我，我大声说："所以，正确的说法是什么？大家一起来，喊三遍，一、二、三！"

"我为人人，人人为我！"

"我为人人，人人为我！"

"我为人人，人人为我！"

由于发自内心，所以大家的声音十分洪亮。

就这样，每个游戏，都让大家深有感悟。通过三天的体验式学习，许多经销商感受心灵震撼，茅塞顿开。

毕业典礼时，我特意让大家闭上眼睛，当学员一个个被拍一下肩膀，而睁开眼睛时，看到顾地塑胶两位老总，单膝跪在面前送上鲜花，都情不自禁马上跟他们拥抱在一起，很多人立刻流出热泪。

分享时，许多人泪流满面，说出了多年来从没有说过的真心话，真诚的感恩氛围洋溢在会场。大家发自内心感谢两位老总，感谢公司给他们震撼心灵的礼物，也给他们共谋发展、共赢未来的机会。

分享到最后高潮，我让两位老总闭上眼睛，我也单膝下跪在他们面前，送上鲜花。这时候，全场一百三十多位经销商自发单膝下跪，挥舞双手，两位老总睁开眼睛，万分激动……

我想，这一幕就是"我为人人，人人为我"的真实写照。

第二天，庆典会同时进行订货会，当场成交量创下十年历史纪录。庆祝酒会上，气氛热烈，融洽和谐，场面感人肺腑。

结束后，学员还经常保持联系，他们互相支持，付出奉献，共赢共享。至今，学员们都还流传一首《立场诗》，读起这首立场诗，他们又像回到了课程，获取无限的精神动力：

> 人们不讲道理，思想谬误、自我中心，
>
> 不管怎样，总是要爱他们；
>
> 如果你做善事，人们说你自私自利、别有用心，
>
> 不管怎样，总是要做善事；
>
> 如果你成功以后，身边尽是假的朋友和真的敌人，
>
> 不管怎样，总是要成功；
>
> 你所做的善事明天就被遗忘，
>
> 不管怎样，总是要做善事；

诚实与坦率使你易受攻击，

不管怎样，总是要诚实与坦率；

你耗费数年所建设的可能毁于一旦，

不管怎样，总是要建设；

人们确实需要帮助，然而如果你帮助他们，却可能遭到攻击，

不管怎样，总是要帮助；

将你所拥有最好的东西献给世界，你可能会被踢掉牙齿，

不管怎样，总是要将你所拥有的最好的东西献给世界。

这是我上三阶段时，教练送给我们的《立场诗》。多年来，每当我遇到困难和挑战，这首诗都会给我力量，我知道，不管怎样我的立场是什么。当我在这次课程中，额外将这首诗献给他们，我的立场是：让大家共赢！

心灵感悟：我为人人，人人为我。凡事以共赢为出发点，而且愿意让对方先赢。不管怎样，总是要爱别人；不管怎样，总是要做善事。

发掘自己：

（1）用信纸手抄《立场诗》至少五张，送给你最想送给的人，与他分享你的感受。

（2）把你的感受写下来。

第61场　人数与财富——一个创新赢利模式的诞生

就这样，从南到北，除了德才公司自己组织的培训，在全国各地还有不少培训机构代理了我的课程，我带着两个助手全国各地跑。

众多培训组织者都说课程非常好，但在学员收费上因地而异，就拿一阶来说，有的收4800元，有的收3800元，有的收团队价，各有各的招数。而我，只收固定的导师费。当然，组织者还为我和助手提供来回机票，以及当地最好的星级标准待遇。

这样做了一年，我发现这种模式难以共赢。

因为，通常的情况是，第一期人数较多，因为主办者充分发动关系，能来的尽量来，但到第二期人数就少了，因为他们的关系差不多在第一期已耗尽。这样代理培训，代理方不一定有钱赚。虽然大家觉得做这个课程很有意义，但如果亏本了，哪个还有信心再做下去呢？这样的困惑，正如我当年成立德才公司，代理前几期课程所遇到的一模一样。

另一个问题同样令人困惑。虽然很多同学参加完课程，他们都会主动介绍一些新的学员，但是这个事业跟他们没有直接关系，可以不用心去做。学员之间没有一个联系渠道，没有一个交流的平台，大家都希望长期联系，但他们都有工作，时间一长，大家就可能联系不上。课程结束后，每个班都有聚会，第一次有七八十人，第二次只有三四十人，第三次就可能只有几个热心的组织者。这些是很客观的事实，大家都觉得可惜，但又有什么办法呢？

为此，我总在设想一个特别的模式，要让学员能够在课程结束以后，还可以继续相互学习。

我问我自己："课程结束时，大家士别三日，当刮目相看，然而，同学们怎样在今后的生活中，让课程中的感悟继续升华？"

"课程毕业了，不等于成长之路就结束了，设计出一种怎样的赢利模式，才能让全国各地各期同学继续携手成长，互惠互助，让主办方赢，让同学赢，让导师赢，让社会赢，让国家民族赢，多赢共赢呢？"

因为我们知道，只有同学赢、大家赢，社会才是更大的赢，带着这些问题，我走进了另一个学习课程。

2006年5月1日到8日，我推掉了几个课程，花费三万多元，参加美国一个著名的商学院课程BSE，这个课程需要八天八夜。

我是一个热爱学习的人。如果我当导师，我会全力以赴地当好导师，如果我当学生，我要完完全全地投入学习，放下自己曾有的身份，该唱就唱，该说就说。课程中有十位导师，都是来自世界各地的成功企业家，他们用理论与体验巧妙结合的方式，向在场160位来自亚洲各地企业家和各行业精英，传授财富商业模式，包括美国财商鼻祖富勒博士的财商精髓。

富勒博士提出："你为越多的人提供服务，你就可以创造越多的财富，财富不是你拥有多少金钱的数量，而是你能够帮助多少人的能力。"我从中悟到，财富不是我拥有多少金钱的数量，而是我要锻炼帮助多少人的能力……

在课程中，导师把我们每个人分在两个不同的小组：一个运动小组，一个创业小组。运动小组象征家庭、健康，创业小组象征学业、事业，导师要求我们同时兼顾运动、创业两个小组，兼顾不好，就要罚钱，课程就是生活，罚的当然是真的钱。

在创业小组里，要求每组学员设计一间新的最能赢利的公司，要从无到有，包括公司的章程、招商计划书、运作模式、组织架构、利润预算、发展前景等。

有位导师说："谁拥有最多的客户，谁就拥有最多的财富。"

怎样拥有最多的客户呢？又有一位导师给了我启发："现在是互联网的时代，最好是基于互联网去寻找利基点、整合赢利模式。"

我记起另一位成功学导师介绍，他说："世界首富比尔·盖茨曾预言，21世纪发展最大的有五个趋势行业，它们分别是互联网、健康产业、电信、教育、休闲娱乐业。"

那个成功学导师还说："要做生意就要做大趋势的生意。比尔·盖茨说的五大行业是未来的发展趋势，凡是跟这几个产业有关的行业，都会有很大的发展，而且，如果把其中的两个趋势产业结合起来，那就是更大的趋势，肯定有更大的发展。"

我听导师大谈特谈互联网将是未来最大的趋势，它将支持各行业发展，我的灵感突然来了。

我想："为何不把教育同互联网结合起来，把教育同心灵健康结合起来，互联网、健康产业和教育三大趋势行业同时结合，这样的发展空间不是更加无限大了吗？"

这个灵感，让我兴奋，我跟我们创业小组的同学一说，大家都认同，于是我有两个晚上没有睡觉，写下了"中国赢吧"商业计划书。

酒吧是喝酒的地方，网吧是上网的地方，而"赢吧"，就是让学员赢、主办方赢、导师赢、社会赢的平台，总之是"赢吧"，在这个平台上，大家都可以拿到自己想要拿到的价值。

其实，这个"赢吧"的构想，最早源于我在人民大会堂领奖时的感悟。那是 2005 年底，由于"发掘自己"的影响力越来越大，被评为"中国十大影响力品牌"。当时我从新疆完成课程后飞赴北京，来到人民大会堂领奖。

我想起小时候，那时还没开始上学，爸爸给我读一本看图识字书，第一篇的图画就是北京天安门、人民大会堂、天坛、故宫、长城。爸爸告诉我，去人民大会堂开会的，都是一些大人物。我同爸爸说，将来我也要去人民大会堂开会。爸爸看着我肯定地说："好，你好好读书，将来一定能成为一个对社会有用的人。"

我想起自己一路走来，父亲的积极鼓励，对我的影响真的非常大，如果每个人都有一个像我父亲一样的人，给他积极的鼓励那多好啊。

在人民大会堂门前，我们排队安检，依次进入人民大会堂，看着人民大会堂上空星星一样闪烁的灯光，我按捺不住内心的激动。会上，我们得到了全国人大副委员长布赫、全国政协副主席万国权等国家领导人的接见。

其实，最重要的不是获奖，而是这个荣誉让我认识到，还有很多事情，我可以做得更好，而今天只是一个起步。我选择心灵成长课程作为毕生追求的事业，我就要用心帮助更多人成长，更多家庭幸福，更多企业成功。

怎么帮助更多的人成长，我想到的就是要复制，就是要建立系统模式。

而且，通过"现金流游戏"，我学到吸引财富的另一个方法是：奉献我收入的 10%，这是个由来已久的定律。意识是最好的银行，你越觉得自己富有，你就越来越富有；你越觉得自己足够，你就越来越足够。《羊皮卷》、《世界上最伟大的推销员》中的主人公，每年都把自己当年利润的一半送给比他自己贫穷的人，后来成为了首富。

基于这些理念，我设计的"中国赢吧"成为 BES 课程中呼声最高的赢利模式之一。当时，多位导师和回来复训的同学都认同这个商业模式，并把它称为中国赢吧网际教育商务平台，大家纷纷现场报名，填表加入中国赢吧，赢吧承诺将拿出利润的 50% 分配给各位会员和做慈善。

"中国赢吧"设计方案刚刚出炉，便成为那一期课程中的知名品牌，我刚公布出我设计的网址 Win8.com，自己还没来得及在现实生活中注册，当天就被别人抢注了。我赶紧打电话叫人帮我申请"中国赢吧"和"赢吧"商标注册，并把 WinWin8.cn、WinWin8.com.cn、WinWin8.net 和中文网址"赢吧中国"等注册下来，那就是我们现在所用的网址。

我给"中国赢吧"定下一个目标：十年打造百万生命成长工程。我相信，这一辈子能帮助到一百万人感悟生命、得到成长提升，那将比成为亿万富翁拥有的财富更有意义。

心灵感悟：你为越多的人提供服务，你就可以创造越多的财富，财富不是你拥有多少金钱的数量，而是你能够帮助多少人的能力。

发掘自己：

（1）每年都把自己当年利润的一半送给比他自己贫穷的人，后来成为了首富的故事，让你体会到了什么？你决定下一步如何？

（2）立刻行动起来，把你当月收入的10%奉献给福利机构或使你获得精神食粮的地方，让她们因为你的资助而能够帮助更多的人。感受这份祝福的意义。

第62场　开枪与瞄准——中国赢吧　赢吧中国

2006年11月18日18时18分，"中国赢吧"在顺德金桂花园会所正式开通，开通仪式上各期新老学员代表88人到现场祝贺。

说来也真奇怪，那天我们进入会场的时候，天还好好的，等到赢吧开通大会结束，我们出来时，发现道路上积水汪汪，原来，就这几个小时，顺德下了十年来最大的一场雨。

"中国赢吧"提出的奋斗目标是，用十年时间打造百万生命成长工程，通过我们的引发，在全国捐助50家素质教育学校。大家对中国赢吧寄予厚望，他们在"中国赢吧——携手打造百万生命成长工程签名宣言"条幅上签名支持。

我为"中国赢吧"这样设计：所有参加课程的学员免费成为会员，我们

2006 年 11 月 18 日，"中国赢吧"在顺德正式宣告成立

称为"赢友"。中国赢吧联络全国各地赢友，为他们提供分享、学习，以及交际、交友、交换平台，学员通过学习或介绍别人来学习还有积分，积分可以用来购买网上各类产品或用于赢吧学习活动，这样就形成了一个共赢的交流平台。

为了实现赢吧积分系统给赢友更大方便和实惠，我们后来还设计了一个全球性消费卡"共赢天下系统"，让赢友持赢吧卡到外面各行各业的定点单位消费，都可刷卡累积消费积分，这些积分随时可以通过消费卡共赢平台兑换现金，同时"共赢天下系统"其他联盟企业所发的会员卡，在赢吧平台消费学习，同样获得积分，实现跨行业更大的共赢！

中国赢吧是一个终生学习的共赢平台，是一个启迪心灵、发掘潜能、实现梦想的俱乐部。中国赢吧网址为 http：//www. winwin8. cn。

中国赢吧成立以后，开了课程一阶段第三十六期，二阶段第十三期，三阶段第六期。此后，各阶段课程在全国快速推进。赢吧成立一周年，仅一阶段课程开出三十多期，差不多是前几年的总和，会员达到五千多人，各地会员每个月举行有益成长和有益社会的爱心活动。

中国赢吧开通后，"中国赢吧"俱乐部随后成立，平哥被大家推为首届秘书长。

现在应该来说说平哥。在前面，我已提到过平哥。平哥可谓我的贵人。1999年，平哥从西北调来顺德，在一家媒体当记者。我在容桂开西餐厅的时候，和平哥相识，那时西餐厅的宣传报道就是请他负责的。后来，我做特丽洁公司，又是平哥帮我搞广告宣传。平哥看着我的公司从三个人发展到一千人，我每搬一个地方，都邀请他来参观和提意见。

平哥为人低调，不爱说话，却非常有智慧，他给我的意见常常一针见血。我准备开"发掘自己"这套课程的时候，就极力邀请他来参加。平哥答应了，他提前安排好工作，连续几天加班，直到开课，他才带着熬红的眼睛走进课室，他是我的第零期学员，因为在试验阶段，我的课程还没有编期。平哥学习这期课程后，他鼓励我开起来，而且要在顺德迅速开起来。

平哥同我分享他的感悟，并且把平时写的一些随笔拿给我看，那些故事短小精悍，寓意却非常深刻，我建议他出一本书。后来，我帮平哥策划推动，平哥挑选了其中一些篇目，作为"德才心灵丛书"的一本《心灵维生素》，由珠海人民出版社出版了。

那一个个简练而不简单，平实而不平淡的人生哲理故事，往往让人回味再三。平哥曾跟我开玩笑说，那些故事，不求一百人去看，但一个人如果能看一百遍，就是对作者最大的欣慰。此后这本书在我的课程学员中畅销，至今早已销售一空。

平哥是那种处乱不惊的人。2004年初，我决定筹办一个慈善激励大会，邀请澳洲号称无腿超人的约翰·库缇斯来顺德做三场激励演讲。春节期间，我去平哥家拜访，就同他讲起这个计划，给他看那个光碟。约翰·库缇斯没有双腿，只有上半身，但他能用手走路，能开车，能潜水，他曾获得残疾人运动会乒乓球冠军、举重冠军，还去世界一百五十多个国家旅游、演讲，曾获得南非总统曼德拉的接见。平哥认定约翰·库缇斯是个好典型，他对我说："别对自己说不可能，要做就要做全国第一。"此后，平哥一直默默地支持我，帮助我搞策划、宣传。

激励演讲定在当年 5 月 16 日顺德体育中心举行，五一放假前，我们售的票才卖出 2000 张，不到 20%。接下来的 7 天长假，更加销不动门票，我急着去找平哥再投放一些广告，平哥却不急不慢地对我说："不要慌张，不要着急，别对自己说不可能。"

到了 5 月 8 日开工以后，我们突然感觉到售票陡增，每天出票上千张。临近开讲前两天，全部门票售罄，但仍然有众多观众前来订票，特别是有很多关系户要求门票，我们只好申请在各分区再多加两排椅子，每场多加几百个座位。

激励大会开得非常成功，因为连续三场，场场爆满，总参加人数超过 1.3 万多人，这在全国开创了同一体育馆连开三场的新纪录，其参加人数也创造了当时全国第一。那次慈善激励大会，筹得善款 36 万多元，全部捐给顺德区残联，后由区残联专用于脑瘫儿童的康复。我们因而也被区残联授予"扶残助残爱心奖。"

这次成功，让我再次体验到了先定下目标，然后完全相信它是真实的，那么，潜意识的能量会帮助我们找到灵感和资源去达成愿景。

由我首倡的"百万生命成长工程"得到广大学员的热情支持

激励大会结束后，我们开庆功宴，我邀请所有参加支持媒体的朋友一起吃饭，而平哥借故没有到场。平哥就是这样，平时默默地奉献，却不图别人的回报。

我在 BSE 课程设计出"中国赢吧"模式后，回来征求平哥的意见，他说："那么有意义的事，那就先开枪，后瞄准嘛。"

对，先开枪，后瞄准。21 世纪都说"快鱼吃慢鱼、大变吃小变"，找到人生使命，看准商机，就要行动，边行动边调整。

其实，我们的潜意识充满能量，只要我们决定了一定要，我们向奋斗目标开枪了，潜意识就会自己帮我们去瞄准。这就是心灵科学的"自我暗示"的力量，也是一种"心灵吸引力"法则。

正确的"自我暗示"就好像向宇宙点菜。当你进入餐馆，不管你会不会炒菜，只要你向服务员点好菜，你不用跟到厨房，时间到了，菜自然会送出来。只要这些菜是你内心真正想要的，当你向宇宙点了菜之后，大厨师也就是冥冥中的宇宙能量将开始工作，你所希望的东西将会出现。

很巧的是，这本书在正在修改期间，听人介绍了一本史上最畅销心灵励志书，号称全球第一畅销书的《秘密》也成为中国的畅销书，于是赶紧买来看看。不看不知道，一看吓一跳！真是英雄所见略同，《秘密》所说的核心秘密归根到底就是我这里所说的"心灵吸引力法则"，或者"宇宙点菜"法则。只是我这本书说的不是理论，而是真实发生的心灵感悟！我听不少读者说看不太懂《秘密》，那么，我想《洗心改命》一定会拥有更多读者，因为我相信用真实的故事来分享心灵感悟，再加上互动练习，会更容易理解和掌握运用。

说到"宇宙点菜"的原理，有个更容易理解的比喻：潜意识的力量与宇宙的力量是相通的，有神论者所说的"神"的力量我认为也就是这股能量。这股能量，虽然我们看不见摸不着，但是它是存在的，就好像现在开车常用的 GPS 导航，就算我们看不见也弄不懂它如何工作，可是，只要我们正确输入了目的地，它自然会带我们到达目的。

也就是这个原理，怎么把赢吧做好的具体方法还没有完全想好，赢吧就成立了。平哥被众多赢吧会员推举为首届秘书长。平哥现任一家报社的副总编，工作非常忙，但他却经常利用业余时间支持这份事业。用平哥的话来说："不违法、不缺德、有意义的事情，我为什么不去做呢?"

平哥是我的第零期学员，他介绍了不少学员来学习这套课程，后来，他介绍的人走完了二阶段、三阶段，而他直到中国赢吧成立之后才走二阶段、三阶段。

对于这套课程，平哥没有过多的评价，但他说过："如果你不学习这套课程，你会后悔，但如果你学习了这套课程，你也会后悔，因为，你会后悔学习得太迟了。"

"中国赢吧"成立一周年，我和事业做得最大的赢友之一张国贤先生一起把"中国赢吧最具社会责任奖"的奖杯颁发给了平哥。

虽然由于种种原因，平哥现在没有再担任中国赢吧的秘书长。但是，我相信既然我们向宇宙点了"中国赢吧——打造百万生命成长工程"这道菜，宇宙能量自会有神奇安排。

我永远感谢平哥。

心灵感悟：先开枪，后瞄准。找到人生使命，看准商机，就要行动，边行动边调整。正确的"自我暗示"就好像向宇宙点菜，时机到了自然会送上来。

发掘自己：

（1）宇宙点菜练习：用简短而积极正面的语言，写下你目前最想实现的目标，每天20分钟想象自己已经达到目标的感觉，做到完全相信直到对自己的这个目标着迷而喜悦。

（2）如果有条件，用录音机录下自己对自己的潜意识说的话，如："我觉得很好，我觉得很健康，我觉得我很有价值，我配得到我想要的，我爱我自己，不论我去到哪儿我遇到的都是成功……"等等，接着把自己最想实现的目标，用积极正面的语言描绘出来，每天睡觉前听录音"自我暗示"想象自己已经达到目标的感觉，坚持1~3个月。三个月后翻回这里写下生活中发生的变化。

第63场　复制与倍增——导师计划起风波

我参加系列心灵成长课程时，感觉到课程对我的震撼和改变是无法用金钱来衡量的，对我的价值是无价的。然而，我发现这类课程的价格，往往很高，动辄就是数千过万甚至数万，我想：咱们中国有十多亿同胞，怎样才能让更多人都来学习成长呢？

于是中国赢吧成立后，我把"发掘自己"一阶段价格，从原来的"4800元"重新定位在"1980元"，还准备推出更多普及型课程。中国赢吧的愿景是：共建最具价值的学习型心灵创富联盟，十年打造百万生命工程。

中国赢吧的目标是："十年打造百万生命成长工程"，为此，我们的队呼是："中国赢吧，赢吧中国！"

100万是个什么概念呢？理论上推算，如果我平均每期开班培训100人，

越来越多的导师在支持着"百万生命成长工程"

平均每年开班 100 期，这样坚持下去，我要用 100 年的时间才能完成这个愿景目标。而目前影响力最大的清华、北大，若平均每年毕业 10000 名学生，那也要 100 年才能有百万，我凭什么敢于提出十年打造百万生命成长工程呢？

我当然不能只靠自己单干，在我的计划里，我要在十年内培训和整合 100 名导师，所谓"赢吧"就是要想方设法让更多人一起共赢。为利用最现代的科学技术，我还要推出"多媒体"电子版的课程，这样就可以在不同的地方同时开很多课程。同时，我们要在全国各地招募加盟代理商。赢吧的理念是：感恩、奉献、共赢、共荣。

我认为："系统化才能复制、复制才能倍增、倍增才能量大、量大才能共赢。"

中国赢吧成立一年多，经过不断运营和调整后，培训导师列入我的重要计划。为了更快实现目标，也为了更大的共赢，除了自己培养导师，中国赢吧以海纳百川的态度和胸怀，欢迎和吸收别的类似课程导师，一起参与"发掘自己"课程，共同打造百万生命成长工程。

还有，我决定用我自己的真实经历，出一本首创的"体验式互动书籍"，通过书籍帮助更多人"发掘自己"，我想，如果这本书能够帮助读者感悟人生、清洗心灵，肯定会有读者介绍或者赠送给更多朋友，如果这本书能发行 100 万册，那么，百万生命成长不就已经指日可待了吗？

同时，我们还要发掘有志于帮助更多人成长的人，加入我们的"百万生命百名导师"计划，用体验式课程去帮助更多人。

导师要先学完三个阶段，然后从助教起步，然后是教练、总教练。当助教、教练也是学习，甚至比做学员所得到的提升还要大。而且当助教和教练，不是想当就能当的，要经过激烈竞选，才有可能当选。做导师之前，我也做过很多次助教和教练。我经常对大家说：

"这套课程要完全改变你自己，需要九个阶段：先上完一二三阶段，还要做一二三阶段的助教，再做一二三阶段的助教团长和总教练。"

一位优秀的导师是可遇而不可求的。很多人上我的课程，一冲动就要申请学做导师，但很多人是不适合的，也有一些人可能素质上适合，但他们不一定想做导师。而有些人只上了几次课，或做了几次助教，没有拿到相关认证和经过正规训练，就自己去开课，这对学员是不负责任的。

中国赢吧成立后，我收下第一个弟子，赢吧还为我们举行了拜师仪式，我以师傅带徒弟的方式，带着他在课程中学习、锻炼，还把我的导师费分一部分给他。我跟他签的合同是，用一年时间学做导师，学成后须在中国赢吧做满三年的导师。

谁知道一年后，当他刚刚能够自己独立讲课，我们派他单独到外地讲课，结果回来后，他说要去学习和回老家休养一段时间，还没有办任何手续就不辞而别了。当时他负责带的一个三阶段，还有一个多月时间的课程，只好由我临时顶替带完。后来听别人说，他自己在外面自立门户，主要就在我们派他去的那个地方讲课。

那段时间，我感到非常痛心，我既要在外面上课，还要处理三阶段的事情，很多个夜晚都没睡好，我的助理张信斌说："林老师，这段时间你的白头发多了很多。"

这件事，对我和德才公司、中国赢吧打击很大。好事不出门，坏事传千里，因为蝴蝶效应，事情发生带来很多负面对话，三阶段受影响，一二阶段就受影响，学员受影响代理商也受影响，德才和赢吧的业务一下子下降很多。

要是以往的模式，我肯定要跟他斗个你输我赢。但是，通过课程的洗礼，我知道我要做个责任者，我愿意检视自己的问题，他之所以会这么做，肯定有我的原因。我决定要跟他沟通，回来后我和莉莉买了果篮去找他，还通过他太太、他弟弟传话找他，可是他避而不见、电话不接、短信也不回。我想，可能是缘分还不到吧，放下和接受是我经常说的，这时候，是我自己教会我自己去放下和接受了。

积极心态的人认为：凡事的发生，都将有益于我。

通过这件事，让我检视了我的导师培养模式。我要在全国范围寻找志同道合的人一起合作，用整合、合作、聘请和自我培养等方式结合，不拘一格降人才。

很快，香港的财商训练和激励导师Vincent先生，主训二、三阶段的高原导师，获得美国九型人格导师认证的张文斌导师，在清华大学领导力研究中心任客座教授的阿伦导师和中山大学兼职教授苏仁华道长等，纷纷加盟中国赢吧导师团队，由于他们都是有经验的导师，大家一整合思路和理念，很快达成共识。

说到高原导师，其实很有缘。

有一次，我在郑州准备讲二阶段，场地设在一个风景优美的生态度假村，当我提前一天到达场地，看到欢迎横幅上除了我们，还有另一家公司也在这里做培训。我一打听，有一位叫高原的导师，也在这里做体验式课程，他也是二阶段，我的场地在二楼，他的场地在一楼。

于是，我叫郑州德才的经理约他见面聊聊。很多人都说"同行如敌国"，就像我以前在深圳那家号称全国最大的培训公司学习，交了钱还要退回来。但我跟那些人不一样，我觉得市场很大，我们同行应该团结，共同把行业做好，既然我们都是要帮助更多的人，为什么不可以共赢呢？

结果，我跟高原导师一见面，就有相识恨晚的感觉。他的很多理念跟我是一样的，他的课程提出"国人同心、大爱传中华"，他希望更多人携起手来，去帮助更多人成长，更巧合的是，他也想通过多媒体等手段把课程复制普及，而且已经在实践。这跟我的"中国赢吧——携手打造百万生命成长工程"不谋而合！

高原导师是西安人，从小受艺术熏陶，上大学时学的是美术，1999年当他自己经营一间装修设计公司的时候，接触了体验式学习课程，他感受到课程对国人素质的提升非常有意义，后来他偕同爱人一起到上海、深圳学完了一二三阶段，然后代理这套课程，据说，他是将这套课程从沿海引进到内地的第一人。多年来，他也经过了风风雨雨，终于成为一位行内认可的导师。高导师博学广收、厚积薄发，特别是在国学方面修行很深，所以从他身上真的感到"大爱"的能量。

那天晚上，我们谈了两个小时，一拍即合。决定第二天两个班并为一个班，两个导师一起上。高导师听说我把课程做了整合，更关注学员心灵的滋养，他很认同，决定按我的版本进行，他还虚心向我请教，我也就毫不保留。

在课程中，我俩双剑合璧，配合默契，几乎天衣无缝，那几位多次做过不同导师助教的老助教皆感叹，他们说："从你们身上我看到了导师的表里如

一、言行一致，真正感受到了什么是共赢。"

课程结束后，高导对我说："林导，您的课程真的是用心细腻，您是我看过的导师中最有激情的，而且您从每个细节对学员心灵的滋养真的是我要学习的，您的用心投入所带来的感染力也是最棒的。"

就这样，我们自认为"英雄惜英雄"，互相欣赏，相识恨晚。离别前，高导说："林导，您的课程经过整合，真的跟过去的教练技术有了很大提升，我很想跟您学习，您能不能把您的资料和音乐，拷贝一份给我？我把我所有的一二三阶段以及九型人格、教练技术的资料，还有电子版的课程，跟您交换？"

作为导师，自己课程的资料和音乐流程都是保密资料，一般都不允许录音和复制，我也向助理规定，这是绝密资料。然而，对于高原导师的请求，我却一下子答应了！我想：

"国人同心也好，中国赢吧也罢，大爱传中华和百万生命成长工程，不是一样吗？这既然是我发愿要做的事业，总是要有更多的人一起做啊。"

这一答应，结果大家的心更近了。没多久，我们提出进一步合作共赢，高原导师决定把他的"国人同心"并入德才，一起"打造百万生命成长工程"！在谈到股份时，高导说："我占少一点无所谓，只要把事情做成，把咱的事业做大就好。"我暗想：高导真是高导。

我的第一个弟子离开我后，我们的法律顾问提议我说："作为弟子背叛师傅，又反过来挖墙脚，按照合同我们是可以告他的。"

我说："算了吧，我不是要做一个完人，我只想做一个真实的自己，别搞那么多麻烦了。其实，如果他在外面能把课程做好，帮助到他能帮助的人，也帮到他自己拿到他想要的，这不也是共赢吗？其实，他也是用变相的方式，在实现百万生命成长工程呀。"

培养百名导师，虽然我一出发就摔倒了，但为了百万生命成长工程，我无怨无悔，我坚信："只要有梦，只要用心，阳光总在风雨后。"

心灵感悟：系统化才能复制、复制才能倍增、倍增才能量大、量大才能共赢。凡事发生，必将有益于我。

发掘自己：

（1）这本书你看到这里，你觉得最大的收获是什么？你觉得这本书对你的人生有帮助吗？

（2）如果这本书对你的人生有帮助，你愿意帮助更多身边的人提升吗？如果愿意，请马上向三个朋友诚意推荐这本书。想想看，今天可能只是你一个小小的动作，如果每个人读到这里都推荐三个新读者，将来倍增一两年之后，将会发生多大的共赢！你最想看到的结果是：_____。

第64场　布局与结局——得中原？德天下

除了广东珠三角，河南郑州、洛阳、南阳等地，应该是"发掘自己"学员、赢吧赢友最多的地方。

中国赢吧成立后，改变了过去课程代理方要自行推广，自行承担风险，而难以共赢的模式。改成由德才公司直接主办、直接承担风险，一切场地费、交通费、住宿费、物资费以及最大成本的导师费，都由德才公司承担，德才自主经营自负盈亏。

那学员从何而来呢？主要由赢吧学员自发介绍。其中，部分有时间、积极的学友成为签约代理商，根据他们感召学员的人数，拿固定比例的提成。这样，由于他们不用承担风险，灵活性更强、积极性更高。

当然，这种做法刚开始人数少，成本高，造成了德才公司的亏损，对我来说，比不上以往收固定导师费的做法合算。可是，由于代理商只赚不亏，就会有更多积极学员成为代理商，当代理商越来越多，只要每个人感召几个，人数就很可观了。

更重要的是，由于课程对人的帮助很大，绝大部分学员上完课程，虽然并没时间成为代理商，但是他们仍会自发、义务感召很多学员参加。

这就是一套先付出、后回报的模式。

洛阳的发展渊源要追溯到2005年，我上美国M&U课程的一个同学，他在洛阳银行系统担任领导工作，喜欢摄影艺术，当时听说我的课程能帮助更多人，就感召了摄影大师王豫明等三十多人开了一场，开课地点设在龙门，就在世界著名的"龙门石窟"附近举行。

就是那场课程，开始了我和洛阳的不解之缘。当我来到洛阳时，不但感受到这个九朝古都的历史文化底蕴，更为洛阳人的学习精神所感动。

中国赢吧成立后，当时王豫明大师介绍参加课程的一个学员，到广东拜访我。我跟她介绍了赢吧的理念和合作模式，并鼓励她团结洛阳的老同学，一起把课程做起来。她把赢吧的理念带回来后，很快得到王大师等几位老学友的支持，由于大家都不用承担风险，所以不用考虑成本等因素，只顾感召，所以很快就把课程开起来了。

那是一阶段第37期，课程一结束，我们立即成立中国赢吧洛阳办事处筹委会。当晚，筹委会成员要求在洛阳接着再开一场。我挑战他们："如果你们在四天之内，能够招满50人，我就不回广东，接着在洛阳开第38期。"结果每个人都承诺感召几个人，加起来超过50名以上。

说到做到，我在洛阳开了一个双响炮。

制度决定态度，布局决定结局。

"得中原者得天下。"河南作为中国人口最多的省份之一，其地理位置重要，"中国赢吧"要实现打造百万生命成长工程的目标，在中原做出品牌影响是至关重要的。而品牌的核心是质量，只要课程质量过硬，就会自然形成良好口碑。有了口碑，也就是有了品牌美誉度，自然会有越来越多的有影响力的学员加入进来。

任全福就是洛阳一名突出的学员代表。福哥的食品公司是洛阳著名企业，他所发明的全福牡丹饼已成为洛阳的著名特产，到洛阳赏牡丹花，吃牡丹饼，牡丹饼与牡丹花齐名。洛阳牡丹园有一支千年牡丹王，为了保护这棵牡丹王，全福公司出资将其冠名为"全福千年牡丹王"。

福哥14岁开始学厨，参军后来到广东，曾拜著名厨师学习厨艺，他多次获得河南以及全国厨艺大奖，被评为"中国烹饪大师"，在洛阳"要想饱口福，请找任全福"，已是家喻户晓，妇孺皆知，深得人心。

福哥参加"发掘自己"课程之后，他觉得心灵受到极大震撼。那时，福哥正想进一步发展企业规模，却担心年龄过大力不从心。课程给他增加了能量，他发现自己又年轻了，又找回了当年的创业激情。毕业典礼上，福哥分享说："如果一边是一辆宝马，另一边是林老师的'发掘自己'课程，你要我选择其中一个，我会毫不犹豫地选择课程，而不会选宝马，因为这套课程能帮我赚回更多的宝马。"以后，福哥只要跟人分享课程，就会说这段话，在赢友中传为美谈。

得知我们准备在洛阳长期开课，福哥特意同我们联系，主动把他属下的全福大酒店四楼，装修成一个近200平方米的会议室。以后，洛阳的课程就在全福大酒店举行，他也先后把企业近100名管理人员送来参加学习，并在酒店成立了中国赢吧全福俱乐部，同学们每周聚会分享学习收获，并把感悟运用到实际生活和工作当中。

后来，洛阳农行行长、经理内训在全福酒店举行，毕业典礼福哥参加了，他自豪地告诉在场近百位银行高层："全福公司学习课程不到一年，整个公司的业绩翻了一番"。

王豫明是另一个典型例子。王豫明既是作家，也是摄影家，在洛阳享有知名度。

王豫明是位很有个性的艺术家，他每时每刻都那么快乐。2005年初，王豫明参加了"龙门石窟"那场一阶段，在一个关于信任的体验中，我让每个同学在班上找出一个自己最不信任的人。那时，班上同学互不认识，大部分人都是凭着外表印象，去决定对一个人信任，或者不信任。结果，王豫明很荣幸地当上了"冠军"——最不信任的人，一个班有一半的同学选择他作为最不信任的人。

那个体验对大家震撼很大，等到了解王豫明之后，大家才明白"人不可貌相，海水不可斗量"的真正内涵，其实，王豫明是一个快乐、平和、极富爱心的艺术家。

王豫明很有悟性，在三阶段时他年纪最大，但他非常投入，非常认真，不管发生什么事情，他都愿意归因于己，课程中，他清洗了近50年来的心灵垃圾，仿佛有脱胎换骨的历练。走过三阶段，他感觉心灵通了，所以那时候，他的书画、摄影、文字一下子有了长足的进步，业界很多人对他刮目相看。

"心者，道之主宰。"用心去做，打破限制多年的固定框框、固定信念和固定行为，王豫明的心自由了，他的世界变得无限大。

三阶段结束没多久，有一天，王豫明发现身体不舒服，就去医院做检查。结果，四位医生有三位认定王豫明有肺癌，但没有医生直接告诉他。王豫明仿佛从医生异样的眼神中感觉到了什么，他同医生讲："不管我得了什么病，都请医生直接说，我能够接受，因为不管什么病，都必须由我去面对"。

后来，王豫明知道自己被诊断得肺癌的消息，他出奇的镇定让医生惊诧不已。有一次，一名护士过来对他说："对不起，你现在要打一瓶点滴，又要让你受苦一小时。"王豫明却说："不，你应该恭喜我，我打一瓶点滴，我就可以在这里多享受一小时。"王豫明总是那样开朗，以致医生说，他们从来没有见过像王豫明那样乐观的病人，有他在病房，全病房的人都被他的热情活力所感染。

由于他的积极乐观态度，病魔终于被他制伏了。现在，他开心快乐的身影，经常活跃在全国各个艺术活动场所。没有人能看出，他曾经是一个从鬼门关回来的人。

在王豫明的引发下，洛阳最大的商业机构大张量贩董事长张国贤参加了课程。由张总引发，南阳最大商业机构万德隆董事长王献忠等知名企业家，以及各界名人也纷纷参加了"发掘自己"课程。就这样，这套课程由洛阳很快发展到郑州、南阳、信阳、新乡、驻马店等河南各市县，再逐步辐射到河北、湖北、北京、山东等省市。

于是，"发掘自己"在中原开花结果。

心灵感悟：制度决定态度，布局决定结局。

发掘自己：

（1）写下你的事业最想拓展到的每个地方或你最想去旅游的每个地方。

（2）买一张足够大的中国地图或世界地图，结合第62场"宇宙点菜"的目标和理想，用彩色笔或荧光笔把自己最想拥有的市场或最想去旅游的地方画出来，贴在每天经常看到的地方，配合"宇宙点菜"的理想目标做三个月的冥想练习。

第65场　格局与高度——心系神州　花开全国

洛阳大张量贩集团董事长张总，是一位富有传奇色彩的企业家。

张总说，做学生时，他喜欢文学，希望将来当文学家，当老师时，他希望当政治家，哲学课本读得滚瓜烂熟，可后来，他不小心做了企业家，所以还需要不断地学习。大张几起几落，如今已成为洛阳商业的龙头行业，张总自己不停地学习，还把他的管理高层送去进修，从不吝惜花费。

对于王豫明的引荐，张总半信半疑，他对王豫明说，两天半的课程，他只参加半天就够了。王豫明说，半天就半天吧。

进课程前，每个人都要写作业。张总有很多项目没写，他说："写假的，我不想骗人，写真的，我又不愿意，所以我不如不写。"

张总进入课程听了半天，觉得不错，晚上又来听，收获很多，第二天又来听，听了第二天，第三天他就舍不得走了。

课程中，张总没有主动分享，但课程一结束，他马上决定让他的副总经理等十个高层参加下一期课程。两期课程结束，他邀请十个高层去他家里，开了一个分享会，大半天时间，大家都有说不完的感悟，分享会上，他们决定公司所有的中高层近400人都参加课程学习。但每次派十个人，那要开多少期才能学完呢，何况不是长期固定在洛阳开。张总派人联系我们，要求为大张集团做内训。

为了支持培训，张总特意把400平方米的会议室全面改装，铺上地毯，重新安装灯光音响。据说，仅仅整套音响就花费五六十万。

第一期内训有150人参加。毕业典礼盛况空前，鲜花、掌声和泪水，还伴着大张之歌。现场有好多员工的家属也被邀请过来，他们感谢张总，觉得自己的孩子在大张不仅有稳定的工作和收入，还有一个很好的受教育成长平台。等到张总分享的时候，他再三感谢大家，感谢导师，感谢家长，感谢同事，张总发自内心的感恩话语，让整个团队更加感动，大家迫不及待地拥上前去，把张总像英雄一样高高地抬起来，绕场游动，场面感人肺腑。有位家长说，他从来没有看见过一家企业老板如此得到大家的爱戴。

内训第一期以后，大家都排着队等待开课，原计划培训400人，结果连开六场，800人进入了课程。再加上后来电子版的培训，现在大张的学员已经一千多人。

那天在大张做培训，刚好遇到张总的侄子结婚，张总邀请我参加喜宴。我特地穿了套隆重的西装赴宴，张总把我安排在贵宾席与其家人同座，还即兴让我上台做嘉宾致辞。

我一上台朝大家挥挥手，就暴起雷鸣般的掌声，原来他们全家和参加宴会的亲友以及公司高层大都是我的学员，我给大家深深鞠了一躬，说：

"尊敬的张家长辈、新娘家长辈、张总，新郎新娘，各位来宾：大家——中午好！"

顿时，全场响起中国赢吧特殊的呼应方式："好！非常好！YES！"

我继续说："今天，在这美好的日子，我想说三件事：第一，今天是我的第一次……"

"哗"的一声大家都笑了。

我接着说："第二，今天我很失望！……"

大家一听，愣住了，全场很快安静下来。

我假装若无其事："第三，今天我觉得张总不是人！……"

我看了张总一眼，大家都静静地等着我往下说。

"为什么这么说呢？"我把声调转了一下，说，"今天，我是第一次到中原参加婚宴，这么隆重而浪漫的婚礼确实让我感动。但是，今天我很失望，为什么呢？"

看到大家都侧耳倾听，我继续说："因为，入乡随俗，我打听到咱们洛阳参加婚宴的惯例是要收红包的，为了表示我对张总的尊敬和感谢，今天，我特地封了一封自以为比较大的红包过来，想不到，张总通知所有人的红包都不收，所以，让我非常失望。"

"喔……"场内很多人会心地微笑点头。

"另外，更让我想不到的是，不仅红包全部不收，张总还说，为了感谢每位来宾的到来，每人发给人民币 100 元表示感谢。所以，我说，这个张总肯定不是人……"我故意停顿了一下，提高了声音说，"肯定不是一般的凡人！"

"哗！"掌声和笑声一下子响起来。

"不过，广东普通话，失望就是希望，希望也是希望！"我等掌声一过，立刻用激昂的声调说，"大张，有张总这样喜舍的领袖，我们大张，充满希望！洛阳，有张总这样勇于移风易俗的企业家，我们洛阳，充满希望！祝新郎新娘：在这充满希望的土地上，新婚快乐、白头偕老！祝各位来宾：心想事成，万事如意！谢谢大家！"

我的即兴发言，引起了热烈掌声，因为，我确实是发自内心地感受到张总的格局和高度。

在中国赢吧洛阳办事处成立大会上，大张总经理陈总分享大张培训后的变化，称整个公司士气更加高昂，上下级关系更加融洽，工作效率更加高效，短短几个月业绩明显提升了，她衷心感谢这套课程给大张带来的提升和进步。

格局的大小，决定事业的大小。境界的高度，决定事业的高度。心有多大，舞台就有多大。"四方联采"成为我国自由连锁模式最成功的典型，充分证明了这个道理。而张总就是"四方联采"的发起人之一。

"四方联采"最早由河南四家大型商业机构组成，即洛阳的大张、许昌的胖东来、信阳的西亚、南阳的万德隆，他们组成自由联盟模式，统一采购，互惠互利，合作共赢，一方有好经验好策划，其他三方也能很快共享。张总说："四方联采之所以合作成功，关键是大家志同道合、拿出心来合作，我们的理念是一致的。"

联盟合作之后，大家的业绩都有了长足发展，很快赶超了以前比他们做得大的超市，成为中原最大的连锁超市联盟。目前，据说他们的年营业额已超过人民币 60 亿元。

张总学习了课程，马上想让其他三方共享。

第一位来参加学习的是南阳万德隆董事长王献忠。不仅一切学习费用张总已提前付清，而且那几个晚上，张总还亲自守候在课室外面，亲自关心王总上课的表现和收获。由此可见何谓"志同道合、拿出心来合作"，不是兄弟、胜过兄弟的情谊让人感动。

王总是广东客家人，17岁到信阳打工，在那里没有找到房子，他继续向北走，就到了南阳。信阳西亚的苏总开玩笑说，幸亏王总在信阳没有找到房子，要不然他们在信阳就成了竞争对手。王总历经坎坷，终于创业成功。

王总在毕业典礼上分享说，他最大的感悟是要踏踏实实做人，勤勤恳恳做事，一步一个脚印，成功没有什么捷径。王总说，他舍得还不够，还要喜舍，因为舍得舍得，结果还是想得，而喜舍，就是不再去想得不得。王总说，他历经生死劫难，那时候，他最大的心愿就是活下去，其他的都不重要了，"所以我感到满足，我愿意尽我的努力，让身边的人学到更多，得到更多。"

从王总身上，我也学到了很多。王总学完课程，也安排万德隆管理层做了几次内训，参加人数超过500人。第二次课程结束那天，王总特意安排我去参观卧龙岗，回来路上看到他们神神秘秘，我有点莫名其妙，不知道他要要什么花样。

吃饭的时候，他们带我来到南阳最高级的饭店。刚下车，看到有人举着摄像机在对着我拍摄，反正记者采访我也多了，我也不管他，径直随王总往宴会厅走去。

刚走到门口，门突然开了，一位"清朝一品大员"站在门口大声喊："门已打开，可以进来坐——"

我一进门，吓我一跳。万德隆全部高层老总，统一穿着清朝服装，用清宫礼节对我列队欢迎，我不知道发生了什么事，简直受宠若惊。当他们捧上99朵玫瑰组成的大心形"生日快乐"和一个大型精美生日蛋糕，我才明白，原来他们帮我订机票时，知道了我的新历生日，特意安排了这场别开生面的生日宴会！

这些高层全部参加过课程，他们一对一对穿着清朝戏服，表演的节目让我忍俊不禁，当他们唱起用《少先队队歌》改编的《我们是万德隆的接班人》差点把我和王总乐坏了。当他们模仿我上课的方式，让我闭上眼睛，然后播放出我三阶段毕业时导师送给我的毕业嘉许歌《好大一棵树》，我想起从三阶段毕业到现在的一路辛酸和喜悦，禁不住泪流满面。

这时候，王总给我送来一件礼物，说我上课很累，要我补补身体，要求我当场打开，马上体验。我打开一看，里面有个大盒子，是一大盒南阳特产——"六味地黄丸"，上面还有一个小盒子，打开一看，笑得全场人合不拢嘴——原来是盒避孕套！

王总的团队就这样，让我哭完让我笑。那天我喝醉了，上飞机一觉睡到广州。

赢吧年会，王总分享时对大家说："课程中的道理，我给同事们讲了几年，都没讲明白，而林老师你真厉害，只用了两天半时间，就全搞定了！"

还有一次，王总请我和南阳几位大企业家一起吃饭，他激情洋溢地分享了课程对企业的好处，然后说："不过，话说回来，这个课程还是有一点不好。"

我一听，赶紧想了解，大家也都洗耳恭听，王总喝了一口水，不紧不慢地说："林老师的课程最不好的是：那些想要离婚的千万不能来参加，来参加就离不成了。我们公司有个已经决定了离婚的员工，因为参加了林老师的课程之后，他们夫妻又和好了。"

在河南，不仅四方联采来参加学习，越来越多的企业家、企事业高层都

"四方联采"的张国贤董事长、王献忠董事长应邀出席 2007 年 11 月 18 日的"中国赢吧"年会

纷纷参加，号称"中原第一珠宝城"的金鑫珠宝，从总裁到管理高层、主要供应商300人参加了这套课程。洛阳农行、济源农行几十位行长、副行长以及各营业网点主任、经理近八百多人参加了这套课程。大浪淘沙大型休闲中心从河南郑州、洛阳、南阳到全国各地分公司近500人也参加了这套课程。很快，河南附近的湖北、河北也有上千人参加了各期公开课和内训。

就这样，这套课程改变了我，我也用这套课程，去帮助更多人洗心改命。从广东中山、顺德、南海西樵山到新疆、山东、重庆、河南、湖北、河北、北京，试验摸索，播种开花，"发掘自己"课程走向全国，造福心灵成长。

心灵感悟：格局的大小，决定事业的大小。境界的高度，决定事业的高度。心有多大，舞台就有多大。

发掘自己：

（1）亲自在上一场《发掘自己》的地图的最上面，用心写上大字："格局和高度：心有多大，舞台就有多大！"

（2）登上你现在所在地的风景较好的山头或楼顶，俯视远方大地，向天空张开双臂，深呼吸，冥想着自己"宇宙点菜"的目标和理想，根据自己的感觉大声告诉自己："我的格局很大，我的境界很高！我的心有多大，舞台就有多大！"

第七幕
实现新人生剧本——心灵富翁

发现和找到原来的人生剧本，通过心灵体验打破原来的固定模式，然后按照内心的愿景，用心勾画出新的愿景蓝图，再定下至少三个月的目标和计划，经过成长团队互相支持，养成新的习惯，这样，就可创造未来新的人生剧本。

第66场　目标与愿景——"发掘自己"　创造人生

上第三阶段开始，在课程中，导师要我们为自己画了一幅愿景立场画。我当时画的是：旭日东升，照耀一片山林，山林上空直升机盘旋，山林丛中有一群小鸟啼唱，一幢四层别墅坐落在山坡脚，别墅前停放一辆名车，车头上面是明显的奔驰标志，一个男孩子拉着一个小女孩的手，高高兴兴向奔驰小车走去。

这就是我通过二阶段打破原来的固定模式后，用心画出的人生愿景，那时我只是开着一辆夏利车，住在容桂的房改房的七楼"隔热层"，也还没有半个孩子。

2001年我在"发掘自己"三阶段课程中，为自己画的一幅人生愿景立场画

三阶段让我根据我的新"人生愿景"，定下三个月的具体目标，包括事业、家庭、健康、人际关系和社会贡献、感召活动等细化量化目标，然后制订出每天、每周的行动计划，通过教练、死党的挑战和支持，养成新的思维和行为习惯，从而改善心智模式，去实现新的人生愿景。

三阶段毕业几年后，我先后住进了顺峰山麓的四层别墅，送了辆宝马给莉莉，自己开上了奔驰车，还生了两个孩子，而且大的是男孩，小的是女孩！回想我在三阶段画出的人生愿景画，惊人的吻合，令我再次验证心灵改变的力量。

原来，有目标就会有动力，有了清晰的愿景，潜意识就会调动能量帮你去实现。

后来，我又在另一个课程结束时，在潜意识苏醒的状态下，默默用剪刀和旧彩色杂志，用心贴下一幅新的人生愿景画。

我给这幅画命名为《笑傲江湖的赢者——潇洒的心灵企业家》。

画面分成四个板块：本我特质、事业和社会贡献、家庭生活、休闲和爱好。

"本我特质"指的是自己愿景要成为的人，我当时贴的是邓小平、李嘉诚和成龙"笑傲江湖"的照片。我内心里的愿望是成为他们这样的特质，做一个勇敢、有爱心、付出的男人，一个富有改革创新精神、潇洒的心灵企业家。

"事业和社会贡献"部分，我贴的是"赢在中国"和"从健康开始"的彩色文字，有很多"年轻粉丝"的画面和代表各地分公司的办公楼和办公用的奔驰车。我决定从全身心健康的事业开始，帮助更多人，赢在中国。

"家庭"部分，我贴的是："家在大自然中呼吸"的林间别墅、影帝梁朝伟和刘嘉玲亲吻的照片、旁边贴一位时尚男孩和可爱的少女。这是我梦想中非常健康、快乐、幸福的家。

"休闲和爱好"部分，我贴的是：绿油油的高尔夫球场、景色迷人的山水风景画、造型潇洒的法拉利跑车、一对开心快乐浪漫的情侣手拉手奔跑在沙滩上，画面中间是一群

几年后，我的房子、车子和孩子与愿景画惊人的吻合

欢呼的年轻人围着一个拿着麦克风的明星。我的愿景是：把做演讲培训不当成工作，而是自己的休闲爱好，休闲期间与自己心爱的人，自驾车去周游世界。

那天晚上我做了一个梦：

我和莉莉开着法拉利，带着两个孩子去海边玩儿，突然成龙大哥过来告诉我说："恭喜你，你快点去领奖吧。"然后，拉着我一起飞檐走壁，很快到了人民大会堂，原来，我被评为"中国心灵富翁年度人物"，进行曲响起来，我自豪地走上讲台，拿起麦克风说："大家好！"

"好！非常好！YES！！"台下成千上万的赢吧赢友，高举双手欢呼，"中国赢吧、赢吧中国！"

"中国赢吧、赢吧中国！！"

"中国赢吧、赢吧中国！！！ YES！"

我赶紧跟大家挥手，突然，我变成李嘉诚。

这时候，有个人用四川口音对我说："发展才是硬道理！让一部分人先富起来，你先富起来了，一定要帮助更多人也富起来噢！"

我一看，原来是邓小平亲自过来给我颁奖……

我高兴极了，猛点头说："对头！对头……"

结果一兴奋，就醒过来了。

真是，日有所思，夜有所梦。

那天，制作完这幅人生愿景画，让我坚定了"百万生命成长工程"的信念和意义。

我最大的愿景是：用十年时间打造百万生命成长工程。我通过创作出版"体验式"的书、推出多媒体"发掘自己"课程、招募连锁机构和百名导师培养计划，团结、吸纳更多志同道合的心灵工作者和导师，携手共建一个共赢的素质文化平台，去帮助数以百万计的人。

我的愿景还有：通过中国赢吧的引发，捐助50家素质教育的学校。我的想法是："对这些学校，不仅仅是给予物质上的捐助，我们更要引发和参与学校素质教育，让这些学校的老师、家长和学生都要参加系列的体验式素质课程，打造一个真正的学校素质教育模式，让学生真正拥有成功素质，把他们培养成为对自己有用、对社会有用的人才。"

在德才宣传短片的开头，我说："我选择了这样的事业，作为我一生的追求，那就是：用心铸就美好未来。"

心灵感悟：有目标就会有动力，有了清晰的愿景，潜意识就会调动能量去实现。

发掘自己：

（1）人生愿景画：准备八本旧彩色杂志，一张零号制图纸，剪刀和固体浆糊各一。放着背景音乐，默默而不假思索翻看杂志 10～20 分钟，看到自己有感觉、想拥有或想成为的图片或文字，就用手撕下来。

（2）把制图纸分成"本我、事业、家庭和休闲"四个部分，发挥美工特长，分别把象征这四个部分的图片和文字贴在相应的位置。为自己制成的人生愿景画，起一个贴切的人生剧本剧名，在旁边写上新人生剧本的故事大纲。你的新人生剧本内容提要：_____。

第67场　放弃与放下——意外增加的一场

这一场是意外增加的，是原写作大纲中没有的。然而，一切意料之外，却是情理之中，冥冥中一切自有安排。

写完上面一场，本来该写的都写了，读者也应该感觉到是个大结局了。按照我最早的计划，六十六场，六六大顺，也该圆满结尾了。

原来我的想法是：把一个贫困山村的孩子，改变成拥有多家企业的"大老板"；把一个负债数十万的负翁，改变成有名车、有别墅的"成功人士"；把一个从看守所出来的难友，改变成有数万学员、鲜花掌声无数的"心灵导师"。可以说，《洗心改命》也该画上一个圆满的句号了。

然而，或许是要做畅销书的"宇宙点菜"发挥作用，或许是潜意识力量的巧妙安排，或许是无巧不成书，就在这本书写到上一场的时候，突然我的人生发生了一次意外！

这次意外，让这本书的结尾改写了，让这本书的出版推迟了。

本来，为了宣传更有效果，原计划这本书要赶在 2008 年 8 月 8 日北京奥运会开幕前完稿，准备在残奥会结束后立刻出版发行的，结果因为这次意外，不得不暂停下来。

那是 2008 年 8 月 1 日，我在洛阳小浪底风景区上二阶段，正准备抽空写完这本书的结尾，突然，我看到了一辈子以来第一次看到的奇特天象：日全食。

那是 21 世纪中国第一次日全食。

那天 18 点 30 分左右，我从课室出来，独自在小浪底黄河边的小树丛里漫步，突然看到太阳的右边一角不见了，对天象的敏感，我马上意识到是日食！这时，我收到香港一位佛教密宗大师给我发来的短信，说这时候是祈福许愿最灵验的机会。我赶紧默默许下宏愿：祝中国赢吧——百万生命成长工程早日实现。

这时，天气很热，可是，我虽然穿着一套西装，还是莫名其妙地感到寒冷。这是我人生第一次亲眼看到日全食，一直到 19 点 20 分左右，太阳逐渐被"吃掉"，天空中出现了美丽的"贝利珠"天象！那是当月亮遮住太阳最后一部分时，透过月亮凹处闪耀的光球呈现出的一种罕见的现象。

天象的壮观奇特，让我想起了一年前偶遇的另一次奇特天象：

2007 年 8 月 28 日是中国赢吧洛阳办事处成立的日子，当晚我们送秘书长平哥去郑州坐飞机，突然在路上看到了月全食！

到了新郑机场，我赶紧用手机录下了月全食的神奇天象，月亮逐渐复圆的时候，我看了看手表，突然惊呼："828！828！又是一个 828！8 月 28 日晚上 8 点 28 分。"那是我人生第一次亲眼看到月全食！直到现在，我手机中的那段录像一直舍不得删除。

其实，酝酿《洗心改命》这本书已经很久了，只是一直没有下笔。而就在 8 月 28 日拍摄月全食的时候，我突然对着月亮说出："行动是迫切的，而不是孤注一掷的！客观事实是最终的权威！"

于是，月全食那天晚上回来，我开始写下这本书的开头。

想不到的是，正当我写完《洗心改命》的结尾时，我竟然看到了日全食！这到底是巧合，还是冥冥中宇宙力量在暗示着什么？

就在发生日全食天象前不久，我的"入室弟子"突然离开我，我只好把一二三阶段课程全部承揽下来，那段时间，几乎天天在上课。没多久，我的身体经历了一场从来没有过的怪病。因为中原团队辛辛苦苦组织了二阶段，我不忍心推掉，于是我带病来到洛阳，为了赶在奥运前脱稿，一住进小浪底，晚上我吃着药继续写完最后的书稿，直到深夜才睡。谁知道第二天醒来，原洛阳办事处的负责人来见我，因为我批评她们两个多月的财务账目混乱，她跟我大吵起来，最后又提出不干了。一连串的打击，造成的身心痛苦让我迷茫、让我困惑。

当我凝视着太阳逐渐被"吃掉"，变成一个弯弯的太阳，直到月亮遮住太阳最后一部分时，透过月亮边缘凹处闪耀出的光球，我深感震撼，不由地喊出来："贝利珠！太美了！贝利珠！你真的太美了！"

我终于看到了传说中的贝利珠天象！那是日全食过程呈现出的一种罕见的现象。这时候，我内心突然听到天空中的太阳回应我说：

"我平时也很美啊，我天天从东跑到西，从早晨跑到傍晚，我努力用热情照耀大地，为什么有些人还躲开我？"

"为什么呢？"我反问太阳。

"那是因为我平时太耀眼。"

"那为什么你今天那么美丽呢？"

"那是因为我允许我有缺陷啊。"

"噢，我明白了！缺陷也是一种美！"我仿佛如梦初醒，"对，不一定要做个完美的人，只要做个真实的自己。"

"不管怎样，接受自己，"太阳对我微微一笑说，"有时候，让自己休息一下也很好啊。"

这时候，太阳光亮越来越多从另一边漏出来了，又是另外一种美。

"我明白了！休息也是为了以后更美好！"我说。

太阳对着我笑一笑。这时，又一轮弯弯的太阳慢慢爬出来了。

我知道，跟大自然对话是心理学的投射现象。那其实是我自己的潜意识要告诉我的信息。我明白了，我不一定要整天追求轰轰烈烈，也不一定要追求完美，接受一切的发生，休息是为了走更远的路。

很多时候，一个人之所以累，是因为不舍得放下现在所拥有的。很多时候，一个人之所以痛苦，是因为不接受现在所发生的。放下不等于放弃，接受才等于智慧。

我要休整一下了。

我决定推迟这本书的出版日期，推掉全部课程，好好休息一下。

带着日全食给我的启示，我回到课室带病上完了这期二阶段。然而，原洛阳办的负责人一直都没露面。我和其他同事打电话、发短信也毫无回音。课后我回到洛阳买了一束鲜花，希望找她见面沟通，她们都一直避而不见。接着，我们在洛阳开的一次青少年领袖特训营和一个三阶段的逆境工作坊，都是刚一开课就有公安和工商来查，说是有知情人投诉我们搞非法传销云云。而两个多月总共几十万的收支，账不结钱不清也就不了了之。

对此，我本可以有多种办法来处理，但我还是选择了接受和放下。

我决定把课程全部停下来，带着并不舒服的身体，回到了海南老家，我决定不管发生了什么都完全接受和放下，然后从源头再次全面检视和调整自己。

果然，这段休整时间，通过自我调理和高人指点，我的身体不但恢复很快，而且理清思路，事业运程也奇迹般好转起来：郑州公司成立、与高原导师邂逅、多媒体课程制作完成、中国赢吧卡推出、香港御峰的联盟合作等好事接踵而来。

而洛阳市场，也有洛阳市政府和市人大的法律顾问单位——大鑫律师事务所的刘律师等三阶段领袖，自愿挑起洛阳赢吧秘书处的工作，为近四千洛阳赢友服务。

2009 年元月 4 日，洛阳农行请我来做三场团队内训，当我再次回到洛阳全福大酒店，突然看到门口挂的横幅是"热烈欢迎尚 X 公司的导师与学员"，我才知道：原洛阳负责人自己成立的公司，另请其他导师也在此开同名的课程！怪不得，曾经有赢友向我反映说：他们曾接到短信通知：原洛阳德才改成现尚 X 公司，问我怎么回事，我当时还莫名其妙。

当时我确实心中一沉，然而，我马上回想起，洛阳负责人她们曾经的付出和支持，想起我们曾经共同走过的难忘时光，想起当她们决定离开时，我曾发短信说过："不管怎样，总是爱你们。"

我决定不管她们做什么我都接受她们，感谢她们。

于是，我托农行的冯行长帮忙买了两束康乃馨花，就在当晚她们的毕业典礼开始时，我由三阶段的同学陪着送进去，一束送给导师，一束送给自从日全食以来未曾见过面的她，当她接过鲜花，有点不知所措地跟我拥抱，我对她说："祝福你！让我们共同帮助更多的人吧。"

场内许多嘉宾都是我的洛阳学员，他们纷纷跑过来跟我拥抱，我尽力带着微笑，然而泪水已悄悄滑落……

出来后，三阶段的同学们围着我七嘴八舌，我对大家说："百万生命成长工程，不是我一个人能完成的，由于我们的引发，能让更多人成长不就也是我们的心愿吗？"

我又想起那首短诗：

打开鸟笼/放飞小鸟/把自由/还给/鸟笼……

鸟笼自由了，小鸟也自由了。

若小鸟能够飞得更高，那不是鸟笼做了善事吗？

若小鸟喜欢回来，那鸟笼就不再是笼，而是小鸟的家……

心灵感悟：舍得放下现在所拥有的，接受现在所发生的。放下不等于放弃，接受才等于智慧。

发掘自己：

（1）大自然静心练习：带着你的"人生愿景画"，准备两张纸一支笔，默默在有山水树木的地方散步两小时，用心看吸引你的东西、用心听吸引你的声音或闭上眼睛用心抚摸吸引你的物品。默默感受它们跟你的对话，找到一件你最想赞美的东西，即兴写一首赞美诗去赞美它。注：回来之后再看第（2）条。

（2）其实你所赞美的东西是你自己的投射，是你自己潜意识要告诉你的信息。请打开你的"愿景画"，看着它，把那首赞美诗所赞美的东西改成你自己的名字，变成赞美你自己的一首诗，对着愿景画带着情感朗读几遍，去感受你自己内心的声音。

第68场　健康与养生——道教名山　修心养身

日全食那天，我决定把那期课做完后，就把课程全部停下来。

我带着不舒服的身体，回到了海南老家，我要从源头再次觉察自己。

爸爸带我去看乡下的老中医，只吃了两副药，病就奇迹般的好多了。我决定在老家休整一段时间。

走在那条熟悉的乡间小路上，童年的往事一幕幕在我眼前重现。我回忆起自己的人生剧本，不断地为自己总结。我把手机关了，早上尽量在田间小路上走，傍晚又去海边，同当地渔民老乡一样，穿着短裤，光着上身，或坐或躺，让思绪在时光倒流中尽情飞扬。

在"临高角"海边，当我穿着沙滩短裤，与莉莉手拉手奔跑在沙滩上，突然，我眼前一亮，仿佛一股神秘的力量穿透我的身体！原来，我突然意识到，我的"愿景画"实现了！"休闲与爱好"一栏中的一对开心快乐浪漫的情侣手拉手奔跑在沙滩上，与此情此景几乎一模一样！

我快乐极了，开心极了。

不记得是哪位名家说过，身体健康是1，金钱、地位、名誉等，是1后面的0，每多一个0，总数就会翻10倍，但如果没有前面的1，后面不管添有多少个0，结果仍然是0。健康原来是如此的重要，我要打造百万生命成长工程，如果我自己身体不健康，这百万又从何做起呢？

有时把拳头缩回来，是为了更准地打出去；有时停下来休息一下，是为了走向更远的征途。

从海南回到广东，我决定好好修炼身体。于是，我去了中国十大道教名山之一的广东罗浮山，参加了一个禅修养生课程。导师姓吴，是一位精通儒释道的高人，传说他能通灵。他的课程运用"动禅"的方法让我们直接进入潜意识，去激发身体的能量和心灵力量。我体验到进入潜意识状态时的神奇力量，跟着我的车一起去的一位患乳腺癌的女士，课后明显有很好的效果。

上课前，我跟莉莉先去见了吴老师。吴老师一见到我就说："我知道你一定会来找我的。你这段时间发生了一些事情，但我要告诉你，这些都是好事，因为该发生的总是要发生的。"

我颇感吃惊，就说："是啊，最近，我团队中一些重要的人离开了我，我身体又病了。"

"这都是好事，要离开的始终是要离开的，现在离开是好事。今年你是命犯太岁，其实，你真正的好运还没有到。"

"那我的好运什么时候到呢？"

"接下来两三年，你等着瞧吧，你过去的那些成绩都不算什么。"

"两三年？"

"两三年内现好运，接下来你还有十年的好运势，不信你等等看。"吴老师不紧不慢地说，"你命中是有红星运的。"

我又问什么叫红星运，吴老师举例说："像刘德华就是红星，红星是需要人去抬的，你命中是一个大红星，可是现在你还没有遇到抬你的人。"

我之所以相信吴老师，是他说我的病和莉莉的身体问题确实很准，好像是 X 光透射一样。学过很多心灵和潜能课程，我多次体验过潜意识和超意识的神奇能量，所以我相信，修炼到能直接调动潜意识的高人，具有超乎常人的洞察力是不奇怪的。

经他这么一说，我很高兴。算命这回事，我认为，你信就有，不信则无。我宁愿相信他，因为当我坚信会走好运时，潜意识的力量会帮我实现。

我说："我这段时间生病，身体不大好。"

吴老师说："你这些不是病，心通了，一切就会通了。"

因为吴老师的介绍，我还认识了另一位世外高人，隐居罗浮山的轩辕庵紫云洞道长、中山大学兼职教授苏华仁老师，他是著名内丹名家、原延安政协委员、著名老寿星吴云青道人的掌门弟子。据报道，吴云青老人生于道光十八年（1838 年），因生前佛道双修，长年坚持修炼内丹功和辟谷，修炼成了金刚不坏之身，1998 年 9 月 22 日圆寂至今肉身不烂，这令目前科学家无法解释其中之谜。

吴老师带我们整个班近 20 人，冒雨上山寻访苏道长，由于苏道长当时担任《中国道家养生与现代生命科学系列丛书》总主编，正在忙于修订最后一稿，所以只与大家匆匆见了一面。后来许多同学私下多次上山寻访，都因无缘见到苏道长失望而归。而当我与莉莉尝试开着莉莉的宝马上山拜访苏道长时，不知是碰巧还是有缘，道长正好在等着要找人借车送粮食上后山！

当车开到不能再开的地方，我们跟着苏道长爬到后山千年古观轩辕庵时，我和莉莉都气喘吁吁，可是苏道长却面不改色。

当我站在庵前眺望罗浮山时，突然，我眼前一亮，一股神秘的力量再一次穿透我的身体：这景象竟然跟我愿景画中"休闲和爱好"一栏中的山水风景简直一模一样！我开心极了，快乐极了！

于是，就有了与苏道长一段忘年之交。

后来我才了解到，苏道长不仅曾任中山大学"国学与管理总裁研修班"导师和北京大学国学院养生主讲，还常年受邀于马来西亚、新加坡、港澳台等海内外讲学。他精通道家内丹养生、易经预测、道家管理、太极拳等道学

我和苏华仁道长有一段忘年之交

真谛。

因为有缘，我有幸邀请苏道长到德才讲课，他说收费最好是：随缘。于是我们临时搞了一个"随喜功德箱"，全部收入德才也不拿一分钱。

我跟苏道长学到的最重要的理念是：1. 人生根本是养生；2. 人类一切活动是养好生；3. 人类文化的核心是养生。

苏道长解释说："东方圣经——《道德经》的核心是让全人类'深根固蒂，长生久视之道'。简单地讲：让人类'长生'。老子《道德经》仅仅5000多字谈'养生'篇幅较多。"

"而西方圣经的核心是让全人类'永生'，《圣经》说'谁信主，主就让你永生'。"

"佛经的核心是让全人类达到'无量寿佛'。"

"儒经的核心是让全人类先修身，再齐家、治国、平天下。苏东坡诗曰：但愿人长久，千里共婵娟。"

"所以说，有利于养生的文化才是有利于人类的文化。"

认识苏道长那天起，我就决定我这本书的结尾，一定要以健康与养生来结尾。我想，从"命名与命运"开头到"健康与养生"结尾，把一个人从小到老的人生理念说完了，这本书也就圆满了。

苏道长说："《黄帝内经》、《黄帝外经》、《老子道德经》的养生道理博大精深，但其养生方法却至简至易，其纲要不过二十字：永葆童心、早睡早起、长年吃素、练好内丹、积德行功。"

按照两位高人的指点，我在罗浮山休养，每天练功、打坐、念经、吃斋，生活得很轻松，身体也渐渐恢复了往日的活力。

很奇怪，我自己承诺吃斋一个月，之后身体好了，事业的运气也好起来，家庭生活等一切变得更幸福快乐了。

关于这个现象的科学道理，苏道长的解释是："吃素让身体毒素减少，身体自然会变好。吃素让思维更敏捷，事业的运气自然会更好。吃素让自己情绪稳定，家庭生活自然会更幸福。"

原来，有些东西我们不了解，就以为是迷信，其实，大自然自有它的道理。

原来，真正的"富翁"，并不是要有豪宅名车、名誉地位，那些只是满足自己的"社会我"，只是社会的观念加于我们的，那不一定符合我们自己内在"本我"的需要。而健康、快乐如果没有了，那些所谓的财富对自己也就没有用了。

从"负翁"到"富翁"的秘密，悟到了就很简单：改善了"心态"，人人都能成为"富翁"，真正意义的"富翁"。

有道是：大道无形，道之道非常道。

心灵感悟：身体健康是 1，金钱、地位、名誉等，是 1 后面的 0，每多一个 0，总数就会翻 10 倍，但如果没有前面的 1，后面不管添有多少个 0，结果仍然是 0。

发掘自己：

（1）在这三个月内，每周至少吃素一天。先吃素一天后，开始做下面的愿景画体验，输入潜意识，养成新习惯，塑造新人生。

（2）把愿景画贴在自己经常看到的地方。然后，给自己做一个三个月的健康养生计划，配合愿景画和"宇宙点菜"从现在开始执行，每天早晚做冥想练习，并按计划行动坚持至少三个月。三个月后写下发现和感悟。

谢幕
此蛋非彼蛋

"我是一个混蛋。"2007年8月28日月全食，我为《洗心改命》写了一个开头，这是第一句话。

这个开头，我不仅是要标新立异，更重要的是有更深层次的含义。然而，本书在网上连载后，很多网友对此"混蛋"有不同看法，而责任编辑认为很多人很难一下子明白我的深刻用意，刚好《南都周刊》采访我，刊登了"如此倒霉蛋，照样成富翁"的一篇封面报道。于是，序幕出版时改成了"我是一个倒霉蛋"。

2009年1月10日，我正在洛阳全福大酒店做第103期"发掘自己"一阶段。晚上的内容我不用进入课室，于是回到房间，准备为这本书写下最后的尾声，突然，高原导师打电话告诉我说："快看月亮，快看月亮！紫金山天文台说，今天的月亮比平时大六分之一，这种现象是12年才见一次的"。

我一愣，这难道又是巧合？还是真的冥冥中自有安排？

我赶紧打开窗户，真巧，月亮就在我窗户正对的方向！我一个人独自坐在窗台上，看着月亮，思索这本书的尾声如何落笔。

月明星稀，洛阳的夜比广东的冷多了。圆圆的月亮，真的很亮很圆很大，但究竟是不是比平时大，我真的看不出来。就对月亮说：

"都说你变大了，我怎么看不出来呢？"

月亮笑而不语。

我想了想说："是不是我没有参照物，所以看不出来？还是我平时没有注意你？"

月亮还是笑而不语。

"喔，我明白了！"我想了想，突然一拍脑袋说："只要月亮你自己变大了，何必在乎别人是否可以看得出来呢？"

月亮对我又笑了笑。

"谢谢！我找到了！"我突然悟到了结尾的题目，一下子从窗台上跳下来，"我过去是一个'混蛋'，我现在还是一个'混蛋'，只是，此混蛋非彼混蛋！"

灵感来了，我马上一口气把尾声写下来：

我过去的人生充满挫折，我现在的命运也很多挑战；

我过去进看守所出来身边人离开我、拿走我的东西，我现在遇到挑战也有身边人离开我、也有人拿走我的东西；

我过去碰到困难会偏头痛，我现在碰到挑战也还是会生病；

我过去遇到困难会选择放弃，我现在遇到挑战也是选择了放下……

所以说，我过去是一个倒霉蛋，我现在还是一个倒霉蛋！我过去是我自己，我现在还是我自己。

然而，只要月亮自己变大了，又何必在乎别人是否可以看得出来呢？只要自己的生命品质变好了，又何必证明给别人看呢？

我很高兴，因为我还是我。

我很坦然：我还是一个倒霉蛋。

看山看水，刚开始的时候，看到的山就是山，看到的水就是水；后来对山水多了一些了解，再看山就不再是山，再看水也不再是水；而后，再深入一步感悟，再来看山水时，其实山还是山，水还是水。只是，此山非彼山，此水非彼水。

看人，如同看山水。

其实，我也是一个人，其实，我也没有那么伟大。课程中，我是学员的心灵导师，课程外，我还是要亲自吃饭睡觉。我说我要爱更多的人，首先我还是要先爱自己。我认为，只有爱自己才能爱更多人。

其实，我还需要提升，其实，我也没有那么聪明。课堂中，我把我的感悟分享给大家，生活中，我还是会有我的盲点。我说我要打造百万生命成长工程，首先我还是要学会放下，放下执著，放下欲望。我认为，开心快乐地去实现梦想，梦想才有意义。

当我们能追求成功，实现梦想，我们要学会淡泊名利，放下拥有。

　　然而，如果我们还没有拥有过，我们拿什么去放下？如果我们从来没有名和利，我们有什么资格说淡泊？无非为自我逃避找借口罢了。

　　我在五台山拜访过照鉴大师，他说，要你们来修炼，不是要你们不去赚钱，既然你们是做企业的，假如不去赚钱，那是对员工、对企业的不负责任，也是对国家、对你们自己的不负责任，我们要修行，不等于不赚钱，而是要懂得如何开心快乐地去赚钱。

　　相反，很多人手上已经拥有很多，却仍然舍不得放下，固执地拼命追求。一味追求名利的后果，让自己没有了健康的身体和幸福的家庭，那些名利又有什么意义呢？

　　所谓知足常乐，原来就是如此。知足不等于自满，知足是对当下拥有的满足和感恩，带着这份满足和感恩的喜悦继续去追求，好过带着不满足、不开心、不快乐地去拼命。

　　我说洗心改命了，不等于我的人生不会再有问题了。只是，在人生路上遇到问题时，我如何选择有效的心态。

　　我说成长改变了，不等于我的做法以后不会再出错。只是，在我出错的时候，我如何最快做出迁善。

　　有一次，我们公司一位负责人很郑重地告诫我，要求再加强学员的承诺规定。因为有的学员不遵守承诺，在二阶段课程中偷偷照相，还放到网上，让一阶段的学员看后说："天哪，这简直太恐怖了，我不敢去上二阶段了。"

　　原来，那些照片是，某位老板学员把红色内裤穿在白色长裤外面，某位老板学员变成乞丐，头上有鸡毛，脸上涂烂泥，还有一位女同学穿得很性感坐在男同学的大腿上！

　　回应这位负责人的要求，我说："上善若水，水能载舟，亦能覆舟，水要往低处流，人要往高处走，要堵总是堵不住的。再怎么承诺，都还是会有人不遵守。欲盖弥彰，我们不如公开这些二阶段的照片，其实课程外的人看了也许不可思议，但是上过课程的同学知道，他们玩得有多么的开心。"

　　于是，我们公开告诉学员，二阶段有些什么主要游戏。我们展示老板反穿内裤，扮成乞丐的照片，文字说明：二阶段"相反形象游戏"同学们多开心啊！这是课程通过"心理剧"的方式，让每个人突破自己过去的形象，去体验一个完完全全不同的自己，比如：胆小的让他变成勇敢自信的大哥大；高高在上、自以为是的老板，让他做一回乞丐；封闭保守、缺乏自信的女士，让她体验一次成为开放自信的飞女……换一个从来没有体验过的角色，每个人都会有全新的感受。

二阶段还有一个游戏，那就是每个人都要说出自己几个最不满意的地方，而这些地方我们把它叫做"倒霉蛋"。其实，坏蛋也好，倒霉蛋也罢，只是名称不同，如果你要定义成骂人的话，那就会有骂人的感觉，如果你要定义成好玩儿的说法，那就会有好玩儿的趣味。

任何事情都是中立的，包括任何一个发音和词语也都是中立的，只是我们从小所接受的教育和经历，让我们形成了一个固定的信念而已。

比如一个学员说，他最不满意自己的"秃顶头发少"，而那个"头发少"就是他的"倒霉蛋"，是他自己身上的一个存在。与其用自身的力量去抗拒自身的存在，不如我们去接受它、欣赏它。

所以，在这个游戏中，我们要求每一个学员，必须把自己刚才说过的最不满意的"倒霉蛋"，尽可能多的说出它的优点来，那个学员就说："我的头发少好啊，可以省洗发水，长虱子也容易看到，而且聪明，因为人多的道路不长草，聪明的脑袋不长毛！"

只要学员能把自己原来不满意的缺点，变成自己接受和欣赏的特质时，我们就恭喜他过关了，过关的说法是："恭喜你荣升倒霉蛋！"然后大家就一起开心快乐地唱起《倒霉蛋之歌》："我是个倒霉蛋，你是个倒霉蛋，我们大家都是一个大倒霉蛋！"

原来，"倒霉蛋"也可以是一个光荣的称号！

原来，固定信念也是可以迁善的。我可以是一个"好人"、一个"富翁"，也可是一个"混蛋"、一个"石头"、一个"笨猪"……其实这些词都是被"人"定义的，"人"可以定义，"我"也可以重新定义。因为，真正活在当下的本我是不需要固着于别人怎么看、怎么说自己。

当我们能够接受"倒霉蛋"这个称呼，而且还去欣赏"倒霉蛋"这个称号，我们也就不再为别人骂我们什么而烦恼。

当我们能够接受自己的各种"倒霉蛋"特质，我们就有力量去肯定自己、欣赏自己。我们就不再为不接受我们自己而痛苦。

　　换句话说，看"倒霉蛋"两个字也同看山看水，刚开始的时候，看到的"倒霉蛋"就是倒霉蛋；后来对"倒霉蛋"多了一些了解，再看"倒霉蛋"就不再是倒霉蛋了；而后，再深入一步感悟，再来看"倒霉蛋"时，其实"倒霉蛋"还是"倒霉蛋"。只是，此混非彼混，此蛋非彼蛋。

　　有位研究《易经》的老师，听我说要写《洗心改命》，就对我说："一个人，在他生下来的时候，命运已经注定了，命运是不能改变的，最多只能改善而已。"

　　我笑了笑，说："那我所说的改命，就是你所说的改善好了。"

　　改变也好，改善也罢，关键是你怎么看，怎么改。

　　写到这里，已经是 2009 年 1 月 11 日 1 点多了。我打开窗户，想再看看变得比平时大的月亮，却看不见了。

　　不管我能否看到月亮，月亮还是月亮。

　　不管别人认为我是一个"富翁"，还是一个"混蛋"，其实我还是我。

　　你呢？我的故事你看到这里了，请问问你自己：

　　你是谁？

媒体采访一

中国贫民能否一夜成为百万富翁？

http：//news. qq. com/　2009 年 3 月 27 日　《南都周刊》南方新闻网

如此倒霉蛋，照样成富翁

　　林 A 的经历，像一个水滴，几乎浓缩了那个时代创业者所有的机遇和艰辛。他平凡得很难找到一个去展开的切面，却又复杂得让你哭笑不得。他眼光极好，多次抓住时代之潮积累财富，他又霉运当头，时代的几次调整又把他几次打翻。他是时代造就的一个草莽英雄，当然，他现在还是个富翁。

　　《南都周刊》编辑　张鹏
记者·沈玎　摄影·孙炯

　　林 A 身价超千万，早已从原先的物质的贫民，变身为精神的富翁。

　　林 A，不是化名，是真名。他还有一个弟弟叫林 C，一个妹妹叫林 B。

　　这个独特的名字曾给他带来许多好处，比如简单易记，参加班干部竞选得票极多，接触过的朋友都对他过目不忘等；这个名字也给他带来过很多烦恼，比如实行学籍制度时，林A就被迫变成了林A。现在，这个名字又给他惹来了新麻烦。

北京的一家出版公司，刚刚因为林A拒绝将自己的署名更改为"林诶"，而放弃出版他的新书，出版社的说法是"林A"这样的署名"不符合出版规范"。

3月1日，林A在天涯发帖解密，并发布了自己新书的部分章节，此举引起了多家媒体的风吹草动。而我们找到林A，不是因为他的名字是非，而是他在帖子中自称是中国版"贫民富翁"。

林A究竟是一个怎样的"贫民富翁"？

还是从他被拘留的那一晚开始说吧。

回到海南的中专生

晚上11点多，林A被带到了一个拘留所，这是1996年的一个夏天，海南东方市八所镇热得出奇。林A还没有从几个小时前的惊愕中清醒过来，他本是当地一家迪斯科溜冰城的老板，现在却因莫须有的罪名，不得不面对有生以来的第一次牢狱之灾。

穿过一层层铁门，进入那个黑咕隆咚的房子时，林A的心就沉了下去。他从小就怕黑。小时候，家里住的是烂泥糊成的房子，他说如果有猪撞墙，墙肯定都会塌。那时，林A的家人每天晚上都要去生产队里记工分，队长每次又会讲几句话，时间就拖得久，林A就被一个人反锁在伸手不见五指的泥房子里。好多次他从睡梦中醒来，哭叫都没人理。于是从那时起，对黑暗封闭空间的恐惧，就在他心里埋下了挥之不去的阴影。

如果当初中专毕业时留在广州，这场牢狱之灾根本就不会发生。

1989年，20岁的林A从广州轻工业学校中专毕业，但他却选择回到海南。在他毕业的前一年，中央刚决定把海南建成全国最大的特区。骤然间，海南成为20世纪80年代中后期知识分子和青年学生向往的热土，火热得连上岛都要办通行证。20岁的林A自然不愿意错过。

然而闯天下谈何容易，多少年轻人失望离去，或者不甘心地去偷去抢，多少女大学生不得不卖笑卖春，当时海口宾馆和望海楼中间的机场路硬被生生地叫成了"鸡场路"。当时有个流行语，或许你不会陌生——不到东北不知道胆小，不到深圳不知道钱少，不到海南不知道身体不好。

虽然这是林A第一次进到拘留所，但他对这个环境并不陌生。尤其是当看守员一走，狱友原形毕露——老大是老大，孙子是孙子，挨打的缩进角落被围殴，这都是80年代香港黑帮电影的招牌，曾经营过录像带出租店的林A对此早就"耳濡目染"。

其实林A回到海南的第一份工作是给一家国企打工，录像带出租只是他的副业。但这个副业的实际收入却数倍于他的主业，这其中有林A的聪明，也有时代的脉动。

林A的商业天赋几乎是与生俱来的。小学三年级，他就敢上街叫卖父亲书写的春联，顾客都啧啧称奇。在广州读中专时，林A发现毕业册的商机，虽然没有本金，但他却能七拐八绕地搞到校团委的公章，以学校的名义去赊货。因为定制的毕业册有学校的名字，顿时热销。

而在当时大特区的海南，到处都是淘金者。在海口随便一间民房里都有注册的几间公司，这些公司的最重要家当就是营业执照和公章，装在皮包中就可以带走，"皮包公司"由此而来。当时有个著名的玩笑——"海口一个椰子掉下来，就可以砸死三个经理"，公司之多由此可见。

在这里创业，是撑死胆大的，饿死胆小的，而林A显然属于会撑死的那种。他是第一批觉察到录像带商机的大陆人，并创造了多元化的经营思路。比如登记顾客电话，通告新带消息，推出会员制，兼营图书租售，还安装了公用电话等。他的生意秘诀说起来其实很简单：人无我有，人有我新，人新我快，人快我绝。

几年下来，林A有了一定的积累，同时计划经济也正向市场经济转轨，不温不火的单位让林A逐渐感到窒息，他渴望更大的发展。林A联系上了张莉莉，在她的介绍下，林A被广东新型溜冰城的火热给深深吸引住了，他决定引进。

三个溜冰城

在拘留所的第一个晚上，林A彻夜难眠。他说不清自己怎么稀里糊涂就进来了：八所镇派出所所长为何抓了狂似的要跟我作对？我先后开过三家溜冰城，为何就八所镇的这一家这么倒霉？

林Ａ第一家溜冰城开在海口。林Ａ尽情地施展了自己的营销才能：在报纸上打出健康娱乐新潮流的名头，以溜冰票为奖品赞助电台有奖节目，以"溜林英雄帖"的形式制作传单……一番策划之后，溜冰城开业那天，从早到晚只见一个漂亮服务员在门口高举"客满"招牌。三个月后，林Ａ收回所有投资，并收获了人生的第一个100万。

那时的林Ａ从里到外都像一个暴发户——头发梳得光亮，有车有房，出入时总带一两个保安，吃饭的时候，大哥大从不躺着摆，一定要竖着放。

不过共苦容易，同甘太难，由于合伙人的一些分歧，1995年溜冰城被转让。拆伙后的林Ａ，马不停蹄地物色新的落脚点。当时在海南西部，日本财团正计划与政府签约租赁儋州洋浦港，准备建设"第二个香港"。林Ａ的第二个溜冰城自然就开在了这里。

不过彼时，生意已经不再好做。竞争对手的出现，不仅分流了顾客，还打起了价格战，恶性竞争带来了整个行业的委靡。加上洋浦港计划告吹，这个溜冰城项目彻底失去了盼头。

最终的希望落在了东方市八所镇的溜冰城上，可是东方八所又有自己的症结。试营业当天，竟有人来打架，派出所的人来调查，让每月交一万元的"赞助费"。林Ａ对于这种行为不以为然，不过现场经理阿文劝他忍下："不交钱，就搞不定当地的烂仔，搞不定烂仔，怎么赚钱。"阿文建言不如给所长个人3000元，给所里5000元，这样还能省2000元，林Ａ批了。

不过，派出所的走了，工商局的来催办证了；工商局的走了，税务局的又来了……这些林Ａ都如法炮制，靠钱打点。

不过，没几天，又有人来闹场了，林Ａ赶忙报警。等到民警慢悠悠地来到，现场早已狼藉一片。林Ａ去求派出所所长，因为打点了8000块钱，他以为会好说话。谁知所长反而怒斥林Ａ这个外地人来此地净捣乱，勒令溜冰城停业整顿。林Ａ提醒所长自己是交了"管理费"的，此言一出，所长火气更盛，令手下将林Ａ铐了送拘留所。

想到这，林Ａ差不多明白了：原来，是阿文把给各类衙门的钱都黑了。

命运的玩笑

东方八所溜冰城就此谢幕了。不仅80万投资血本无归，身上还背负了50万的债务。林A说他从这件事情中明白了一个道理：一个人的成就再大，也大不过一个人的成长。

接下来的一年，林A北上，一边帮助朋友策划溜冰场，一边也为了躲债。等他再次南下广东时，他有幸听到了一堂倍增式营销课——这是一个在美国很流行的生意，它不需要很大的投资，只需要时间，去找一些适合的客户，再教那些客户找到更多的客户，从而就能得到倍增的收入。

这个生意就是直销。林A深信这个新玩意儿可以致富。他加入了一家在香港成长很快的公司，在香港总部林A第一次听激励演讲时，曾激动得泪流满面。1997年，林A再次回到海南，做起了直销生意。也是从这里开始，林A的演讲和教授的才能，慢慢地得以展现，很快成为国内首批直销普通话讲师之一，林A说他当时的月收入一度达到五万元。

可是中国的市场随时变天，由于非法"异地传销"的兴起，1998年4月国家宣布全面封杀所有形式的传销活动。这时，林A才知道，所谓的倍增式营销模式也是一把双刃剑：如果把它当作营销工具，它就可以赚钱，如果把它当作诈骗，那它就是凶器。

虽然林A再次失败了，但是他收获了成长。这段时间的培训，使他渐渐明确了自己要做激励型心灵工程师的目标。所以这次失败，他并没有消沉太久，马上就在一家名为"亚加达"的教育机构找了份工作。他自动请缨，给全校老师做创新培训，还创设了主动式招生模式解决了学校招生的难题。林A理所当然得到了老板的认可，一年之内就连升三级当上了总经理。

但命运似乎非常喜欢跟林A开玩笑，1999年底，一间民营私立学校的老板用收取"教育储备金"的方式招生后，卷款潜逃。国家通过调查，把这种学校发展模式定性为非法集资，勒令禁止。当时的亚加达与碧桂园都是通过储备金方式发展起来的私立学校，面对这场生死考验，要么转制，要么破产。当时的碧桂园因为有房地产的支撑，加上积极宣传，得到了家长的理解，学校转制成功；而亚加达则因为资金链的破裂，陷入了深渊。

千禧之年，林A的生命中在经历了国企打工、溜冰城、传销、亚加达之后，第五次从头开始。此时的他也只不过刚刚 31 岁。

别说不可能，要想怎样才可能

那是国企普遍开始改制的年代，林 A 说服妻子张莉莉买断工龄，拿了 10 万元的经济补偿。为了再次翻身，他赌上了爱人的未来。

由于资金有限，林 A 这次瞄准的是清洁公司，因为进入门槛低，竞争少，利润很可观。林 A 加盟了一个叫"特丽洁"的连锁项目，在广东顺德成立了公司，生意就从清洗高楼外墙这样的小业务开始做。大机会在公司成立后一个月就出现了。东芝顺德公司有一单价值 30 万的楼面清洁业务，当时共有五家公司参与竞标。

林 A 志在必得，他看过竞争对手的方案，都只是一张纸，而他给出的却是一个完整的计划书。至于现场演说，那更是林 A 的强项。东芝这个项目不仅让林 A 的公司从最初的三个海南老乡发展到 30 名员工的规模，更为他赢得了好口碑，此后业务不断。

2002 年底，林 A 又做了一件大事。不仅不收钱，还给出 –66244.28 元/年的报价，中标了顺德容桂镇的一家最有利润的公园。当时开出"0"承包费的对手只有傻眼的份。

不过势头红火的公司，也容易成为众矢之的。很多鸡蛋里挑刺的恶意投诉后，"特丽洁"收到了政府的整改通知，林 A 有口难辩。他个人第一次真正的飞跃就发生在此时。

既然我的关系不够硬，那么我就让贤给硬的人。林 A 找来了他称为强哥的一个生意伙伴，自愿将董事长的位置和公司 50% 的股份送给他，如果赚钱就对半分，如果亏本则亏我一个。为了最后的"得"，林 A 做到了眼前的"舍"。从此，公司顺风顺水，现有员工 2000 人，年营业额达到数千万。

放下清洁公司不管，林 A 又另起炉灶搞起了德才企业管理咨询公司，目前的学员已经超过了两万人。他喜欢做演讲做培训，一直都是。到现在，他还忘不了在贵州黄果树瀑布的第一次讲课，激动的学员将他抛上了天。

"啊，这就是我想要的感觉，"林 A 说，"我做一辈子企业，员工也不会因为老板给他发工资，而把老板抛起来。"

现在，林 A 身家过千万，豪车数辆。在林 A 四层楼的别墅里，他一边不厌其烦地翻出自己小时候的奖状、证件等"历史档案",一边对记者讲述着陈年往事。在林 A 的房间里,还有他的奔驰座驾上,都贴着一张小纸条,那是他今年的目标:新书热销 200 万,海景别墅……

摄影师给林 A 拍照时,他先是一本正经地假装正在授课,同时又职业性地出口成章:"别对自己说不可能,要想怎样才可能!"继而又做着任何摄影师要求他做的滑稽动作。张莉莉对我说:"你看林 A 玩得多开心。"

显然,林 A 已经从一个物质的贫民,变身为精神的富翁。

媒体报道之二

林 A:开心快乐达到目标就是成功

《海南特区报》2009 年 4 月 16 日

林 A(林诶),海南临高人,从 19 岁回海口睡公园找工作到如今的千万身家,多次抓住机会积累财富,又多次霉运当头。他遭受过牢狱之灾,最终成为一位拥有多家企业数千员工的企业家,还是一位名气不小的心态训练导师。

2009 年 3 月 1 日,林 A 在天涯发帖解密,并发布自己新书的部分章节,在帖子里他自称是中国版的"贫民富翁"。昨日下午,林 A 携他的作品连载:中国版《贫民富翁》:《洗心改命——从贫民到富翁的秘密》,做客海南在线与网友们互动。记者解莹/文 单正党/图

谈名字

爸爸给我取的名字

网友"谢天谢地 2009":您的名字很奇怪,是您自己起的,还是别人取的,背后有什么样的故事呢?

林 A:我的名字现在受关注比较高,最近网上搜索我的名字,以前有几十篇,现在有几万篇,其实名字好记就方便你的交际,潜意识有激励的能力给你。我的名字是爸爸取给我的,我爸爸喜欢音乐,也是业余的太极拳教练,他是思想很活跃的人,当时懂英文的人不多,他给我取名字叫做林 A,我妹

妹叫做林 B，我的弟弟叫做林 C。

网友"光头组合 123"：您会为了出书用林 A 这个名字吗？

林 A：我的名字叫林 A，我出书用林 A 也是很正常的。除了正规的身份证上写的是中文的诶之外，其他的都是英文的 A。出版社说你要是用 ABC 的 A，就不要出书。但我听律师说林 A 是可以用的，现在有一家出版社也决定出这本书，我的要求是，我的名字一定用林 A。

谈机遇
有人推荐我当总经理

网友"在厨房放烟花"：您 19 岁时还在睡公园，22 岁就成了国有企业的法定代表人，我觉得不可思议，三年的时间怎么能够混到国有企业的法定代表人呢？

林 A：我在海口找工作的时候是睡儿童公园的。我是没有背景，没有关系，我有机会找到工作的时候，你想象我怎么做，我一定是非常努力，别人早上 8 点上班，我 7 点就上班了。我在工作的时候是非常努力认真，有一个从北京过来的副总经理，我跟他住在一起，我每天做清洁，包括给他洗衣服，甚至星期六的时候，我还要陪他去游泳，我做了很多低声下气的事。当时海南发展很快，公司要开办海口分公司的时候，需要一个总经理，这位副总就推荐了我。

谈创业
选择到广东顺德发展

网友"美兰雄狮"：当时为什么想到去下海经商？

林 A：我在国企当总经理时，在在海南的水厂码头做批发，接触的都是个体户，我发现与个体户竞争的时候，对方的制度比我们灵活。那个时候刚好有下海的热潮，我就辞职下海了。

网友"绝顶的帅"：你为什么想到去顺德发展呢？是因为海南这块土地不

适合创业吗？

林A：哪个地方都可以赚钱，哪个地方都可以亏本，在海南也一定有海南的机会，在顺德也有顺德的机会，如果种的是水仙花，你到沙漠里面种，怎么努力也做不出来。不能说海南的创业不好，海南也做得很好的。

谈自传
让读者分享我的经历

网友"乡下美女"：看了您的连载，这部作品都是您自己的自传吗？为什么要写这部作品？怎么会想到在天涯社区连载呢？

林A：我不希望把这本书说成我的自传，这里面写的是我的真实故事，是希望通过这些故事，让读者分享我的经历，分享到人生的道理，因为每个故事的后面，都说明人生的道理。

我希望读者看了这本书人生更好，我觉得这个是很有意义的事。有一次，我上了网就看到有一本书《加快富城》，他当时先发在天涯论坛上，后来有出版商找了他。我也借用天涯这个平台，但如何吸引大家关注呢，当时刚好有一个全国都热的新闻，就是贫民富翁获得八个大奖，我就自称为中国式的贫民富翁，发在"天涯"上。

主持人：您现在也是天涯的网友，发帖子也有一段时间了，您感觉在这个平台当中有什么样的收获，或者说这个平台有什么样的感觉呢？

林A：我觉得有了"天涯"这个平台，让很多读者了解了我，读者也给我提了很尖锐的问题，也使我找出自己的不足，以便修正。

网友"牛肉罐头"：感觉背后似乎有网络推手在操作，你对这个有什么样的说法呢？

林A：我的回答是的，"天涯"是最大的推手之一，这是很大的网络推手。

谈成功
其实这只是一种感觉

网友"家有臭婆娘"：你的经历非常丰富，虽然经历了很多的坎坷，但现在也收获了很多，你觉得自己成功吗？

林A：成功其实只是一种感觉，感觉自己成功的时候，我们就成功。我自己把成功定义为我能够开心快乐的达到我的目标，去实现我内心愿景的过程当中，对社会有贡献，做一些有意义的事就成功。

网友"红袖来添乱"：您自称为"贫民富翁"，你理解的"贫民富翁"是什么样子的？

林A：我认为贫富分为四种：一是贫中之贫，经济上贫穷，在精神上也贫穷；二是富中之贫，有的人看起来什么都不缺，但是内心不快乐；三是贫中之富，虽然不怎么有钱，但过得很充实很快乐；四是如果是富中之富对社会又贡献又快乐，这过程当中，对自己对家庭负责任，对社会也负了责任，对他自己的人生也是负了更大的责任，每天活在开心快乐自我的付出当中，我想这就是富中之富。

网友"美得一团糟"：南都周刊对您做了访谈，标题为"倒霉蛋照样成富翁"，您倒霉了以后再次的发家，有什么样的感觉？

林A：在书中我说自己是混蛋，但是记者采访的时候说混蛋不好听，我也把书改了，就把书改为倒霉蛋，而不是混蛋。

谈风险
危机就是危中有机

网友"红豆"：在您的创业过程中，什么阶段是最艰难的时候？

林A：如果在过去，每一个最艰难的时候，都觉得是最艰难的时候，但如果从现在再回头看，我觉得每一个最艰难的时候，其实都是一个新的开始。

网友"2567"：金融风暴到来了，现在什么都不好做，有很多年轻人都想创业，您能不能给大家一些指导呢？

林A：这个问题比较大。现在金融风暴也好、金融危机也好，危机危机就是危中有机，这次危机我看成是一个机会，这个机会里面，我们怎么样去寻找适合自己创业的路子。

网友"幻化456"：创业投资一般伴随着一些风险，人们投资之前，把这些风险影响想得特别全面，把这些前景想得特别好，失败了以后又很难在心态上面对它，所以在心态上能不能为他们提供一些建议呢？

林A：能够有大的风险可能有大的回报，但是你有多大承担风险的能力，你要自己考虑清楚，首先你要考虑最坏的可能性是什么。你考虑了以后，要行动，不要因为害怕不行动。不要害怕失败，不要重复同样的失败就可以了，我相信就像书上说的，100次摔下，有101次的站起，总是有站起的时候。

谈秘诀
做事就用心地去做

网友"就这样了"：从贫民到富翁经历了这么多，您有什么秘诀跟大家分享呢？

林A：如果说秘诀很难用一两句话把秘诀说清楚。不过，归结来说，其实是一个字"心"，因为做事就用心地去做，任何的事都是人做的，而人要怎么做和人怎么做是心决定的，所以归根到底来说就是心，把心洗好了，把心调整好了以后，做一切的事就会顺利。

网友"省心审视"：很多网友质疑您是一个成功的"骗子"，对于这样的评价，您是怎么看的呢？

林A：因为我写的书，是不断地诱导读者感悟自己的人生，不断地诱导参与互动，不断地诱导读者体验、感悟。感悟了、体验了，心态就会改变。可能不知不觉被我骗得心态改变，因为心态改变了以后，事业会更成功，家庭会更精彩，如果能够骗更多的人成功，这也是有意义的一件事，不过现在我不能担当"成功骗子"的荣誉，我还是要努力。

谈爱情
女友生日我只有两元

主持人：在过去当中有没有特别的难忘或者是特别感动的事呢？

林A：感动的事很多，我说了以后，眼泪都会流出来，我是一个感性的人。这么多年来，有那么多的感动在海南。曾经，我的女朋友从广东过来看我，是坐便宜的大巴车过来的。我和她到假日海滩玩，当时为了省钱坐中巴车去到秀英港，步行到假日海滩。我在假日海滩给她过生日的时候，口袋只有两块钱，我买了两个玉米送给她做生日礼物。我跟她说，在我一无所有的时候，你没有离开我，我一定会报答你的，我一定用我一生感谢你，我没有什么送你，我送你玉米棒代表了我的心意。我还对女朋友说，你给我十年的时间，我一定送给你一辆宝马车。我现在有了别墅给我的爱人，有了宝马车送给她的时候，我觉得开心的不是这个别墅和宝马车，开心的是因为我们有爱的承诺，重要的是我们怎么去珍惜。

谈慈善
跟钱无关，跟心有关

网友"25685"：最近有没有经常回海南，对海南老家有没有做慈善的活动，或者平时有参加什么样的慈善活动吗？

林A：回海南不是很多，不过每年会回一两次，春节或者是清明节。我想慈善事业并不是一定要有钱了以后再做，这么多年来我一直都坚持做，在家乡我们村非常穷，村里面的人有什么事，往往打电话找我，我没有出力，但是我出了一点点的钱，我们也成立了一万多人的激励大会，当时把现场赚的钱和利润都给了残联。慈善跟大小无关，跟钱无关，跟心有关。

网友"真水无香"：在你的目标中首先是书要销售在200万册，第二个是要有海景别墅，你预计什么时候可以达到这个目标，是不是准备回海南买别墅呢？

林A：这个问题也很好玩，现在有了互联网以后，都不是秘密了，我也愿意回应大家。我有200万册的目标，达到的100万也实现了一半，包括我说的海景别墅，刚好我在博鳌有个同学告诉我，在博鳌中信集团开发了新的别墅，我可以当成学员活动场所，客户的活动场所。

心态决定人生，学习改变命运

　　从月全食到日全食，再到"月全满"，《洗心改命》经历了一年多时间的想想写写、修修改改，想到过完牛年春节就要付梓了，一个愿景又要实现了，心情无比喜悦和期待。

　　说起《洗心改命》的缘起，那是"中国赢吧"成立后，参加"发掘自己"课程的同学越来越多，很多学员建议我把课程理念写成书，我也希望能通过出书更快更广地传播"百万生命成长工程"。那时候，我们在广东上课的地点长期定在广东四大名山之一的西樵山，那里是当年康有为读书、写作的地方。那天，我利用课余时间，沿着康有为当年登山的路去寻找著书灵感，当我独自爬到"飞流千尺"景点前，突然眼前一亮，只见飞泻的瀑布下面，是一块心形的大石，大石上不知哪个朝代的文人墨客刻着大红色的"洗心"两字，于是"洗心改命"书名的灵感来了！我用清新的瀑布水洗了洗脸，就坐在康有为先生当年为思考改革维新方略而读书的石洞中，完成了《洗心改命》的初步构想。

　　我自认为，《洗心改命》不一定是一本完美的书，但我相信是一本独特的书，因为我努力用自己真实的故事去阐述人生的感悟，而且加上体验式课程的游戏，每一章后面的"发掘自己"互动，我相信读者通过亲身参与体验，一定有更深的感悟。

　　我也认为，林A不一定是一个很有文字功底的作家，但我相信他是一个非常用心的作者。书中每段情节，都是自己亲身经历的分享；每句理念，都是自己多年学习和实践的感悟；每个文字，都是自己成长心路的提炼。

　　我无意去批评任何人，因为我相信每个人对自己的生命都有选择权，有不同看法只是因为各自的角度不一样，书中所写的故事都是真实发生的，如果我从自己单方面的角度看问题，让哪位朋友觉得不认同，我认同你的不认同,同时在这里说声抱歉,这只是我个人的观点和角度,大家都没有对错。

我也无意去推崇任何宗教,虽然我认同各大宗教"渡人向善"的理念和"宣扬大爱"的初衷,也经常向各宗教高师学习和请教,并借用了很多宗教的说法去教育学员,但我本人现在没有任何宗教信仰,引用宗教说法是为了更好地阐明道理。如果哪位朋友觉得不认同,你可以改成你自己习惯的语言和表达方式。

我并不认为自己有什么特别,也不敢说自己有什么成功。正因为我是芸芸众生中很普通的一位,所以我用自己的生命验证过的经验,我相信芸芸众生每一个人都能做得到。

广东卫视和《珠江商报》采访我时,我都说过:"教练不一定比运动员跑得快,但他可以令运动员跑得更快。"作为《洗心改命》的作者,我认为:作者不一定比读者成功,但我真心希望这本书可以令每一位有缘而用心的读者——无论你现在活得怎样,你的生命一定还可以更成功!

在这里,我感谢我的爸爸妈妈,是你们从小教育我用心和学习的重要性,让这本书有了核心理念;我感谢我的爱人和两个可爱的孩子,是你们的爱和支持,让这本书有了温馨的情节;我感谢我的三阶段毕业学员冷卫兵先生,是你做了大量的文字记录和整理的工作,让这本书的文字变得生动。

我感谢许宜铭老师将本书稿从深圳带到新西兰、再带回台湾认真看完,然后认真写序;感谢汪中求老师用心作序并促成博士德公司在前期的出版策划上给予大力支持;感谢林伟贤老师在百忙中抽空听我介绍这本书,并给予推荐和支持;感谢苏华仁道长、张锦贵老师、陈茂峰先生和邰勇夫先生等好友给予我的宝贵建议和对读者的推荐。

我更要感谢陈平、张国贤、王豫明、任全福、冯炜、年永民、王献忠、刘云峰以及薛润雄、林鑫源、陈炜松、欧阳达、李军……近两万"中国赢吧"赢友的厚爱和支持,是你们的赞同和期盼给了我写成这本书的动力。

我还要感谢强哥、侯总、高原老师以及德才公司、特丽洁公司每一位团队成员和曾经合作过的同事。

写这篇后记的时候,正好是过牛年春节期间,我们全家开车回海南过年,从初一到初六,我们去了与这本书相关的几个地方:临高的母校美迎小学、临师附小和临高中学，儋州的东坡书院，三亚的天涯海角和南山寺，乐东的莺歌海，海口假日海滩……回到广东，初八就去了罗浮山给苏道长拜年，晚上住在山上写完了这篇后记。

真奇怪，这个春节，书上点名道姓写到的人，包括有些近十年未联系的，竟然都跟我联系上了，包括雷叔、老麦、阿江、卖书的表妹、傅老师、揭老师、锦和静等，知道大家都生活得很好，我很高兴。阿江和表妹结婚了，春节他们来拜年，听说我的书要出版了，大家说起当年卖书和过塑的经历，很感慨。他们问我，如果用一句话总结这本书的精髓，那将是什么话？我想了想，说：

"心态决定人生，学习改变命运。"

对，就拿这句话来作为后记的结束语吧。感谢阿江和表妹，感谢书中写到和没有写到的在我生命中出现过的人们，是你们让我的生命变得丰富，让这本书变得充实。

由衷感谢该书的选题策划和责任编辑郎丰君博士，他勤谨敬业的执著精神与山东人特有的坦率挚诚的爽达性格给我留下了弥深印象。另外感谢各位校对及发行推广工作者，是你们让这本书得以与更多的读者见面。

最终要感谢的是：看这本书的读者，是你的阅读和运用，让这本书变得真正有意义。

心态决定人生，学习改变命运！

今天并不是一个结束，而是你人生一个新的开始……

祝福你！我爱你！

您这本书的合作者：林A　于广东罗浮山
2009 年 2 月 12 日（农历牛年正月十八）

香港德才国际素质训练集团
http：//www.WinWin8.cn